种植业实用科技

高树凯　王诺　刘良库　杜猛冲　杨兆波　主编

中国农业科学技术出版社

图书在版编目（CIP）数据

种植业实用科技/高树凯等主编 . —北京：中国农业科学技术出版社，2009.12

ISBN 978-7-80233-861-6

Ⅰ. 种… Ⅱ. 高… Ⅲ. 种植业－农业技术 Ⅳ. S3

中国版本图书馆 CIP 数据核字（2009）第 200884 号

责任编辑 崔改泵
责任校对 贾晓红

出 版 者 中国农业科学技术出版社
　　　　　北京市中关村南大街 12 号　邮编：100081
电　　话 （010）82106626（编辑室）（010）82109702（发行部）
传　　真 （010）82106636
网　　址 http://www.castp.cn
经 销 者 新华书店北京发行所
印 刷 者 北京富泰印刷有限责任公司
开　　本 850 mm×1 168 mm　1/32
印　　张 10.25
字　　数 275 千字
版　　次 2009 年 12 月第 1 版　**2012 年 8 月第 2 次印刷**
定　　价 26.00 元

前　言

我国自 1980 年在农村实行家庭联产承包责任制以来，农业持续稳定发展，粮食单产不断提高，蔬菜品种不断增多，经济作物管理技术不断更新，果品质量不断改进。农村年年果茂粮丰，户户丰衣足食，这种大好形势是党的"三农"政策和各项惠农措施结出的丰硕成果。

在各级党和政府支持下，我国农民素质不断提高，由以前种植粮食作物为主，发展到蔬菜规模化种植、经济作物区域化管理、果品品牌化销售。农村剩余劳动力或进城务工或从商或发展产值较高的农畜产品、水产品等。在党和政府领导下，我国农民在当代社会主义建设中做出了卓越贡献。

目前我国农村由于劳动力的转移，农村主要从业人员以中老年和妇女为主，他们当中出现了许多"能人"、"把式"和专业技术人才，他们一身多能，一身多职，为总结和提高这些人才的技术水平，继续向生产的广度和深度开拓，我们组织技术力量对本书的有关专业进行了调研和撰写。在此书的编撰中，辛集市通士营村农业技术员王诺长期在生产第一线，有一定的理论知识和丰富的实践经验，对本书的撰写做出了重要贡献。

本书的撰写注重于实用技术，适合农村从业农民、科技示范户、从事农业技术推广工作的科普工作者学习参考。

由于我们水平有限，不足之处在所难免，希望有关专家、农业技术人员和农民朋友参阅后多提宝贵意见。

编者

2009 年 8 月

目　录

第一章　土壤肥料

第一节　土壤

土壤是地球表面能够支持天然植物和栽培作物生长的疏松表层。可为植物提供生长所必需的养分和水分。土壤是由固、液、气三相物质组成的疏松多孔体。

（1）土壤固相部分由土粒构成。包括矿物质颗粒和有机质两部分，是土壤的"骨架"，决定土壤质地。土壤有机质（腐殖质）包被在矿物质颗粒的表面，好比土壤的"肌肉"，决定土壤肥瘦。

（2）液相部分是指土壤的水分和溶解在其中的养分。是土壤中最活跃而重要的部分。土壤水分可在土壤孔隙中上下左右运动，养分随水分运动，源源不断地输送到植物根部被吸收，好比土壤的血液。液相部分决定作物的水肥营养。

（3）土壤气相部分就是土壤空气，它充满那些未被水分占据的孔隙中。土壤空气通过与大气交换，不断更新自己，以满足植物根部和土壤微生物呼吸作用的需要。

土壤三相物质是相互联系、相互制约的一个有机整体。

一、土壤的构造和孔隙性

（一）土壤结构

土壤颗粒互相胶结、团聚成大小、性状和性质不同的土团、土片或土块等团聚体，这种团聚体称为土壤结构或结构体。常见的土壤结构有以下几种类型：

1. 块状结构

北方习称坷垃，按其大小，又可分为大块状（直径大于 3～5 厘米）和碎块状（直径 3～0.5 厘米）。

块状结构漏风跑墒，同时严重影响播深和均一覆土，难于避免缺苗断垄。消灭坷垃的原始方法是人工打碎。冬季镇压或是冬灌，利用冻融作用，也有酥散坷垃的效用。但最根本的方法是增加土壤有机质的含量，尽量在宜耕期内耕作和采取精细耕作。如不能做到，也要遵守宁干勿湿的原则，避免形成硬坷垃（死坷垃）。

2. 片状结构

最典型的是耕地土壤的犁底层结构。由于长期耕深不变，耕层下的土壤因多年的机具压力而出现紧实的薄片状结构。它不仅影响根系下扎，而且影响其下土层的水、气状况，在排水不畅的情况下，往往形成"内涝"。出现在表层的片状结构叫结皮或板结，对作物生长有明显影响。

3. 柱状和棱柱状结构

这种结构体看起来为立柱状，多见于半干旱或干旱地区土壤的下层（犁底层之下的心土层和底土层）。

4. 团粒结构

团粒结构是在腐殖质和钙的作用下，土粒经过多极团聚而形成的近似球形而较疏松多孔的小土团。其直径为 0.25～10 毫米。直径在 0.25 毫米以下的则称为微团粒。团粒结构土壤的孔径分布较为适宜，团粒间充满空气，内部充满水分。通气、透水、保水、扎根等性质都较好，团粒和微团粒结构是较理想的土壤结构。土壤越肥沃，团粒结构数量越多。

生产上采取适墒深耕、耙、镇压等措施以及增施有机肥，采取喷灌、沟灌、滴灌等先进灌溉方式和及时中耕、防止板结等农事活动促进团粒结构的形成。

（二）土壤孔隙

土壤是个疏松多孔体。土壤孔隙是土壤水分、空气、植物根系以及微生物的通道和活动空间，它决定着气、液两相存在的状态、数量和比例，对土壤肥力影响极大。是鉴定土壤生产能力、耕作质量的重要标志之一。

孔隙对于植物生长起着三方面的作用，即供根系穿扎、透水、保水和通气。

二、土壤矿物质

（一）土壤矿物质

土壤矿物质颗粒是组成土壤的主体，一方面直接影响土壤的物理、化学性质；另一方面它又是土壤矿物质养分的重要来源，因此它同土壤肥力有着密切关系。

（二）土壤质地

大小不同的矿物质颗粒在土壤中占有不同的比率，这就形成了不同的土壤质地（土质）。一般把土壤质地分为沙土、壤土和黏土三大类型。

（1）沙土：主要含沙粒，土质松散、土壤大孔隙较多，通气、透水性能好，保水保肥较差。施用化肥要掌握少量勤施的原则，筑畦面要宽、短。适宜种植杂粮、棉花、花生、甘薯、瓜类、果树等作物。

（2）黏土：土质板结紧实，通气透水性差，易涝怕旱。但土壤中细粒多，吸附性强，保肥、保水能力强。适宜种植小麦、玉米、水稻、高粱等作物。实践中采取深耕、晒垡、冻垡、增施有机肥料、加沙及洼地排水来改良黏土的性状。

（3）壤土：是介于黏土和沙土之间的一种土壤质地类别，兼有沙土和黏土的优点，通透性、保蓄性、耕性都好。对一般农作物而言是理想的质地类型。

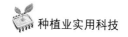

三、土壤有机质

（一）土壤有机质的组成与作用

土壤有机质是土壤中含碳有机物的总称。通过各种途径进入土壤中的有机物，不断遭到土壤动物特别是微生物的分解，所以土壤中有机物的形态是多种多样的。包括根、茎、叶等未被分解的新鲜有机物；半分解的有机物和腐殖质，此外还包括活的动物和微生物群，以及溶于土壤溶液中的简单有机物（如简单的氨基酸和有机酸）。其中以腐殖质最为重要。

（二）有机质的转化和改土作用

1. 土壤有机质的矿质化作用

矿质化作用是指土壤有机质，在良好通气条件下，经过一系列好气微生物的作用，彻底分解为简单的无机化合物的过程。矿质化的结果为土壤释放了养分。

有机质矿质化的过程中钙、镁、钾、钠、铁等元素也同时被释放出来，可供作物利用。生产上可通过增施有机肥料、合理灌排、中耕等措施，增强土壤通透性，促进养分释放和作物生长。

2. 土壤有机质的腐殖质化作用

土壤有机质在微生物的作用下，首先被分解为简单的有机化合物，一部分彻底分解，变成矿质化的最终产物，即上面介绍的矿质化作用。另一部分重新组合成新的、更为复杂的而且比较稳定的有机化合物，即腐殖质。这个过程就是有机质的腐殖质化过程，腐殖质化的结果为土壤积累了养分。

（三）土壤有机质的作用

（1）提供作物需要的养分，有机质矿化释放出植物所需的各种营养元素如：碳、氮、磷、硫、钙、镁、钾、铁等营养元素。

（2）改善土壤物理性状和化学性质，形成良好的土壤团粒结构。增加土壤保水、保肥的能力及透气性。

（3）促进微生物活动，加快营养物质转化，提高供肥能力。

（4）有助于消除土壤中农药的残毒和重金属污染。

土壤有机质是决定土壤肥力的基本物质。生产上应重视有机肥的投入，采取秸秆还田、种植绿肥还田、增施各种形式的农家肥、有机肥，能够把土壤肥力提高到一个新的阶段。

四、土壤中的动物和微生物群落

在土壤中发现的动物种类很多，其中最常见到的是蚯蚓、蚂蚁以及各种蠕虫和昆虫的幼虫。它们大多以死的或是正在腐烂的植物残体为食料。动物对土壤有机质分解有着积极的作用，在这方面，蚯蚓的作用是极其明显的。

土中的微生物的数量和作用远远大于动物，微生物还是有机界和无机界物质转化不可缺少的桥梁。缺少了它们，物质循环就会中断，物质世界就失去生机。当然土壤微生物并非都是有益的，也有不少有害的菌种，它可以使植物感染病害，也可以使土壤养分白白地损失。

几种常见的土壤有益细菌：氨化细菌、硝化细菌、固氮菌、磷细菌、钾细菌、硫细菌、根瘤菌等。

固氮菌专门固定空气中的氮素，供给作物吸收利用。有一种固氮菌生长在豆科植物根部的根瘤里叫根瘤菌。

生产上通过增施无机肥料和有机肥料；轮作倒茬，改换作物根际环境；排水晒田、中耕松土，改善、保持土壤通透性以及施用含有大量有益微生物的菌肥等措施，促进微生物的活动，加速土壤有机质的分解，提高土壤肥力。

五、土壤水分

土壤水分是土壤的重要组成部分，它对土壤空气、温度、养分等状况影响极大，直接制约着植物的生育和土壤的生产性能，是土壤肥力的一个重要因素。

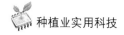

土壤水并非纯水，而是稀薄的溶液，它是作物吸水吸肥的最主要来源。

六、土壤空气

土壤空气对植物生长、土壤微生物活动、养分转化以及土壤水、热状况都有很大的影响，是重要的肥力因素之一。

土壤空气主要来自大气，少量是土壤中生物、生物化学和化学过程所产生的气体。所以土壤空气与大气的组成相似，但不完全相同。通气不良时，土壤空气中含有还原性气体，如硫化氢、氢气等，这些气体对植物生长有毒害作用。

土壤空气与大气之间不断进行气体交换，使土壤空气不断更新，以满足作物根系呼吸的需要。土壤通气性强弱决定于土壤通气孔隙的数量，一般土壤要求通气孔隙在10%以上。

生产上可通过深耕结合增施有机肥料；合理灌溉，调节土壤墒情；雨后、灌水后及时中耕，消除土壤板结等措施增强土壤通气性，促进养分释放和作物生长，为丰产奠定良好的基础。

七、土壤的热性质

（一）土壤热量

土壤热量状况与土壤肥力和作物生长有着密切的关系。土壤温度对作物播种、种子萌发、出苗生长、根系发育、作物成熟以及养分转化等都有很大影响。因此生产上把土温作为播种、施肥和收获的重要依据。土壤热量主要来自太阳辐射能。土壤温度的高低，是由土壤表面对热量的吸收和消耗来决定的。

（1）土壤对太阳辐射能的吸收能力称为吸热性。早春育苗时撒施草木灰可提高土温，促进幼苗生长。

（2）土壤向大气散失热量的性能称为散热性。夏季土温过高时可通过灌水来促进蒸发，达到降温的目的。

（3）热容量：土壤吸热升温、散热降温的程度用热容量来衡量。土壤热容量的大小主要取决于土壤中水分和空气的数量比例。土壤水分愈多（空气则愈少）热容量愈大，增温或降温愈慢；反之，土壤水分愈少，热容量愈小，增温或降温越快。

（二）土壤热量状况的调节

调节土壤热量状况，使之合乎农业生产的需要。一般要求春天提高土温，以便提早作物的播期和促进幼苗的生长。夏季要求土温不要过高（如超过35℃以上），秋冬季要求保持和提高土温，使作物及时成熟或安全过冬。

1. 合理安排作物

冷性土宜种大豆、马铃薯、葱蒜等作物，春播宜迟，秋播宜早。

热性土宜种棉花、玉米、谷子、小麦等作物，春播宜早、秋播可稍迟。

2. 耕作措施

实行早秋耕、早春耕以提高地温。对于涝洼地，由于土壤墒情过足而引起土温过低，则必须采取冬春晒垡或播期串地以散墒提高地温的措施；苗期中耕可以减少导热率和热容量，使表土升温，对发苗发根有很大作用，可保苗壮苗；越冬作物冬前培土，可于达到防风保温防冻的作用；玉米、甘薯等作物实行垄作也可以改进垄沟、垄背的温热状况。

3. 排灌措施

夏季灌水可以降低土温，排水可以增加土温。早春育秧时灌水（控制水层厚度）、冬前灌冻水，可增加土壤的热容量，使土壤降温的速度减慢起到保温防寒的作用。

4. 施肥措施

施用有机肥料和深色肥料如马粪、草木灰等均可以提高土温。此外，如设置风障、（地膜）覆盖、熏烟、遮阴等，对调节和

控制土温均有一定作用。

八、土壤的酸碱性

土壤的酸碱性是土壤重要的化学性质，也是影响土壤肥力的重要因素之一。

土壤酸碱性通常用土壤溶液的 pH 值表示。土壤的酸碱性对作物生长有直接影响，不同作物都有较适宜的土壤酸碱性要求，如茶树能适应酸性土，棉花、苜蓿则耐碱性较强。但一般作物在弱酸、弱碱和中性土壤上都能生长良好，过酸过碱才对其生长不利，也才有改良的必要。

土壤的酸碱性对土壤养分的转化，特别是对磷和微量元素的有效性影响较大。如在酸性土和石灰质土壤中，磷常为铁、铝和钙等固定成无效态或迟效态。在石灰质土壤中，果树常现缺铁现象。硼、锰和铜等微量元素在碱性土壤中有效性大大降低。土壤过酸和过碱也不利于有益微生物的活动，从而也影响到土壤中氮、硫和部分磷素养分的释放。

九、土壤的耕性

土壤耕性是土壤在耕作时表现的特性，看耕性好坏的标准有三个：

（1）耕作阻力：指耕作时土壤对农机具产生的阻力的大小，直接影响劳动效率和动力消耗。

（2）耕作质量：指耕作后所表现的土壤状况及其对作物生长的影响。

（3）宜耕期：指适宜耕作的时间长短。即耕作时对土壤水分状况要求的严格程度。生产中在适宜的含水量范围内及时耕作，耕作阻力小，土壤散碎好，耕作质量高。

生产上一般采用增施有机肥料和客土改良，调节土壤质地等措施，改善土地的耕性。

第二节　植物营养

一、植物营养成分

（一）植物生长发育必需的营养元素

经过许多科学家的探索和研究，目前国内外公认的高等植物所必需的营养元素有 16 种。它们是碳、氢、氧、氮、磷、钾、钙、镁、硫、铁、硼、锰、铜、锌、钼、氯。

（二）必需营养元素的分组

一般以元素含量占干物质重量的 0.1% 为界线，分为大量营养元素和微量营养元素。

大量营养元素含量占干物重的 0.1% 以上，包括 C、H、O、N、P、K、Ca、Mg、S 等 9 种。

微量营养元素含量一般在 0.1% 以下，包括 Fe、B、Mn、Cu、Zn、Mo、Cl 等 7 种。

（三）必需营养元素的来源

碳（C）和氧（O）来自空气中的二氧化碳；氢（H）和氧（O）来自水；其他的必需营养元素几乎全部是来自土壤。

土壤不仅是植物生长的介质，而且也是植物所需矿质养分的主要供给者。

（四）肥料的三要素

植物对氮、磷、钾的需求量较大，而土壤中含有的、能被植物吸收的有效量较少；同时以根茬归还给土壤的各种养分中氮磷钾是归还比例最小的元素，一般不足 10%。因此，氮磷钾元素需要以肥料的形式补充给土壤，通常把氮磷钾称为肥料的三要素。

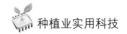

（五）有益元素

非必需营养元素中一些特定的元素，对特定植物的生长发育有益，或为某些种类植物所必需，这些元素为有益元素。如：硅（Si）、钠（Na）、钴（Co）、硒（Se）、镍（Ni）。

二、植物对养分的吸收

（一）根对无机养分的吸收

根系吸收的养分主要是溶解在土壤溶液中无机离子，如 NH_4^+、K^+、Ca^{2+}、Mg^{2+}、Fe^{2+}、Fe^{3+}、NO_3^-、$H_2PO_4^-$ 等，还有少量的有机分子，如氨基酸、糖类、植素等。

（二）影响根系吸收养分的主要因素

1. 土壤温度

大多数根系生长最适温度为 15～25℃，而在吸收养分上，温度在 0～30℃范围内，随温度的上升，吸收养分的速度加快，吸收数量也增加。但是当温度超过最适温度时，吸收的数量就会减少，一般在 40℃以上，养分吸收数量就剧烈减少了。温度过高使根系老化。

2. 土壤水

水是根系正常生长的必要条件之一，养分的释放迁移和被植物吸收无不和土壤水有密切的关系。土壤含水量适合时，土壤中养分的扩散就提高，从而能够提高养分的有效性。

3. 土壤通气状况

作物吸收养分与供氧情况有密切关系，土壤的通气状况一般是通过排灌和耕作措施来控制。

4. 土壤的酸碱度

（三）根外营养（叶部吸收）

根外营养是矿质养分以气态（如 SO_2、CO_2、NH_3、NO_x 等）

或水溶液通过气孔和角质层进入茎、叶的一种途径。

叶片角质层和气孔是叶片吸收根外养分的部位。

叶片角质层的厚薄及气孔的多少影响进入细胞养分的多少和快慢。

1. 根外营养的特点

优点：

（1）直接供给养分，防止养分（如 P、Fe、Mn、Cu、Zn 等）在土壤中固定和转化，肥料的利用率较高。

（2）见效快。叶部营养对养分吸收比根部快，能及时满足植物需要。

（3）节省肥料，经济效益高。叶部喷施一般为土壤施肥量的 $10\% \sim 20\%$ 。

（4）适用于盐渍化地区和微肥的施用。

叶面施肥的局限性：

（1）肥效短暂，每次施用养分总量有限，又易从疏水表面流失或被雨水淋洗。

（2）有些养分元素（如钙）从叶片的吸收部位向植物其他部位转移相当困难，喷施的效果不一定好。

（3）受天气影响，下雨、刮风时不宜使用。

总之，植物的根外营养不能完全代替根部营养，仅是一种辅助的施肥方式，适于解决一些特殊的植物营养问题。

2. 影响根外营养吸收的条件

（1）营养液的组成

①不同植物对养分的需求不同。忌氯作物忌施含 Cl^- 的肥料；碳水化合物多的作物，多施用磷钾肥以促进糖的合成和运转；禾谷类作物后期喷磷能促进作物的早熟。

②不同养分的吸收速率不同。$KCl > KNO_3 > KH_2PO_4$；无机盐 > 有机盐；尿素 > 硝酸盐 > 铵盐。

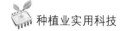

（2）营养液的浓度

在一定浓度范围内，矿质养分进入叶片的速率和数量随浓度的提高而增加，但浓度过高会灼伤叶片。因此，在不受肥害的前提下，适当提高喷施的浓度，能提高叶部营养的效果。

不同植物适宜浓度不同，如禾本科植物喷施尿素浓度为2.0%，蔬菜仅为0.2%～0.3%。

一般大量元素浓度为0.5%～2%，微量元素浓度为0.02%～0.5%。幼龄叶片浓度要稀一些，成熟叶片浓度可大一些。

（3）营养液的pH。

原生质是两性胶体，叶片在酸性条件下吸收阴离子多，在碱性条件下吸收阳离子多。

因此，若主要供应阳离子时，喷施液调整到微碱性；若主要供应阴离子时，喷施液调整到微酸性。

但需要注意，喷施液不要过酸或过碱，以免灼伤叶片。

三、养分的平衡及相互关系

（一）养分平衡

养分平衡：是指植物最大生长速率和产量必需的各种养分浓度间的最佳比例和收支平衡。作物在整个生育期中需要许多养分且数量的差异较大，这种差异是由作物的营养特性决定的。

作物主要从土壤中吸收各种养分，但有效养分的数量并不一定符合作物的需要，常常需要通过施肥解决。因此土壤养分平衡也是作物正常生长的重要条件之一。如果施用肥料过多，尤其是偏施某一种肥料或养分，破坏了养分平衡，作物的生长也会受到影响。这种人为施肥造成的养分比例不均衡，称为养分比例失调。

养分比例失调会引起作物对某些养分吸收的减少。氮肥施用量过大而不注意施磷钾肥，不仅会造成减产，而且会影响产品的品质。如棉花施用氮肥过多，前期生长过旺，体内的C/N比例失调，造成落花落果。果树和蔬菜在氮肥用量较大时，作物吸收了大量的氮素，体内的碳水化合物用于合成氨基酸和蛋白质，从而降低了其含糖量，影响品质和耐贮性。如果在施氮的基础上施用磷钾肥，就可调节土壤中养分的平衡，使产量提高，品质改善。

（二）植物营养的阶段性

植物营养期：是指开始从外界吸收养分到停止从外界吸收养分的时期。一般生长期长，营养期也长。营养期短的作物以基肥为主，并早施追肥；营养期长的作物，追肥的比例应当提高，分次施用，且以基肥辅助，适当的施用缓效性肥料。

植物营养期中对养分的要求有两个极其重要的时期，如能及时满足这两个时期对养分的需求，能显著的提高产量、改善品质。

1. 植物营养临界期

是植物对养分浓度比较敏感的时期，多为植物生长的前期。这一时期对养分需要的绝对数量并不太多，但很迫切，如果此时营养元素缺乏或过多或元素间的不平衡，对植物的生长发育和产量产生很大的影响，且后期难以弥补和纠正。如磷的营养临界期在苗期，玉米在出苗后 1 周，棉花在出苗后 10~20 天；小麦磷素在分蘖始期；氮的临界期比磷稍后一些，一般在营养生长到生殖生长过渡时期，小麦在分蘖和幼穗分化两个时期；玉米在幼穗分化期；棉花在现蕾初期。如果此时缺氮，小麦的分蘖减少、花数量少，棉花现蕾速度慢、蕾数少、易脱落；钾素的营养临界期在作物苗期，所以钾肥应早施。

植物营养临界期的养分供应主要靠基肥或种肥供应。

2. 植物营养最大效率期

是指养分需要量最多，且施肥能获得最大效应的时期。植物营养最大效率期往往在植物生长最旺盛的时期，此时植物吸收养分的绝对数量和相对数量最多，如能及时满足此时期作物对养分的需要，增产效果极为显著。

13

植物营养最大效率期的施肥是以追肥的方式施入的。

第三节　氮肥

一、氮素的营养作用

（一）植物体内氮的含量

一般植物含氮量约占植物体干物质重的 0.3%～5%，而含量的多少与植物种类、器官、发育阶段有关。

（二）氮在植物生长发育中的作用

是许多主要有机化合物的主要组分之一：

（1）蛋白质的重要组分（蛋白质中平均含氮 16%～18%）。

（2）核酸和核蛋白质的成分。

（3）叶绿素的组分元素。

（4）许多酶的组分（酶本身就是蛋白质）。

（5）氮还是一些维生素的组分，而生物碱和植物激素也都含有氮。

（三）土壤中氮素的形态与转化

土壤中的氮素有有机态和无机态两大类。有机含氮化合物存在于土壤中的动植物残体和施入的有机肥中，大多数有机含氮化合物植物不能直接吸收利用；土壤中无机含氮化合物，主要有铵态氮和硝酸态氮两种，他们都是速效态氮。

土壤中各种形态氮素的总量称为土壤全氮量，它表明土壤氮素的总储量。土壤中无机态氮素的含量很少，通常只占土壤全氮的1%左右，绝大部分氮是有机的含氮化合物，占总量的99%左右。土壤中各种形态的氮素按所处环境条件（水分、空气、温度、pH等），不停地相互转化。氮素的转化包括一系列过程，主要是在土壤微生物作用下的生物化学过程。

（四）氮素缺乏和过量的症状

植株生长迟缓而显得矮小、瘦弱，叶片薄而小，叶色淡绿甚至发黄。禾本科作物表现为分蘖少，茎秆细长；双子叶则表现为分枝少。生长后期若继续缺氮则表现为穗短小和籽粒不饱满，并易出现早衰。

氮素是可以再利用的元素，作物缺氮的显著特征是下部叶片首先失绿黄化，然后逐渐向上部叶片扩展。

氮肥施用过多会使细胞肥大，叶片变得柔软多汁，易受病虫侵害和恶劣气候条件的危害。作物生长后期氮素施用过多，叶片中叶绿素数量增多，使叶片较长久的保持绿色，往往会延长作物生育期，出现贪青晚熟现象。氮素过多时还会影响到产品品质，降低果品含糖量，产品也不耐贮存。

禾本科作物（如小麦）氮肥施用过多易出现叶片肥大，互相遮蔽，茎秆细弱易倒伏，导致减产；棉花则表现株型高大，叶大而薄有徒长趋势，但蕾铃不多，易脱落，霜后花的比重增加，纤维品质下降；油料作物则结荚多籽粒小而少，种子含油量低；对于一些块根、块茎作物，有时会出现叶片生长量显著增加但块根、块茎的产量却不高。此外氮素过多还会影响到产品品质，降低西瓜、果品的含糖量，产品也不耐贮存。

一般可以从叶面积和叶片绿色的深浅来判断植物氮素的营养状况。

二、氮肥的种类、性质与施用

氮肥种类很多，大致可分为铵态氮肥（NH_4^+）、硝态氮肥（NO_3^-）、酰胺态氮肥和长效氮肥。各类氮肥的性质、在土壤中的转化和施用既有共同之处，也各有特点。

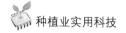

（一）铵态氮肥

含有铵离子（NH_4^+）或氨（NH_3）的含氮化合物。包括碳酸氢铵（NH_4CO_3）、硫酸铵〔$(NH_4)_2SO_4$〕、氯化铵（NH_4Cl）、氨水（NH_4OH）、液氨（NH_3）。

它们的共同特点是：

（1）易溶于水，是速效养分。作物能直接吸收利用，能迅速发挥肥效。

（2）铵态氮肥易被土壤胶体吸附，部分还进入黏土矿物晶层间。因此，铵态氮肥在土壤中移动性小，不易淋失，肥效比硝态氮肥慢，但肥效长；既可作追肥，也可作基肥。

（3）碱性条件下易发生氨的挥发损失，铵态氮肥不能与碱性物质混合贮存和施用，以免造成氨的挥发损失。而酸性土壤上则不会发生挥发损失。

（4）高浓度的 NH_4^+ 易对作物产生毒害，造成"氨的中毒"。

（5）作物吸收过量的 NH_4^+ 会对 Ca^{2+}、Mg^{2+}、K^+ 的吸收产生抑制作用。

碳酸氢铵（NH_4HCO_3）

1. 含量和性质

含氮 17% 左右。

①白色细小的结晶，易溶于水，速效性肥料。

②肥料水溶液 pH 值 8.2～8.4，呈碱性反应。

③化学性质不稳定，易分解挥发损失氨；含水量 < 0.5% 时 NH_4HCO_3 不易分解；对热的稳定性差，高温下易引起分解。应密封、阴凉干燥处保存。

④贮存、运输过程中，易发生潮解、结块。

⑤施入土壤后，碳酸氢铵很快发生解离为均能被作物吸收利用的 NH_4^+ 和 HCO_3^-，不残留任何副成分。因此长期施用不会给土壤带来负面影响。

2. 施用

①可作基肥、追肥，但不宜作种肥；因本身分解产生氨，影响种子的呼吸和发芽。

②深施并覆土，以防止氨的挥发。

（二）硝态氮肥（NO$_3$$^-$）

硝态氮肥的共性：

（1）白色结晶，易溶于水，属速效性氮肥（肥效比氨态氮肥更快）。

（2）不易被土壤胶体吸附，易淋失。

（3）作物吸收过量 NO$_3$$^-$ 不会发生中毒现象。

（4）嫌气条件下，易发生反硝化作用，生成 N$_2$、N$_2$O 等损失氮素——氮素损失的途径之一。

（5）吸湿性较大，物理性状较差。

（6）易爆、易燃，贮存和运输过程中应采取安全措施。

硝酸铵（NH$_4$NO$_3$）

1. 含量和性质

①含氮 33% ~ 34%。

②白色结晶，含杂质时呈淡黄色，易溶于水，速效。

③吸湿性强，溶解时发生强烈的吸热反应。

④贮存和堆放不要超过 3 米，以免受压结块。

⑤易爆易燃，属热不稳定肥料，运输过程中振荡摩擦发热，能逐渐分解放出 NH$_3$。

⑥施入土壤后，NH$_4$$^+$ 和 NO$_3$$^-$ 能被作物吸收。

2. 施用

①适宜作追肥、种肥，一般不作基肥。追肥要少量多次；作种肥时注意用量，并尽量不使其与种子直接接触。

②不宜与有机肥混合施用。易造成嫌气条件，发生硝化作用。

③不宜水田施用。避免硝态氮的淋失和反硝化损失氮。

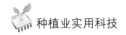

（三）酰胺态氮肥—尿素〔$CO(NH_2)_2$〕

1. 含量和性质

①含氮42%～46%，含氮较高，固态肥料含氮最高的单质氮肥。

②结构：$H_2N—CO—NH_2$，是化学合成的有机小分子化合物。

③白色针状或棱柱状结晶。

④易溶于水，易吸湿，特别是在温度大于20℃、相对湿度80%时吸湿性更大。目前加入疏水物质制成颗粒状肥料，以降低其吸湿性。

⑤尿素制造过程中，温度过高，会产生缩二脲，尿素中缩二脲含量应<2.0%。

2. 施用

①适宜各种作物和土壤。宜深施覆土。

②尿素施入土壤后，初期以分子态存在于土壤溶液中，被土壤吸附的能力比氨态氮要弱，所以施用后不要急于灌水，须隔3～5天再灌水。

③尿素在土壤中的转化需要一段时间；受土壤温度、水分、酸度的影响。中性、温度较高、水分适宜时转化较快；温度为7～10℃转化率100%时需要7～10天，20℃时需4～5天，温度为30℃时仅需1～2天。因此，作追肥时，要提前3～7天施用。

④不提倡作种肥。尿素分解产生NH_4HCO_3、$(NH_4)_2CO_3$和NH_4OH，挥发产生氨，影响种子的呼吸和发芽。另外，尿素肥料中含有的缩二脲是植物生长的紊乱剂。若作种肥，用量要限制，并且避免与种子直接接触。

⑤尿素适宜作根外追肥，喷施浓度0.2%～2%。

三、氮肥的合理施用

1. 根据土壤条件施肥

①有机质含量。土壤有机质含量高，含氮也多，有限的肥料分

配时可少施或不施氮肥。

②土壤质地。轻质土壤，保肥性差，要少量多次施用氮肥特别是硝态氮肥，以防止氮素的淋失；黏重土壤可一次大量施用氮肥。

③土壤酸碱度。碱性土壤施用生理酸性或化学酸性肥料；酸性土壤施用生理碱性和化学碱性肥料，以调节土壤酸度。

④盐渍土。不要施用含 Cl^- 肥料和 Na^+ 肥料，避免土壤含盐量的增加。

⑤干旱区。硝态氮肥施用效果较好，多雨季节铵态氮肥效果较好。

2. 根据肥料性质施肥

①铵态氮肥易挥发，在石灰性土壤和碱性土壤上施用氨态氮肥和尿素时应深施覆土。

②硝态氮肥易淋失，不要大水漫灌，并且硝态氮肥肥效快，宜作追肥。

③含碱性物质、挥发性物质、有毒物质、盐分等的肥料，不宜作追肥。

3. 重视平衡施肥

提倡氮、磷、钾、有机肥配合施用，达到养分的平衡，提高肥料的经济效益。提倡氮肥与其他肥料配合施用，并不等于混合施用，能否混合要根据肥料的性质考虑。要注意和避免由于不合理的混合造成氮素的损失，或由于肥料本身物理性质的变化给施用带来的困难。不能混合使用的肥料，一般相隔 4~5 天再施用即可。

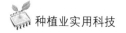

第四节 磷肥

一、磷的营养作用

（一）植物中磷的含量和作用

1. 植物体内磷的含量

植物体内的含磷量以 P_2O_5 计，一般为干物质重的 $0.2\%\sim$ 1.1% ，一般种子中磷的含量较高。

2. 磷的营养作用

（1）构成大分子物质的结构组分。

（2）多种重要化合物的组分。

（3）积极参与体内的代谢。

（4）提高作物抗逆性和适应。

在植物生长初期，磷有促进根系发育，幼苗健壮生长以及新器官形成等作用，对越冬作物增施磷肥可减轻冻害，有利于安全越冬。盐碱地上使用磷肥可以提高作物的抗盐碱能力。

（二）土壤中磷素的形态与转化

土壤中的磷素可分为有机态磷和无机态磷两大类。有机态磷约占全磷量的 $10\%\sim30\%$ ，无机态磷占其余的大部分。

土壤中有机磷来源于植物和微生物的残体及施入的有机肥料。土壤中的无机态磷的化合物约有 30 多种，一般归纳为三类：水溶性磷酸盐、弱酸溶性磷酸盐和难溶性磷酸盐。水溶性磷酸盐和弱酸溶性磷酸盐对作物都是有效的，传统上把这两种磷酸盐的总含量当成土壤中有效磷的数量。难溶性磷酸盐不溶于水，也不溶于弱酸，只能溶于强酸，作物一般不易吸收。在耕作条件下，尤其是由于微生物的活动在土壤中产生各种有机酸或无机酸时，才有可能少部分转变为作物可利用的状态。

各形态的磷在土壤中依一定条件相互转化，处在动态平衡中。

（三）植物对缺磷和供磷过多的反应

1. 缺磷

（1）磷是运转和分配能力很强的元素，在植物体内表现有明显的顶端优势。植物缺磷的症状常首先出现在老叶。

（2）缺磷的植株因为体内碳水化合物代谢受阻，有糖分积累而形成花青素（糖苷），许多一年生植物的下部叶片和茎基部呈现典型症状：紫红色（这种现象在幼苗期较明显，生长到中后期则减退）。

（3）供磷不足时，细胞分裂迟缓、新细胞难以形成，同时也影响细胞伸长。所以从外形上看：生长延缓，植株矮小，分枝和分蘖减少。叶色深绿色、发暗无光泽。根系发育不良，次生根形成很少。

（4）缺磷对植物光合作用、呼吸作用及生物合成过程都有影响。

缺磷的玉米果穗常出现秃尖；棉花则易落花落蕾、桃小吐絮晚；谷类作物还表现出分蘖少，延迟分蘖和抽穗，抽穗后则表现为穗小、粒少、籽瘪；果树易落花落果；马铃薯、甘薯则块茎、块根小，且不耐贮藏。

2. 供磷过多

（1）植物呼吸作用加强，消耗大量糖分和能量，对植株生长产生不良影响。叶片肥厚而密集，叶色浓绿；植株矮小，节间过短；出现生长明显受抑制的症状。

（2）繁殖器官常因磷肥过量而加速成熟进程，并由此而导致营养体小，茎叶生长受抑制，也会降低产量。地上部与根系生长比例失调，在地上部生长受抑制的同时，根系非常发达，根量极多而粗短。

（3）谷类作物的无效分蘖和瘪籽增加；叶用蔬菜的纤维素含量增加、烟草的燃烧性差等品质下降。

（4）施用磷肥过多还会诱发缺铁、锌、镁等养分。

二、磷肥种类、性质与施用

（一）磷肥的种类

一般按磷肥中磷的有效性或溶解度不同分为：

（1）水溶性磷肥。肥料中的磷能被水溶解出来的磷肥。如：过磷酸钙、重过磷酸钙等。

（2）弱酸溶（枸溶）性磷肥。肥料中的磷素能被2%的柠檬酸或中性柠檬酸铵溶解出来。如：钙镁磷肥。

（3）难溶性磷肥。肥料中的磷只能被强酸所溶解的磷肥。如：磷矿粉。

（二）水溶性磷肥

1. 过磷酸钙

普通过磷酸钙，简称普钙。是用硫酸分解磷灰石或磷矿石而制成的肥料。

（1）主要含磷化合物是水溶性磷酸一钙 $[Ca(H_2PO_4)_2 \cdot 2H_2O]$，占肥料总量的30%~50%；

（2）难溶性硫酸钙 $[CaSO_4 \cdot 2H_2O]$，占肥料总量的40%；

（3）3%~5%游离磷酸和硫酸，由于制造过程加入过量酸和贮存过程中磷酸一钙的解离；

（4）少量杂质，难溶性磷酸、铁铝盐和硫酸铁、铝盐；

（5）成品中含有有效磷（以 P_2O_5 计）12%~20%。

过磷酸钙的性质：

（1）灰白色、粉末状；

（2）呈酸性反应，有一定的吸湿性和腐蚀性；潮湿的条件下易吸湿、结块；

（3）过磷酸钙在贮存和运输过程中易发生磷酸的退化作用，因此，过磷酸钙含水量、游离酸含量都不宜超标，并且在贮存和运输过程中注意防潮，贮存时间也不宜过长。

过磷酸钙施后磷的转化：

实践证明：当季作物对过磷酸钙的利用率很低，一般为10%～25%，其主要原因是水溶性的磷酸一钙易被土壤吸持或产生化学和生物固定作用，降低磷的有效性。

2. 重过磷酸钙

简称重钙，是一种高浓度磷肥，系由硫酸处理磷矿粉制得磷酸后，再以磷酸和磷矿粉作用而制得。含磷（P_2O_5）40%～52%，为普通过磷酸钙的3倍，故又称浓缩过磷酸钙，三倍磷肥或三料磷肥。主要成分是磷酸一钙，不同的是它不含硫酸钙，因此含磷量远比过磷酸钙高。

性质比普通过磷酸钙稳定，易溶于水，水溶液亦呈酸性反应，吸湿性较强，易结块。由于不含铁、铝等杂质，吸湿后不发生磷酸退化现象。

三、磷肥的合理施用

（一）不同作物需磷特性

不同作物对磷肥反应不一样。一般来说，豆科作物（包括豆科绿肥）、糖用作物（甘蔗、甜菜）、纤维作物中的棉花、油料作物中的油菜、块根块茎类作物（甘薯、马铃薯）以及瓜类、果类、桑树和茶树等都需要较多的磷。禾谷类作物对磷的反应不如上述作物敏感，但其中玉米、小麦、大麦对磷的反应比谷子、水稻等作物好。因此在同一土壤上，磷肥应优先分配在豆科作物或对磷肥反应良好的作物，冬小麦—夏玉米轮作，磷肥应重点分配在冬小麦，夏玉米则利用其后效。

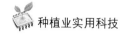

（二）合理使用

过磷酸钙无论施入何种土壤，都易被固定，移动性较小。石灰性土壤磷的移动试验表明：过磷酸钙施入土壤 2~3 个月，90% 磷酸移动不超过 1~3 厘米，绝大多数集中在施肥点周围 0.5 厘米范围内。因此，合理施用过磷酸钙应以减少肥料与土壤的接触，增加肥料与植物根系的接触，以提高过磷酸钙的利用率，具体施肥措施如下：

（1）早施。作物磷的营养临界期一般都在幼苗期，在植物生长初期磷有促进根系发育、幼苗健壮生长以及新器官生成等作用。况且磷在作物内不可再利用，所以做种肥、基肥或早期追肥效果好。

（2）深施、集中施用，制造使用颗粒磷肥。

（3）与氮肥、钾肥或有机肥料混合施用。只有在施足氮肥的基础上合理使用，才能充分发挥其增产作用，不能单靠磷肥。

（4）根外追肥浓度：3% 浸出液。

第五节　钾肥

一、钾在作物体内的营养作用

（一）钾在植物体内的含量和分布

1. 含量

以 K_2O 计含钾量为作物干物质的 0.3%~5%，有些作物的含钾量甚至超过氮。

2. 分布

迄今为止尚未在植物体内发现含钾的有机物，钾呈离子态存在于植物汁液中。不同作物种类、同一作物的不同器官和不同生育期含钾量不同：

（1）通常碳水化合物含量较多的作物如淀粉、糖类作物含钾量较高。

（2）不同器官中，钾的含量不同，如谷类作物种子中含钾量较低，茎秆含钾量较高。

（3）幼嫩的芽、幼叶、幼根（根尖）中含钾量十分丰富。

（二）钾素的营养作用

（1）促进酶的活化。

（2）促进光合作用，提高 CO_2 的同化率。

（3）有利于植物的正常呼吸作用，改善能量代谢。

（4）促进植物体内物质的合成和运输。促进茎秆维管束的发育，增强抗倒伏能力。抑制病菌的滋生和降低其对作物的危害。

（5）参与细胞的渗透调节。

（6）调节气孔运动。

（7）增强作物的抗性。

①抗旱性；②抗高温；③抗寒性；④抗盐；⑤抗病性；⑥抗倒伏；⑦抗早衰。

（三）土壤中钾元素的形态与转化

土壤中的钾主要来源于含钾矿物，绝大部分的钾是被束缚在原生矿物和次生矿物之中，而次生矿物又是土壤黏粒的主要成分。因此，含黏粒多的土壤，一般含钾也多。

土壤中的钾有三种形态：矿物态钾、缓效态钾、速效态钾。各种形态的钾在土壤中经常处于相互转化的动态平衡中。

（四）作物钾素营养的失调症状

钾在作物体内的流动性很大，缺钾首先表现在衰老的组织——老叶上，以后逐渐向新叶扩散。若新叶出现缺钾症状，则表明严重缺钾。

缺钾的症状首先是老叶的叶缘发黄、进而变褐、焦枯呈灼烧

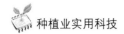

状，叶片出现褐色斑点或斑块，但叶中部、叶脉处仍保持绿色。随缺钾程度加剧，整个叶片变为红棕色或干枯状，坏死脱落。有的作物叶片呈青铜色，向下卷曲，叶表面叶肉组织凸起，叶脉下陷。果实小且着色不良。不同作物缺钾症状表现不同。一般缺钾症状多在生长后期，因此以预防为主。

棉花、马铃薯等缺钾时则叶肉部分出现褐黄色斑点或坏死组织；果树缺钾时则叶缘变黄，逐渐发展出现坏死组织，果实小、着色不良、酸味和甜味都不足。

二、钾肥的种类、性质和施用

（一）氯化钾（KCl）

1. 性质

氯化钾为白色或淡黄色、紫红色结晶；其钾含量以 K_2O 计含量为60%，易溶于水，对作物是速效的；有一定吸湿性，长久贮存会结块；属化学中性、生理酸性肥料。

在多雨的季节或地区，固钾能力弱的沙质土壤，一次施用量不宜太大。

2. 施用

①可作基肥、追肥，大田作物一般每亩施用量 4～6 千克（K_2O）比较经济有效。在中性土壤上作基肥施用宜与有机肥、磷矿粉配合或混合施用，能防止土壤酸化、并且能促进磷矿粉中磷的有效性；酸性土壤施用时应配施石灰。

②KCl 不宜作种肥，以免造成盐害，影响种子的萌发和幼苗的生长。

③忌氯作物不要施用。

④适宜于棉麻类作物。

（二）硫酸钾（K_2SO_4）

1. 性质

硫酸钾为白色或淡黄色结晶；其含钾量以 K_2O 计含量为 50%～52%，易溶于水，对作物是速效的；吸湿性较小，不易结块；属化学中性、生理酸性肥料。

2. 施用

①可作基肥、追肥，大田作物一般每亩施用量 4～6 千克 K_2O 比较经济有效。在中性土壤上作基肥施用宜与有机肥、磷矿粉配合或混合施用，能防止土壤酸化，并且能促进磷矿粉中磷的有效性；酸性土壤施用时应配施石灰。

②K_2SO_4 宜作种肥和根外追肥，种肥用量为每亩 1.5～2.5 千克 K_2O；根外追肥浓度为 2%～3% 比较适宜。

③喜硫作物上施用效果较好。

（三）草木灰

1. 成分和性质

草木灰是植物燃烧后的残渣；因为有机物和氮素大量被烧失，草木灰的主要成分是灰分元素——P、K、Ca、Mg 及 Fe 等微量元素（Ca、K 较多，P 次之）。不仅能供应钾，还能供应 P、Ca、Mg 和微量元素。

草木灰中的钾 90% 是碳酸钾（K_2CO_3），其次是 KCl 和 K_2SO_4，均为水溶性的，对作物速效，但易受雨水淋失，应避免露天存放。如果高温（700℃）燃烧则形成 K_2SiO_3，其溶解度和肥效降低。因此，植物燃烧完全，减少了灰分中的含碳量，灰分呈灰白色，水溶性钾含量较少。

草木灰中含有 CaO、K_2CO_3，呈碱性反应。酸性土壤施用，不仅能供应钾，而且能降低土壤酸度和补充 Ca、Mg 等元素。

2. 施用

①适宜于各种作物、土壤，对多数作物反应良好。

②盐碱土上生长的植物燃烧的草木灰含有大量的 NaCl、Na_2SO_4，不宜施用在盐碱土壤上，以免增加土壤盐分的含量。

③可作基肥、追肥，也可作根外追肥、盖种肥。基肥每亩 50～100 千克，追肥每亩 50 千克，宜集中沟施和穴施，施用前拌少量湿土或浇少量水湿润后再用。

④用 1% 的浸出液作根外追肥，除供应养分外，还具有防止蚜虫的效果。

⑤盖种肥大多用于水稻和蔬菜育苗上，既能改善苗期营养，又能吸收热量，促苗早发，清除病害，防止水稻烂秧，但宜用陈灰。

⑥不宜与铵态氮肥、腐熟的有机肥混合施用，以免造成氨的挥发。

三、钾肥的合理分配和施用

（一）土壤质地与供钾能力

钾肥的肥效在很大程度上取决于土壤钾的有效水平，与土壤的供钾能力呈负相关。

土壤质地影响土壤的供钾能力，同等量的速效性钾含量的土壤上，施用钾肥后黏重土壤的肥效比沙质土壤差。一般沙质土壤供钾能力弱，所以要把有限的钾肥施在缺钾的沙质土壤上。

（二）作物需钾特性

1. 不同作物需钾量不同，吸钾能力不同，肥效也不同

豆科作物对钾最敏感，施用后增产显著；含碳水化合物多的薯类作物和含糖较多的糖用作物以及西瓜、果树等需钾量也较多；棉麻类作物、油料作物以及叶用作物（烟草、桑、茶、蔬菜）等也都是需钾较多的。禾本科作物中以玉米对钾肥最为敏感，而水稻、小麦施钾肥不太敏感，宜酌情使用。

2. 不同生育期对钾的需要不同

一般作物需钾高峰期出现在作物的生长的旺盛期，如禾谷类作物分蘖到拔节期需要钾较多，其吸收量占总吸收量的 60% ~ 70%，开花期以后明显下降；棉花的最大需钾期是现蕾期至成铃阶段，约占 60%；蔬菜作物（如茄果类）出现在花蕾期；梨树在果实发育期；葡萄在浆果着色初期。

需要注意，一般作物苗期是钾素的营养临界期，所以钾肥应早施。

（三）肥料特性

不同钾肥种类的性质不同，如硫酸钾和氯化钾均为生理酸性肥料，适宜用于石灰性土壤，在酸性土壤上，应配合施用适量石灰或草木灰。窑灰钾肥为碱性肥料，适宜于酸性土壤。氯化钾适宜用于水田，而不宜用于盐碱地。

氯化钾因含有氯离子，忌氯作物不宜使用。

（四）气候条件

降水过多会引起土壤中水溶性钾流失，且造成土壤通气不良，作物根系吸收受抑。然而，在干旱条件下，即使土壤交换性钾水平适宜，但由于钾的迁移与根系吸收受抑制，增施钾肥增产效果仍然明显。

（五）钾肥施用技术

（1）钾肥应早施，钾肥在土壤中移动性小，宜做基肥施于根系密集的土层。对于沙质土壤可以一半做基肥，一半做追肥，及早施用。一般作物生育后期吸钾数量不多，主要靠器官中养分的重新分配，所以后期追肥不如前期施钾肥的效果好。

（2）钾肥应深施，并且集中施用。施用量一般为每亩 4 ~ 5 千克 K_2O。经济作物适当多施。

（3）钾肥与氮磷配合施用、与有机肥配合施用，效果较好。

第六节　中微量元素

一、钙

（一）钙的作用

钙是构成细胞壁的重要元素，大部分钙与多果胶酸结合形成果胶钙永久固定在细胞壁中。有助于细胞壁的形成和发育。钙对碳水化合物的转化和细胞代谢也有良好的作用。

（1）钙还是某些酶的活化剂。

（2）钙还可以与有机酸结合形成盐类对代谢过程中所产生的有机酸有中和解毒作用。

（3）钙能抑制真菌的侵袭同时还能清除某些离子过多产生的毒害。

（二）缺钙的表现、原因及预防

钙在植物体内易形成不溶性的钙盐沉淀被固定下来，是属于不能转移和再利用的元素，因此缺钙症状常表现在新生组织上。缺钙时一般作物表现为植株矮小、根系生长不好、茎和根尖的分生组织受损。严重缺钙时植株幼叶卷曲、茎软下垂、叶尖有黏化现象，叶缘发黄、逐渐枯死、根尖细胞则易腐烂死亡。

植物缺钙往往不是土壤供钙少引起的，主要是由于作物对钙的吸收和运输受阻出现生理失调造成的。

番茄缺钙时，茎软下垂，果肉有小病斑；马铃薯缺钙，根部出现枯斑；胡萝卜缺钙根部会出现裂伤；黄瓜缺钙往往顶部出现受害症状；苹果和梨缺钙，不但表皮有枯斑，而且果肉也有枯斑使品质下降。

预防植物缺钙可叶面喷施 0.3% ~ 0.5% 的硝酸钙、氯化钙以及 2% ~ 3% 的过磷酸钙浸出液或其他含钙叶面肥。

二、镁

（一）镁的作用

镁是一切绿色植物不可缺少的元素，因为它是叶绿素的成分。

（1）镁也是许多酶的活化剂。能加强酶的催化作用，有助于促进碳水化合物的代谢和作物的呼吸作用。

（2）镁在植物体中和磷酸盐的运转有密切关系。

（3）积极参与体内的代谢过程。

（4）促进作物合成维生素 A 和维生素 C，从而利于提高果品和蔬菜品质。

（5）镁与钙、钾、铵、氢等离子有颉颃作用。

（二）缺镁的表现与预防

镁在植物体内移动性较强，是可以再度利用的元素之一，缺镁时首先表现在叶绿素含量减少，叶色失绿。但与缺氮时的叶色有一定区别，缺镁是叶肉变黄而叶脉仍保持绿色。缺镁和缺氮症状都是最先出现在植株下部的叶片上。

预防和防治缺镁可叶面喷施 0.1% ~ 0.2% 硫酸镁溶液或使用钙镁磷肥。

三、硫

（一）硫的作用

硫是构成蛋白质的重要元素之一。

（1）在作物体内，含硫的有机化合物还参与氧化还原过程，因此在作物的呼吸作用中有特殊的功能；

（2）硫对叶绿素的形成有一定作用；

（3）硫还是某些植物油的成分；

（4）含辣味的作物喜好硫肥。

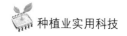

（二）缺硫的表现

缺硫症状与缺氮症状相似，缺硫时叶绿素含量降低，叶色淡绿。严重缺硫时，甚至成为黄白色，叶片寿命也大大缩短。

四、硼肥

（一）硼的营养作用

1. 植物体内硼的含量和分布

植物体内硼的含量变幅为2.0~100毫克/千克。一般双子叶植物的需硼量比单子叶植物高。

植物体内硼的分布规律是：繁殖器官高于营养器官；叶片高于枝条，枝条高于根系。硼比较集中的分布在子房、柱头等器官中。硼常牢固地结合在细胞壁结构中，在植物体内相对来说几乎是不移动的。

2. 硼的营养功能

（1）促进体内碳水化合物的运输和代谢。供硼不足时，大量碳水化合物在叶片中积累，使叶片变厚、变脆，甚至畸形。植株顶部生长停滞，生长点死亡。

（2）促进细胞伸长和细胞分裂。缺硼最明显的反应之一是主根和侧根的伸长受抑制，甚至停止生长，使根系呈短粗丛枝状。南瓜需硼的试验表明，缺硼对根伸长的影响很大。

（3）促进生殖器官的建成和发育。硼能促进植物花粉的萌发和花粉管的伸长，减少花粉中糖的外渗。植物缺硼抑制了细胞壁的形成，花粉母细胞不能进行四分体分化，花粉粒发育不正常。油菜"花而不实"、棉花的"蕾而不花"以及小麦的"穗而不实"均为缺硼所致。

（4）调节酚的代谢和木质化作用。

（5）提高豆科作物根瘤菌的固氮能力。

3. 植物缺硼的表现

植物缺硼的共同特征为：

（1）茎尖生长点生长受抑制，严重时枯萎，甚至死亡。

（2）生殖器官发育受阻，结实率低，果实小、畸形，缺硼导致种子和果实减产。硼可以刺激作物花粉的萌发和花粉管的伸长，有利于受精，因此缺硼常表现为生殖器官发育不良，出现"花而不实"。

（3）根的生长发育明显受阻，根短粗兼有褐色。

（4）叶片变厚变脆、畸形，叶柄变粗、枝条节间短，出现木栓化现象。

一般来说，豆科作物需硼量比禾本科作物多，多年生作物比一年生作物需硼量多。

（二）土壤中硼的含量及其有效性

硼临界值为0.5毫克/千克。河北省全省土壤有效硼平均值为0.5毫克/千克。0.51~1.0毫克/千克的中硼土壤占33.5%，河北省有60%以上土壤缺硼。

硼的有效性与土壤pH关系密切，当pH值在4.7~6.7时有效性高，pH值>7.5时有效性降低，因为硼与钙结合形成偏硼酸钙沉淀，溶解度降低。

对硼敏感的植物有油菜、棉花、烟草、葡萄、苹果、梨、桃、玉米、花生、甜菜、马铃薯等。

（三）硼肥的种类与施用

常用硼肥有硼酸、硼砂等。

（1）硼酸（H_3BO_3）：含硼（B）17.5%、白色结晶或粉末状，溶于水。

（2）硼砂（$Na_2B_4O_7 \cdot 10H_2O$）：含硼（B）11%，性状同硼酸。

硼酸和硼砂可作基肥、追肥，可以作种肥和根外追肥。施肥量

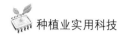

与施肥方法有关。基肥 0.5 ~ 1.0 千克/亩。可与细干土、磷肥或氮肥混合后穴施或条施；追肥宜早，注意施匀。根外追肥浓度为 0.02% ~ 0.1% 硼酸溶液或 0.05% ~ 0.2% 硼砂溶液，每公顷 750 ~ 1 125 千克溶液。于作物营养生长转入生殖生长时喷施。拌种一般每千克种子拌 0.4 ~ 1.0 克硼酸或硼砂。

大多数作物缺硼和硼害的含量范围很窄，因此使用硼肥的数量和喷洒硼肥的浓度都必须严格控制以免发生毒害。

五、锌肥

（一）锌的营养作用

1. 锌的含量和分布

植物正常含锌量为 25 ~ 150 毫克/千克，含量因植物种类及品种不同而有差异。在植株体内锌多分布在茎尖和幼嫩的叶片。根系的含锌量常高于地上部分。作物含锌量低于 20 毫克/千克时，就会出现缺锌症状。

2. 锌的营养功能

（1）某些酶的组分或活化剂；

（2）参与生长素的合成代谢；

（3）参与光合作用中 CO_2 的水合作用；

（4）促进蛋白质代谢；

（5）促进生殖器官发育和提高抗逆性；

（6）锌还可提高植物的抗旱性、抗热性、抗低温和抗霜冻的能力。

3. 植物缺锌与中毒的症状

植物缺锌时，生长受抑制，尤其是节间生长严重受阻，并表现出叶片的脉间失绿或白化。生长素浓度降低，赤霉素含量明显减少。缺锌时叶绿体内膜系统易遭破坏，叶绿素形成受阻，因而植物常出现叶脉间失绿现象。典型症状：作物生长发育停滞、叶片变小、节间缩短（果树"小叶病"、"繁叶病"）。

植物对缺锌的敏感程度因种类不同而有差异。禾本科作物中玉米和水稻对锌最为敏感，通常可作为判断土壤有效锌丰缺的指示植物。玉米白苗有时是因为缺锌引起的。

（二）土壤中锌的含量及其有效性

河北省<0.5毫克/千克的低锌地区占79%。沙质土壤有效锌含量少，有效磷含量高的土壤多缺锌。河北省有一半以上土壤缺锌。

土壤中锌的形态及其有效性与pH有关。当pH值<6.0时，以Zn^{2+}为主，有效性高；pH值在6.0~7.85（石灰性土壤）形成$Zn(OH)^+$，有效锌减少。

对锌反应敏感的作物有：玉米、高粱、豆类、苹果、桃、棉花、葡萄、番茄、蓖麻。中等敏感的作物有马铃薯、洋葱、甜菜等。

（三）锌肥的种类与施用

常用锌肥有：硫酸锌（$ZnSO_4 \cdot H_2O$），含锌（Zn）33%~35%；氯化锌（$ZnCl_2$），含锌（Zn）48%，一般为白色结晶，易溶于水。可用作基肥、种肥或追肥，更适宜种子处理和根外追肥。

以硫酸锌作基肥一般用量1~2千克/亩，可将锌肥与有机肥、生理酸性化肥（不要和磷肥混合）等混匀后撒施耕翻入土。拌种每千克种子拌2~6克硫酸锌或2~4克氯化锌。根外追肥浓度一般为0.1%~0.3%，水稻、玉米的浓度为0.1%。果树生长期为0.5%的硫酸锌溶液。

六、钼肥

（一）钼的营养作用

1. 钼的含量和分布

钼是作物体内含量最少的元素，一般在1毫克/千克左右。

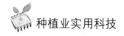

2. 钼的营养作用

（1）钼是固氮酶的成分，促进豆科作物固氮。

（2）钼是硝酸还原酶的组分，促进氮代谢及光合作用。

（3）钼能减少铁（铝）毒害，促进无机磷转化为有机磷。

3. 作物缺钼的症状

作物缺钼的共同特征是：生长不良，矮小，叶脉间失绿，或叶片扭曲，类似缺氮的症状。缺钼主要发生在对钼敏感的作物（豆科作物）上。因为钼在作物体内不容易转移，缺钼首先发生在幼嫩部分。

（二）土壤中钼的含量及其有效性

我国土壤中全钼（Mo）含量在 0.1 ~ 6 毫克/千克，平均 2 毫克/千克。

土壤有效钼含量很少，用草酸—草酸铵从土壤中提取，临界值小于 0.15 毫克/千克可能缺钼。

土壤中钼的有效性与 pH 关系密切，在酸性条件下（pH < 6），水溶态钼转化为氧化态钼或被吸附固定，有效性降低。在碱性或石灰性土壤上，土壤中的钼形成可溶性钼酸盐有效性较高。

对钼敏感的作物有花椰菜、莴苣和菠菜，中度敏感的作物油甘蓝、萝卜、麦类、豆类、花生、甜菜和番茄。

（三）钼肥的种类与施用

常用钼肥有：钼酸铵 $[(NH_4)_6MoO_4 \cdot 4H_2O]$，含钼（Mo）54%；钼酸钠（$Na_2MoO_4 \cdot 2H_2O$），含钼（Mo）35%。它们都是水溶性钼肥，可用作基肥、种肥和追肥，通常用作种子处理和根外追肥，浸种浓度 0.05% ~ 1.0%，浸 12 小时。拌种每千克种子 2 ~ 6 克肥料，用时先将钼肥溶解，边喷边拌，晾干（严禁暴晒）后播种。在生长前期可采用根外喷肥，浓度为 0.01% ~ 0.1%。

钼肥主要施在豆科作物和十字花科作物上，肥效显著。

第七节 复混（合）肥料

一、复合肥料的概念和分类

（一）概念

复合肥料系指含有氮、磷、钾三要素中两种或两种以上养分的化学肥料。有的国家也叫综合肥料或多养分肥料，有时在复合肥料中除 N、P、K 以外亦可以含有一种或几种可标明含量的中微量营养元素。

（二）复混肥料的分类

1. 按复肥生产中营养成分综合的方式分类，可分为以下三种类型

（1）化成复合肥

是由确定的生产流程所生成的化合物为复肥的成分，其养分含量与比例固定。化成复肥一般为二元型复肥，无副成分。如 18-46-0 的 $[(NH_4)_2HPO_4]$；13-0-44 的硝酸钾（KNO_3）；0-58-37 的偏磷酸钾（KPO_3）等。

（2）配成复合肥

复肥中养分的含量和比例系在生产流程中将几种单一肥料或化成复肥按一定工艺配方配制的，在一定范围内可按不同要求而予以调节。其养分的含量形态于比例取决于配入的原料与配方。在配成过程中物料可产生部分化学反应，这类肥料大都属于三元或多元型复肥，含有副成分，如尿磷钾、硝磷钾型三元复肥。中国近年来大量进口和生产的 15-15-15 复肥，即是一种配成复肥。

（3）混成复肥

将基础物料进行固体掺混而成的复肥，掺混的方式有两种，一种是早期采用的将原状的基础物料掺混而成；另一种是近代应用的将粒状化的基础物料进行散装掺混。混成复肥所用的物料可以是单质肥料，也可以是化成复肥，养分的含量与比例可以有大幅度调节，适合于服务区的土壤与农作物的营养需求，配方可以因时因地很容易调整。经常是随混随用，不做长期存放。在欧美国家混成复肥由肥料销售系统或配肥站进行。混肥的配方可不限于单质肥料来源及工艺流程（即工艺配方）。

2. 按复肥中养分的种类分

含两种养分的称为二元复混肥料，含三种养分的称为三元复混肥料；除三种养分外，还含有微量元素的叫多元复混肥料；除养分外，还含有农药或生长素类物质叫多功能复混肥料。

为了便于使用，通常复合肥料的包装上要注明养分含量。复合肥料中的养分标明主要是按氮、磷、钾的次序分别以 N、P_2O_5、K_2O 的百分含量表示，例如：15 – 15 – 15 表示为含 N 15%；P_2O_5 15%；K_2O 15%，养分比例则用 N：P_2O_5：K_2O =1：1：1。如果是二元复合肥料，以"0"表示所缺的那一种营养元素，例如：18 – 46 – 0，是氮磷二元复合肥料，又如：13 – 0 – 44 是氮钾二元复合肥料。复合肥料中所含的中微量营养元素是在 K_2O 后面的位置上表明，例如：12 – 12 – 12 +（Zn），还是含有锌的三元复合肥料。

3. 按复混肥料中养分浓度的不同分

低浓度复混肥，中浓度复混肥，高浓度复混肥。

国家标准明确规定，三元复混肥中氮磷钾有效养分含量必须 >25%，二元复混肥料中氮磷钾有效养分含量必须 >20%，其中水溶性磷必须 >4%。

二、复混肥料的特点

1. 优点

（1）一次施用能供应作物所需要的全部或大部分养分，施用合理一般不会对土壤产生不良影响。

（2）养分浓度高，副成分少，同等养分的肥料体积小，包装、贮存、运输成本低，施用方便。

（3）一般都经过造粒，物理性状好，吸湿性小，不易结块，颗粒均匀，抗压性强，能施用均匀，尤其适合机械化操作。

2. 缺点

（1）复混肥料养分比例固定，不能适用于各种土壤和作物对养分的需求，一般要配合单质肥料施用，是生产混合肥料的基础肥料。

（2）难以满足施肥技术的需求，不能充分发挥所含各种养分的最佳施肥效果。

3. 复混肥料的发展方向

高效化、液体化、多功能化、多元化。

第八节　科学施肥学说

一、养分归还学说（说明常年不使用肥料地力就会下降）

19 世纪德国著名的化学家李比希，提出了养分归还学说：作物生长需要从土壤中吸收氮、磷、钾等矿质营养，由于人类在土地上种植作物并把这些产物拿走，使土壤养分逐渐减少，连续种植会使土壤贫瘠，为了保持土壤肥力，就必须把植物带走的矿质养分以施肥的方式归还给土壤。当然，归还从土壤中取走的全部养分是不必要的，应当根据土壤养分状况和作物类型，有重点地归还必要的养分。

二、同等重要律与不可替代律（说明只用一种肥料不行）

对农作物来讲，不论大、中量元素或微量元素都是同等重要，缺一不可的。缺少某一种微量元素，尽管它的需要量很少，仍会产生微量元素缺乏症，从而导致减产。例如玉米、水稻缺锌植株矮小，油菜缺硼"花而不实"等。所以，不论微量元素还是大、中量元素，其重要性是一样的，这就是"同等重要律"。

另外，作物需要的各种营养元素，在作物体内都有一定的功能，相互之间不能代替。缺少什么营养元素，就必须施用含有该营养元素的肥料，施用其他肥料不但不能解决缺素的问题，有些时候还会加重缺素症状。这就是"不可替代律"。因此，施肥要有针对性，也就是说，要缺什么补什么。

三、最小养分学说（说明如何选择最需要的养分）

植物为了生长发育，需要吸收各种养分。但是决定作物产量的，却是土壤中相对含量最小的养分因素，产量也在一定限度内随着这个因素的增减而相对地变化。通常用装水木桶进行解释：木桶由代表不同养分含量和因子的木板组成，贮水量的多少由最短木板的高度决定。如果不针对性地补充最小养分，即使其他养分增加得再多，也难以提高产量，只能造成肥料的浪费。最小养分也不是固定不变的，当土壤中的最小养分得到补充，满足作物需求之后，产量就会迅速提高，原来的最小养分就不再是最小养分而让位于其他养分了。比如，开始的时候，氮是最缺的，是最小养分，产量水平受氮限制。氮增加后，磷成了最小养分，产量水平受磷限制。氮和磷都增加后，钾成了最小养分，产量水平受钾限制。在严重缺钾的土壤上使用再多的氮磷肥料，作物产量也不会增加。

当然，影响作物产量的众多的因子是纠缠在一起的，因子与因子之间，既相互促进，又相互制约，而且经常在不断变化。例如，磷的不足，影响氮的肥效；增施钾肥，可以提高氮的吸收；磷肥施用过量，导致锌的沉淀，容易发生缺锌症等。作物丰产是由诸多影响作物生长发育的因子综合作用的结果。为了充分发挥肥料的增产作用和提高肥料的经济效益，一方面要注重各种养分之间的配合施用；另一方面施肥措施也要与其他农业技术措施密切配合，发挥因子的综合作用。

四、报酬递减学说（说明施肥量并不是越多越好）

在土壤缺肥的情况下，根据作物的需要进行施肥，作物的产量会相应增加。但施肥量的增加与产量的增加并不是正相关关系。当施肥量很低的时候，单位肥料的增产量很大，随着施肥量的增加，单位肥料的增产量呈递减趋势，当施肥量增加到一定程度时，再多施肥料产量也不会增加。这就是"报酬递减律"。因此，施肥的增产潜力并不是无限的，施肥要有限度，超过了这个限度，就是过量施肥，必然会带来经济上的损失。科学施肥不是肥料施得越多越好，通俗地说，就是要做到"吃饱不浪费"。

五、怎样进行科学合理施肥——采取配方施肥

配方施肥是以养分归还学说、最小养分律、同等重要律、不可替代律、报酬递减律等理论为依据，遵循土壤、作物、肥料三者之间的依存关系，以肥料与综合农业技术相配合为指导原则，产前确定施肥的品种、数量、比例以及相应的科学施肥技术，是实现高产、优质、高效、土壤培肥、提高化肥利用率、保证生态环境的重要措施。

配方施肥必须根据作物需肥规律、土壤供肥性能与肥料效应，确定施肥的方法和数量。首先是要知道作物生长需要什么养分，需要多少，这就需要根据作物品种和产品水准确定。其次是了解土壤中能供给多少养分，这需要通过土壤养分的分析化验确定。第三是了解施入土壤的肥料有多少能被作物吸收利用，这需要通过田间肥料试验确定。

总体上来说，作物需要的养分由土壤供给和施肥部分组成，作物生长需要的养分总量，减去土壤能提供的部分，就是需要施肥补充的养分数量。做到配方施肥，必须依靠科学的手段，了解作物、土壤和肥料的情况，就像过去常说的"看天、看地、看庄稼"。

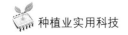

六、配方施肥的主要原则

1. 有机与无机相结合

实施配方施肥必须以有机肥料为基础。土壤有机质是土壤肥沃程度的重要指标。增施有机肥料可以增加土壤有机质含量，提高土壤保水保肥能力，增进土壤微生物的活动，促进化肥利用率的提高。因此必须坚持多种形式的有机肥料投入，才能够培肥地力，实现农业可持续发展。

2. 大量、中量、微量元素配合

各种营养元素的配合是配方施肥的重要内容，随着产量的不断提高，在土壤高强度利用下，必须强调氮、磷、钾肥的相互配合，并补充必要的中、微量元素，才能获得高产稳产。

3. 用地与养地相结合，投入与产出相平衡

要使作物—土壤—肥料形成物质和能量的良性循环，必须坚持用养结合，投入产出相平衡。才能达到稳产高产，实现农业可持续发展。

第九节　如何选用化肥

（一）肥料市场出现的问题

随着肥料业的发展，目前肥料市场上肥料种类繁多，新肥料品种层出不穷。一部分不法商家趁机鱼目混珠，以次充好，牟取暴利，严重扰乱了肥料市场的正常秩序，损害了农民的利益，肥料市场上出现的问题主要有以下几种情况：

一是以次充好，减少氮、磷、钾元素含量，偷工减料，肥料养分含量低于标示值，以低于真肥的价格在市场上销售，从而在短期内获得暴利，同时造成化肥市场价格混乱。这种肥料由于养分含量

不足，农民购肥使用后效果不理想。

二是标识不规范，误导消费者。国家明确规定，复混肥料生产厂家必须标明各单质元素含量及总养分含量。可是一些厂家只标明总养分含量，而不标明单质元素含量；有的甚至连总养分含量也不标；或者故意混淆"植物总养分"和"总养分"概念，用"植物总养分"代替规范的"总养分"；或者把大量和中微量元素全部相加作为总养分。有些复混肥商家在包装标识上有意误导农民，并不标识规范的"N‑P‑K"，而是以 Cl、Ca 等元素代替。

三是新产品品种繁多，品质参差不齐。例如有的有机无机复混肥料，有机质含量非常低，目的是逃避国标，钻管理的空子。有的以中微量元素肥为名，把一些工业副产品作为肥料销售。有的产品不经过必要的试验示范，盲目扩大适用作物和适用区域等。特别是在肥料广告宣传中吹嘘、夸大产品功效，产品名称动不动就用"肥王"、"高效"、"生态"等，误导农民。

（二）农民购肥需要注意哪些问题，如何避免购买假劣化肥？

为广大农民朋友提供一些化肥品质的简易识别方法和注意事项，供大家在购肥时参考：

简易识别方法概括为五个字"看、摸、嗅、烧、湿"。

一看：

（1）看肥料包装。正规厂家生产的肥料，其外包装规范、精致、结实，包装袋封口严密。一般注有生产许可证：（xk13‑206‑####）、执行标准（GB15063—2001）、登记许可证：#农肥（200#　准字####号）、商标、产品名称、养分含量（等级）、净重、厂名、厂址等；假冒伪劣肥料的包装一般较粗糙，包装袋上资讯标识不清，品质差，易破漏。

（2）看肥料的粒度（或结晶状态）。氮肥（除石灰氮外）和钾肥多为结晶体；过磷酸钙则多为多孔、块状；优质复合肥粒度和比重较均一、表面光滑、不易吸湿和结块。而假劣肥料恰恰相反，肥料颗粒大小不均、粗糙、湿度大、易结块。

（3）看肥料的颜色。不同肥料有其特有的颜色，氮肥除石灰氮外几乎全为白色，有些略带黄褐色或浅蓝色（添加其他成分的除外）；钾肥白色或略带红色，如磷酸二氢钾呈白色；过磷酸钙多为暗灰色，磷酸二铵为褐色等，农民朋友可依此做大致的区分。

二摸：将肥料放在手心，用力握住或按压转动，根据手感来判断肥料。利用这种方法，判别美国二铵较为有效，抓一把肥料用力握几次，有"油湿"感的即为正品；而干燥如初的则很可能是冒充的。此外，用粉煤灰冒充的磷肥，也可以通过"手感"，进行简易判断。

三嗅：通过肥料的特殊气味来简单判断。如碳酸氢铵有强烈氨臭味；硫酸铵略有酸味；过磷酸钙有酸味。而假冒伪劣肥料则气味不明显。

四烧：将化肥样品加热或燃烧，从火焰颜色、熔融情况、烟味、残留物情况等识别肥料。

比如氮肥：碳酸氢铵，直接分解，发生大量白烟，有强烈的氨味，无残留物；氯化铵，直接分解或升华发生大量白烟，有强烈的氨味和酸味，无残留物；尿素，能迅速熔化，冒白烟，投入炭火中能燃烧，或取一玻璃片接触白烟时，能见玻璃片上附有一层白色结晶物；而硫酸钾、氯化钾等在红木炭上无变化，发出噼叭声。复混肥料燃烧与其构成原料密切相关，当其原料中有氨态氮或酰氨态氮时，会放出强烈氨味，并有大量残渣。

五湿：如果外表观察不易识别化肥品种，也可根据在水中溶解状况加以区别。将肥料颗粒撒于潮湿地面或用少量水湿润，过一段时间后，可根据肥料的溶解情况进行判断。如硝铵、二铵、硫酸钾、氯化钾等可以完全溶解（化），过磷酸钙、重过磷酸钙、硝酸铵钙等部分溶解，复合肥颗粒会发散、溶解或有少许残留物，而假劣肥料溶解性很差或根本不溶解（除磷肥）。

当然，以上仅为最直观和最简单的识别方法，还不能对肥料做出精确的判断。如想准确地了解肥料中养分含量，区分真假，最好将肥料送到当地的土肥站化验室进行鉴定。

另外，在购肥过程中，要注意以下几点：

一是尽量到国家指定的定点单位购买肥料，即各级农资公司、化肥生产厂家和农业"三站"，不要到个人或其他非正规销售网点购买。

二是购肥时要认真看清化肥检验合格证以及包装袋上的标识，一定要有生产许可证号、登记证号、执行标准、有效养分含量和生产厂家地址。

三是购肥时一定要索要发票，以便日后出现品质问题时，有投诉依据。

四是一旦出现化肥品质问题，要及时向各级技术监督部门和工商管理部门投诉。

以上的识别方法和注意事项不可能完全避免购买到假劣肥料，但大家在购肥时多加注意，就可在很大程度上减少损失。对于一些自己不能判断真假的肥料，最好送有关品质检验部门检验。

第十节 新型肥料

一、生物菌肥

目前，我国生物菌肥已开始推广，主要菌种有固氮菌、解磷细菌和释钾细菌。它与无机肥相比，具有投资小、效果大的特点。它可节省无机肥料使用量，降低成本，活化土壤，改变土壤中菌体结构，提高有益菌数量，对一些土壤病原菌有控制和抑制作用。同时对中微量元素中的一些元素也有释解作用。菌体的新陈代谢能提高土壤肥力，并且可以防治作物出现缺素症状，是平衡施肥的重要措施。目前，河北永兴生物科技有限公司生产的有机无机复混肥中就

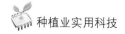

加入了有益菌。

空气中的氮不能被作物吸收利用，只有根瘤菌中的固氮菌能吸收和利用，所以固氮菌是作物吸收利用氮素的小工厂。投入小，效果大，是值得大力推广的新科技成果。解磷细菌的使用，能加速土壤中磷元素的转换，提高土壤速效磷的含量，以满足当季作物对磷元素的需要。释钾菌的使用，可使缓效和矿物态钾逐渐转化，以满足当季作物对速效钾的需要，使用钾细菌后酌情可减少速效钾的使用量。

生物菌肥的使用扩大了有益菌的繁殖，改变了土壤中的菌种群体结构，对作物根系病害的发生有明显的抑制和颉颃作用。

通过田间和室内考察，每 50 千克有机无机复混肥中加入适量有益菌≥0.2 亿个/克，在作物生长期固氮菌、解磷菌、释钾菌起到的作用相当于 25 千克硫酸铵、25 千克 12% 的磷肥、25 千克硫酸钾的含量。所以推广和使用有益菌是国家目前重要的科技项目，河北永兴生物科技有限公司生产的一些肥料中就加入了 0.2 亿/克的有益菌，其优良效果越来越被广大农民认识和接受，被称为智能肥料。

二、有机无机复混肥

有机无机复混肥料则是肥料行业的发展方向。河北永兴生物科技有限公司生产的有机无机复混肥，有机肥料以海藻、菜籽饼、麻饼、茶饼为原料，经国家专利生产，有机质含量高达 45%，黄腐酸 15%，另还含 0.2 亿/克的有益菌，其主要特性与优点主要体现在以下几方面：

（1）有机无机复混肥可以提高土壤质量。由于化肥的长期过量使用造成了土壤板结、环境污染、农产品品质下降。而有机无机复混肥中的有机肥料含有较多的有机物，是补充土壤有机质的主要来源，也是提高土壤肥力的重要物质基础。有机肥可以增加土壤阳离子交换量和保肥性能；有利于形成良好的土壤结构，从而改善土壤的松紧度、通透性，使土壤肥力的水、肥、气、热状况均有良好协调作用，从而提高了肥料利用率。

（2）有机无机复混肥可以促进土壤微生物的活动以提高肥力。土壤有益微生物是衡量土壤肥力水平的重要标志之一，土壤中许多物质和能量转化过程都离不开土壤微生物的活动，如有机质的矿化过程，豆科植物的固氮过程都与土壤微生物的作用有关。施用有机无机复混肥不仅增加了土壤有益微生物的类群，而且也是微生物赖以生存和繁殖的能量养分的主要来源，有益微生物生息循环，增加了土壤肥力。

（3）有机无机复混肥是一种全肥料，是平衡施肥的重要措施。有机无机复混肥不仅含有植物必需的大量元素，中、微量元素，还含有丰富的有机养分，是养分全面的肥料，可抑制作物缺素症状的发生。同时，植物从土壤中所摄取的各种养分，可通过施用有机无机复混肥归还给土壤。在农业生产中，只有把握好平衡施肥，达到有机无机相结合，才会使土壤肥力不断提高，进而达到促进作物增产和改善品质的目的。

（4）有机无机复混肥优化了化肥的利用率，通过直接作用和间接改善土壤来提高化肥利用率。我国现在养分利用率很低，氮肥30%，磷肥20%，钾肥45%，每年有大量的化肥被损失。有机肥可以调节土壤活性，通过减少肥料的损失来提高无机肥的利用率。

（5）缓急相济防早衰。无机肥料的使用满足了作物迅速生长需要，由于无机肥尤其是氮肥爆、猛、快，后劲小，有机肥料持续供给各种养分，对防早衰有很大作用。

（6）有机无机复混肥可以降低农民施肥成本。通过增施有机肥不仅可以增加养分，提高地力，提高化肥利用率，相应的也降低了化肥的用量，从而降低了施肥成本，是农业节本增效的重要措施之一。

（7）改善农作物品质。通过提高有机肥的用量和施用面积，可逐步解决目前粮不香、瓜不甜、菜无味等农产品品质低劣的问

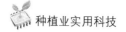

题，使我国不断涌现出更多的名牌产品。

三、缓控释肥

我国肥料的发展史与西方国家相比起步较晚，但和世界各国一样，也经历了1949年以前以有机肥为主没有无机肥的时代。几千年来，我国没有无机肥，主要靠牲畜圈粪，粮食产量亩产50～150千克左右，而作物秸秆又是当时农民烧火做饭的主要原料，所以有机肥也很少。在1949年前的几千年里，粮食产量一直徘徊不前。

新中国成立后我国开始生产氨水、碳酸氢铵、硝酸铵、尿素等氮肥；云南省、贵州省有磷矿石，粉碎后经与硫酸反应生产磷肥；而由于我国钾矿很少，所以90%的钾肥都要靠进口，只有青海省有一个钾盐湖，能够生产氯化钾。由于不断推广使用氮肥、磷肥、钾肥，我国粮食亩产从50～150千克逐步发展为250千克、500千克。当今由于测土配方施肥和平衡施肥的推广，各种复混肥应运而生，先后出现了吨粮田。

我国目前施用氮肥的利用率一般为30%～34%、磷肥10%～20%、钾肥40%～45%。为了提高肥料利用率，单靠深施是不可行的，那么如何提高肥料利用率，减少化肥对水质的污染，降低农业成本，在此基础上，生产缓释肥料势在必行。

氮肥最易挥发、渗透和径流流失；磷肥最易被土壤中的铁、铝等元素吸纳固定；钾易渗透和径流流失。因此"控氮缓释、促磷增效、防钾淋失"是当前如何科学使用肥料的重大科技项目。

目前各国缓释肥料发展很快，我国许多品种已投入生产。缓释肥有两种，一种是外缘涂层；另一种是粒内聚合，而外缘涂层的较多。

外缘涂层的主要使用树脂、硫磺和脲甲醛、脲乙醛、异丁叉二脲、石蜡、沥青、聚乙烯、聚丙烯、醇酸树脂、聚氨酯、桐油、有机聚合物、纤维黄嘌酸钠等。

内聚的主要是造粒中加入聚合物而生产出长效肥。

目前我国生产的缓释肥有普通缓释长效肥，此种肥料可用于多种作物。各种作物均有苗期、拔节期、孕穗期、开花期、灌浆期、乳熟期等不同阶段，各阶段均需一定的时间、温度和湿度，这类肥料通过田间试验和室内考察，采用控释手段达到了长效缓释提高肥效的目的。

目前我国生产的缓释肥还有专用肥，由于某一作物生长不同阶段对氮磷钾的需求不同，所以在田间和室内试验中，采取促控手段，使肥料的释放曲线最大限度的符合某一作物不同生育期对各种肥料要求的曲线。既使苗期不旺长，后期不早衰，中期又满足各个生长期的需要，但由于田间温度和湿度的复杂性，又受天气干旱、沥涝、降雨及降雨量的影响，同时由于早中晚熟品种的不同要求，因此需要不断进行田间试验和不断的完善。总之，其发展方向是复杂而无穷的，尽管其不尽完善，但大的方向还是对的，在对"控氮缓释、磷肥增效、防钾淋失"的作用是巨大的，专用缓释肥一般底施一次，还可节省许多劳动力，提高肥效利用率，在生产中发挥了很大的作用。

总之，缓释肥料在我国已进入起步阶段，同时获得雨后春笋般的发展，随着科学的进步，经验的不断积累和丰富，科学试验也不断向广而深的程度发展，缓控释肥正向成本逐渐降低、肥效更接近作物需肥规律、肥料种类多元化的方向发展，越来越受到农民的信赖和欢迎。河北永兴生物科技有限公司生产的优质缓控释肥料，采用先进的外包衣技术投入了市场，由于具有控氮缓释、促磷增效、防钾淋失功能，提高了化肥利用率，减少了环境污染，节省了劳动力。创造了"施用长势好，户户丰收"的良好局面。

四、新型腐殖酸肥料——黄腐酸钾

黄腐酸钾也是最近研制的一种新型肥料。黄腐酸是腐殖酸的一种，腐殖酸广泛存在于土壤、河泥、泥炭、褐煤及风化煤中。腐殖酸中含有黑色、棕色及黄色三种颜色的氨基酸，其中黄腐酸分子最

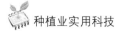

小，活性能量最大，综合性能效果好，但是现有技术将其分离提取很困难。黄腐酸在含铁矿石中也有存在，从其中提取也较困难，即使提取其活性也较低。目前技术是在动物毛发及蹄骨中提取的黄腐酸，再配以钾肥。如河北永兴生物科技有限公司生产的黄腐酸钾含量≥20%，有机质≥40%，还含有一些螯合微量元素、解钾细菌等。

黄腐酸钾分解中产生速效钾，也会对释解土壤中的钾有一定作用；黄腐酸中含有铁质元素，对容易缺铁的作物如桃、花生、葡萄等有很好的防治效果；黄腐酸中含有作物生长素，能促进作物根系生长，使作物根深叶茂，果茂粮丰；黄腐酸钾中含有作物生长所需的各种元素，如氮、磷、钾、钙、镁、硫、铜、铁、锰、锌、钼、氯等元素，能平衡供应各种养分，防止农作物发生缺素症状；黄腐酸钾中的酸能中和盐碱中的碱，调节土壤 pH 值，长期使用可减轻盐害；黄腐酸钾中的酸还能释解土壤中各种缓效性、固定性养分不断转化为速效性、缓效性养分，增强土壤中各种养分利用率；黄腐酸钾能提高作物抗逆性和抗病虫能力；黄腐酸钾中的有机质，使用后可增大土壤团粒结构，疏松土壤，提高土壤保水保肥能力；黄腐酸钾对提高作物抗重茬、抗作物根部病害有一定作用。

第二章　主要农作物栽培管理技术

第一节　棉花

一、棉花的温度特性

棉花属于喜温作物，棉籽发芽所需的最低温度为11℃左右，适宜温度28~30℃，最高温度为40~45℃。中熟品种从播种到吐絮需日平均10℃以上活动积温为3 200~3 400℃。

二、叶枝利用与免整枝技术

经广大技术人员多年实践证明，整枝是协调棉花与地力、群体和个体矛盾的措施，有提高霜前花率和品质的作用。但各项整枝措施将裤腿、打边心、抹赘芽、剪空枝、打老叶、打顶尖。除打顶尖外对棉花产量影响并不显著。也就是说不整枝不减产，整枝也不增产，不管是粗整枝、细整枝或不整枝对棉花产量都不起多大作用。这给免整枝技术提供了理论依据。减少整枝或不整枝将减少棉田用工、降低植棉成本。同时将重点放在防病、治虫和水肥管理上，从而取得较高的经济效益。免整枝技术科学讲应称为"简化栽培"。主要技术要点是：选择中早熟、高抗病、生长势强、叶枝发达且结铃性强和单株增产潜力大的棉花品种。增枝减株，放宽行距，扩大株距。科学利用叶枝，适时打顶。河北省于生产上可于6月底7月初对叶枝进行一次性修理，凡未显果枝的叶枝一律去掉，已显果枝

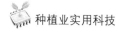

的叶枝打小尖。化控掌握少量多次的原则。

三、棉花化控技术

（一）棉花的理想株高与主茎日增长量

1. 棉花不同阶段的理想株高

现蕾期：20～30 厘米；盛蕾期：35～50 厘米；初花期：80～90 厘米；盛花期：100～130 厘米；最后定型在 100～120 厘米。

2. 棉花主茎日增长量

苗期为 0.5～0.8 厘米；蕾期：1～1.5 厘米；初花期：2～2.5 厘米；盛花期：1.5～2 厘米

棉田合理化控可使植株形成宝塔形植株，达到下封上不封，中间一条缝，阳光照的进，空气又流通的最佳状态。

（二）缩节安使用技术

棉田使用缩节安，要做到看天、看地、看苗情，一般掌握前轻后重、少量多次、灵活掌握的原则。施用次数和数量应根据品种、气候、密度、植株长势及土壤水分、肥力状况灵活运用。缩节安的药效期一般为 15 天左右。降雨多或土壤湿度大，会缩短药效期，多雨年份用药次数宜多，药量宜大；旱年或旱地用药次数宜少，药量宜小。

棉苗不徒长时，喷药要做到均匀喷洒，株株着药，但不必整株上下淋洗。可使全田棉苗整齐均匀，既省工又可防止用药过量；对已徒长的棉田则应加大药液量，做到全株上下着药，使棉花尽快恢复正常生长。

（三）缩节安的使用时期

半月左右一次，全生育期化控 4～6 次：

第一次化控时间在盛蕾期（一般在棉株长出 8～10 片真叶，显现第 4 个果枝前后施用），亩用量：0.3～0.5 克。

第二次化控在初花期（7 月初棉田见花时），亩用量：1～2 克。

第三次化控在花铃盛期（第四个果枝开花时），亩用量：2～3克。

第四次化控在打顶后7～10天，亩用量3～5克。

（四）注意事项

（1）施用缩节安应注意与追肥浇水相结合，切勿因用药后引起的叶色浓绿（假肥现象）而少施肥。可以通过观察棉蕾及花朵判断棉花是否缺肥，棉蕾肥大，花开为长筒型，表明地有劲，棉田不缺肥；棉蕾瘦小，花朵开张度较大，瘦弱，表明地没劲，缺肥，应及早追肥。

（2）经验证明，喷施缩节安6小时后的吸收量可达44%以上，因此喷后6小时以后遇雨，基本已达到施药效果，不必重喷；若喷后1～2小时下雨，则需重喷，药量酌情减少。

（3）缩节安用量较少时，最好先配成母液，然后按所需浓度配制。

（4）缩节安用量过大时，可采用赤霉素来解除药害。

四、各月份主要管理技术（冀中南部地区）

● 五月

（一）放苗

按株距放苗（地膜覆盖种植），宜在早、晚放苗，放绿苗，不放黄苗，即在棉苗出土后2～3天子叶变绿是将苗放出。

放苗后灵活掌握堵口稳苗时间：墒情适宜或偏旱时应及时稳苗，堵严孔口，由于降雨等原因造成土壤湿度过大时，放苗后应晾晒2～3天再稳苗。

实际生产上可不稳苗，既省工又可减轻苗期病害。

（二）注意防治苗期病害（立枯病、炭疽病）、虫害（地老虎、苗蚜、蓟马、盲蝽象、红蜘蛛）

苗病初期，排水、中耕降墒、喷药保护。代森锌600～800倍

液，多菌灵、托布津 800～1 000 倍液、80% 炭疽福美 500 倍液等防治病害。

地老虎可用有机磷农药与麦麸或棉仁饼拌成毒饵在棉苗基本出齐时顺垄撒下，棉仁饼毒饵亩用 10～15 千克，麦麸毒饵亩用 4～5 千克。撒后遇雨应重撒一次。

五月中旬至下旬防治蚜虫、蓟马采用：吡虫啉或啶虫咪 + 有机磷。或采用 20% 丁硫克百威 2 000 倍液喷雾。

五月下旬至六月上旬防治红蜘蛛采用：哒嗪酮或齐螨素 + 有机磷。

（三）定苗：五月中下旬定苗

常规栽培密度：一般肥力地块 2 500～3 000 株；壮地 2 000～2 500 株；弱地 3 000～3 500 株。

简化栽培密度：1 800～2 500 株。

（四）揭地膜

覆膜时间太长会因前期发苗快易导致后期早衰，且棉花根系浅，遇风雨倒伏严重。试验证明，如果播期适时，五月中下旬棉苗长出 3～4 片真叶时（定苗后），揭去地膜，最为适合。棉花揭膜最晚不应晚于 6 月上旬。

揭膜后中耕行间，第一次中耕宜浅，避免伤根太多，5 天后第二次可深些促根下扎。

（五）苗期壮苗配方

苗情较弱时亩用赤霉素 0.5 克 + 尿素 200 克 + 磷酸二氢钾 100 克对水 30 千克喷雾。

● 六月

（一）病虫害防治

上、中旬注意防治绿盲蝽、红蜘蛛，兼治苗蚜。中、下旬注意防治棉铃虫。确保中下部伏前桃和伏桃不要因虫害而大量脱落，避免形成高、大、空棉株。

6 月 10 日枯萎病始病期，6 月中下旬至 7 月初枯萎病第一个高峰期，注意药剂防治。

（二）中、下旬棉田第一次整枝

常规管理将第一个果枝以下的叶枝和幼芽及时去掉，但应保留第一果枝下主茎叶片 2 ~ 3 个，以促进对根系的营养供应，注意不要伤害棉株茎秆。

简化栽培保留 1 ~ 3 个优势叶枝。

（三）揭膜、中耕、培土

6 月中、下旬做好中耕培土工作，防止雨季棉花倒伏减产。

（四）肥水管理

6 月下旬至 7 月初进入初花期，见花后 5 天内追肥，浇关键水。亩施尿素 15 千克配合氯化钾 5 ~ 10 千克（底肥中钾肥施足者可不追钾肥），或 40% ~ 50% 氮钾追肥 25 千克左右。对于肥力高、植株生长旺的棉田，可适当晚施肥，推迟到盛花期植株下部有 1 ~ 2 个大棉桃时进行。

通常以棉田中 40% 棉株蕾尖齐时为浇水适期，且注意天气情况灵活掌握。同时浇水前搞好化控。

关于棉花追肥的两点建议：

建议 1：初花期追肥采用含部分硝态氮的氮钾复合肥，以防止或减轻氨中毒减轻棉株萎蔫的发生。

建议 2：为解决老棉区地膜棉施肥后萎蔫的问题，建议将初花期（6 月底 7 月初）追肥改为 6 月上中旬追施优质控释肥，经试验效果不错。

雨前雨后施化肥造成棉花萎蔫的，及时浇水冲淋是相对较好的措施，叶面喷施芸苔素可改善状况促进萎蔫植株的恢复。

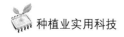
（五）叶面施肥

为防止蕾铃脱落，应掌握在棉株出现初期脱水症状（棉花出现垂叶）时，就要及时喷水、施叶面肥和微量元素，结合治虫加入尿素、磷酸二氢钾、硼、锌和防落素以及植物生长调节剂。避免棉株脱水导致脱肥，进而导致大量的蕾铃脱落。

● 七月

（一）病虫害防治

注意防治绿盲蝽、7 月下旬至 8 月上旬注意防治棉铃虫、伏蚜。

7 月中下旬黄萎病开始进入发病盛期，注意防治。

1. 打顶、化控

7 月 20 日前后打顶、打下部群尖（一般保留 3 个果节）、去大杈。即二次整枝。搞好化控。

按照"时到不等枝，枝到看长势"的原则进行打顶。打顶的正确方法是去掉一叶带一心，要求打顶后再长出 2～3 个果枝。高水肥地块适时推迟打顶期到 7 月 25 日左右，有利于增铃增产且减少后期疯杈生长。

2. 保铃防脱落

研究证明 7 月上旬盛花期亩用 0.6% 萘乙酸水剂 20～25 毫升对水 50 千克喷雾可增加成铃数 7% 左右，有较高经济效益。

花铃期喷施 40% 赤霉素 6 000 倍液或在盛蕾期、花期和花铃期三次喷施 0.2% 硼砂溶液，亩用药液 30 千克，连喷 2～3 次，可有效防止蕾铃脱落。

结合喷药可加入叶面肥。尿素、磷酸二氢钾、氨基酸液肥等。

在防治棉花虫害时严格按照规定药量施药，对于辛硫磷、灭多威等药品不宜盲目加大药量使用，以免发生药害，造成蕾铃脱落。

3. 肥水管理

肥力高，初花期未追施化肥的地块，在棉株下部有 2~3 个棉桃时，重施一次花铃肥。

7 月底 8 月初追施盖顶肥，尿素 5~8 千克。不迟于 8 月 5 日，缺钾地块补钾。

● **八月**

（一）整枝、打群尖

8 月 20 日前打群尖去掉无效花蕾（立秋 5~10 天以后再长出的蕾为无效蕾），中部果枝碰头打边心，每个果枝一般保留 3~4 个果节较为合理。赘芽、空枝、老叶也应及时去掉，疯杈留 2~3 片新叶去掉。即三次整枝。

打群尖能控制棉花的封行时间和封行程度，改善光照条件，减少烂铃。打群尖应分期进行，一般打顶前一次，打顶后一次，最晚要在初霜前 60~70 天（在 8 月 20 日左右）打完。

（二）肥水管理

8 月下旬干旱年份可浇水一次（十多天未遇雨就应考虑浇水），酌情施肥。

叶片喷肥：1%~2% 尿素 +1% 磷酸二氢钾或 3% 磷肥浸出液 +1% 硫酸钾，重点是中上部叶片背面。

（三）病虫害防治

注意防治绿盲蝽、蓟马、蚜虫和四代棉铃虫。生产经验表明，8 月中下旬做好棉蓟马、盲蝽象的防治工作，是确保棉花秋桃盖顶的关键。

中旬枯萎病、黄萎病第二个发病高峰，注意防治。

（四）防止烂铃

棉花结铃 30 天后遇连阴雨天气，极易出现烂铃。为防治烂

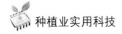

铃，可采用 40% 乙磷铝 500 倍液；代森锰锌 700 倍或百菌清 600 倍液，重点喷下部棉桃。初发期用药，连喷 2~3 次，防效可达 86% 以上。对龄期 40 天以上的变霉烂斑桃要及时摘拾，剥开晾晒或用乙烯利 100 倍稀释液浸蘸、晾晒可获得较好的棉花。

● 九月

（1）进入吐絮期，及时摘掉无效花蕾（白露节后再开的花为无效花）、烂铃喷药保铃。

（2）催熟。9 月底 10 月初亩用乙烯利 150~200 毫升催熟。注意喷药要均匀周到，最好使棉铃能着药。

喷洒乙烯利的时期以棉铃发育 40 天以上，气温 20℃ 以上效果较好。随着气温下降，效果降低。一般在早霜来临前半个月即 9 月底、10 月初喷洒效果较好。喷后 6 小时遇雨应重喷。

喷洒乙烯利后 15~20 天后，老龄桃基本全部能吐絮。

● 十月

秋桃多的棉田，未采取乙烯利催熟的，于上中旬将棉株夹起断根。或于 10~15 日前后亩用克芜踪 75~100 毫升催熟。

喷洒克无踪后 8~10 天，全部吐絮。

● 十一月

棉花采摘后，秋耕棉田，还可采取冬灌措施，为来年棉花生产打下一个良好基础。实践证明：秋耕后的棉田，来年种植棉花，病害轻，长势优于未秋耕棉田。因此秋耕、冬灌对棉花生产特别重要！

第二节　小麦

一、温度特性和生育时期

（一）小麦的温度特性

小麦种子发芽的最低温度为 1～2℃，但在 10℃ 以下萌发时发芽慢，易受病菌危害而烂种。最适宜的温度为 15～20℃，最高温度为 30～35℃。小麦灌浆期最适温度是 20～22℃。高于 25℃、低于 12℃均降低粒重。

（二）生育期

冬小麦生育期大都在 250～270 天，春小麦在 100 天左右。

小麦的生育期可分为：出苗期、三叶期、分蘖期、越冬期、返青期、起身期、拔节期、孕穗期、抽穗期、扬花期、灌浆期、成熟期几个生育时期。

二、播种期间技术与冬前管理

（一）品种选择

应选择冬性或半冬性，单株分蘖力强，次生根多、抗倒伏、成熟早的品种。

（二）浇好底墒水，做到精细整地、足墒播种

耕前田间相对持水量小于 80% 时，须浇底墒水。小麦出苗最适宜土壤湿度为 75%～85%。适墒深耕耙实，做到无明暗坷垃、上虚下实、地面平整。

（三）合理施肥

小麦需肥规律：中氮、高磷、低钾。复合肥合理配方：12－16－8。

施肥原则：稳氮、增磷、补钾、配微（微量元素）、有机无机相结合。

亩施有机肥 3~5 立方米（秸秆还田的地除外）。

土壤有效锌含量低于临界值（0.5 毫克/千克）时，施锌肥有增产作用。亩施硫酸锌 1.5~2 千克，与其他肥料混合施用，也可亩用硫酸锌 100 克拌种。

推荐三个化肥配方：

（1）尿素 12.5 千克 +16%~12% 过磷酸钙 60~75 千克 + 氯化钾 5~7.5 千克。

（2）64% 磷酸二铵 20 千克 + 尿素 5 千克 + 氯化钾 5 千克。

（3）15-20-5 复合肥 80 千克/亩。

附：全蚀病重发生区采取土壤处理

亩用 50% 多菌灵 1 千克 +15% 粉锈宁 1 千克 + 水 100 千克或亩用 50% 多菌灵或 70% 甲基托布津 2 千克 + 水 100 千克喷于地表，耕翻整地。

（四）播期与播量

（1）小麦从播种到出苗需 0℃ 以上的积温 110~120℃。正常情况下主茎每长一片叶约需积温 70~80℃。一般高产麦田要求冬前达到五叶一心，三个分蘖，中低产田达到六叶一心才为合理。因此冬前约需积温 510~600℃，以此推算，根据河北省目前的气候条件，中南部适宜播期：10 月 5~15 日；北部适宜播期 9 月 30 日至 10 月 5 日。辛集市适宜播期在 10 月 5~15 日。

（2）冬小麦根据其品种特性，基本苗 18 万~20 万为宜，适期播种，播种量 9~10 千克（半精量播种）为宜，每晚播一天，增加播种量 0.5 千克（一市斤）。

辛集市 10 月 5~10 日播种，亩播种量 9~11 千克；10 月 10~15 日，播种量 11~14 千克；10 月 16~20 日播种量 14~18 千克；10 月 25 日后亩最大播种量可提高到 22.5 千克。

＊注：小麦千粒重38～42克，0.5千克麦子（发芽率85%以上）可出苗1万株。

（3）秸秆还田地块，整地质量一般较差，应适当增加播种量10%～15%。

（五）种子处理

（1）精选种子，晒种2～3天，搞好发芽试验，发芽率大于85%。

（2）药剂拌种：用50%辛硫磷100毫升加水2.5～5千克，拌麦种50千克，防治地下害虫。

在有根腐病、腥黑穗病、纹枯病发生的地块，可先拌杀菌剂闷4小时，稍晾后，拌杀虫剂，或采用混拌后堆闷4小时。使用的药剂为20%粉锈宁乳油30～35毫升对水2.5～5千克拌麦种50千克，适用的拌种剂还有多菌灵或甲基托布津100毫升、3%敌萎丹100毫升、2.5%适乐时100毫升、2%立克锈150克等。

全蚀病病区采用12.5%全蚀净100毫升加水3～5千克拌麦种50千克。

（3）种子包衣技术：按每千克种子包衣剂包麦种50～100千克比例拌好后，稍晾以便包衣剂固化形成药膜，然后装入包装袋存放10～15天播种。

（六）播种形式、播种深度

（1）13.5厘米×27厘米大小行播种；17～20厘米等行距播种。掌握平均行距17～20厘米。

（2）播深3～5厘米，播后镇压。

（七）浇冻水

田间土壤持水量小于70%时，应在11月中下旬至12月上旬日平均气温3℃左右时浇封冻水。底肥不足的地块结合浇冻水补施纯氮2～3千克（折合尿素5～6千克）。

地表冻结3厘米左右不再化开时终止浇水。

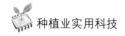

三、春季各月份管理（农事时间适用于冀南部地区）

● 三月

（一）防治灰飞虱

三月上旬末（7～9日）日平均气温大于9℃，晴天下午防治灰飞虱，采用有机磷农药800～1 000倍＋10%比虫啉3 000倍喷雾。根据历年坐坡病的发生情况，春季灰飞虱的防治工作重点应在4月上旬拔节期，坐坡病易发生的地块自3月中旬开始到4月中旬7～10天用药一次，连用3～4次。可很好地解决坐坡病的问题。

（二）化学除草

3月中旬（15～25日）小麦返青—起身期亩用10%苯黄隆10～13克或杜邦巨星1克对水25千克均匀喷雾，不重喷、不漏喷。

（三）全蚀病

发生地块在小麦返青期（3月上中旬）亩用15%粉锈宁150克对水50～70千克用拧掉旋水片的喷雾器顺垄喷浇小麦根部，效果明显并可兼治纹枯病。

（四）化控

3月中旬至4月初（5日前），小麦起身期至拔节前，亩用多效唑30～50克对水30千克（约100～150毫克/千克）喷雾，可显著抑制基部一、二、三节间的伸长，使株高降低，壮秆防倒伏，同时可防小麦白粉病。选无风下午喷施较好。

（五）防治地下害虫

返青后调查，死苗率达3%时，施药防治金针虫、蛴螬等地下害虫。亩用40%甲基异柳磷或50%辛硫磷1千克，结合浇水灌溉防治。

（六）肥水管理

千斤麦田起身期的生育指标是：亩茎数95万～110万、单株分蘖 5.5 ~ 6.5 个，单株次生根 10 ~ 16 条。

根据上述苗情指标，结合土壤墒情确定小麦第一次肥水管理于起身末拔节初期进行。正常苗情在起身后至拔节前（3 月 25 日至 4 月 5 日）浇春一水，亩施尿素 20 ~ 25 千克（或碳氨 35 ~ 40 千克），苗情偏弱的麦田应提前至起身前后（3 月 20 日前后）管理，苗情偏旺的延迟到拔节期（4 月 1 ~ 10 日）管理。

经验证明：由于春季气温低，尿素转化吸收慢，小麦春季追肥采用适量碳氨、硝酸磷肥等速效肥料配合尿素施用，效果优于单施尿素。特别是苗情偏差的麦田效果更明显，增产幅度更大，值得推广。

实践证明：在浇好越冬水和追施越冬肥的基础上，早春控水（推迟春一水的浇水时间）是高产麦田实现高产的重要一环。优点是：小麦节短、壁厚、茎粗抗倒伏，加速大小分蘖的两极分化，增加成穗整齐度。

（七）干旱年份（局部地块）注意防治红蜘蛛

3 月下旬至 4 月上旬注意防治麦田红蜘蛛——麦圆红蜘蛛。

麦圆红蜘蛛一年 2 ~ 3 代，完成一代需 46 ~ 80 天，于早上 8 ~ 9 点以前或下午 4 ~ 5 点之后为害，对湿度敏感。受害叶片有苍白点，多点片发生。200 头/34 厘米时防治，可采用 1.8% 齐螨素 4 000 倍液防治。

● 四月

1. 防治麦叶蜂

4 月上旬末至中旬注意防治麦叶蜂，每平方米有幼虫 30 头以上时，下午或傍晚采用乐果、辛硫磷 1 000 倍喷雾防治。

2. 防治小麦吸浆虫（麦红吸浆虫）

4 月中下旬（20 ~ 25 日）注意防治小麦吸浆虫。

防治吸浆虫要推行蛹期撒毒土防治和成虫羽化初期喷药防治并重的策略，蛹期推广 3% 辛硫磷颗粒剂撒毒土，成虫期推广使用植物源杀虫剂，合理与菊酯类或低毒杀虫剂混配或协调使用。

4月20日前后，每个土样（10厘米×10厘米×20厘米）平均有吸浆虫（体长2毫米，橙黄色蛆状幼虫）2头以上时，亩用3%辛硫磷颗粒剂或2%甲基异柳磷粉2千克与20~25千克细土混合，也可采用辛硫磷乳油0.25千克对水1.5千克制成毒土20~25千克顺麦垄撒施，并结合中耕浇水提高防效。

4月底5月初采用辛硫磷与菊酯类农药复配防治吸浆虫成虫（体长2毫米、橘红色，翅灰黑色、透明、蚊子形状成虫）兼治蚜虫。

3. 防治麦田病害

（1）纹枯病：又称小麦立枯病，主要侵染茎基部，在茎基部1~3节的叶鞘上形成椭圆形云纹状褐色病斑，侵入茎壁后形成中间灰褐色四周褐色的椭圆形眼状斑，造成茎壁失水坏死，形成枯株白穗。

小麦纹枯病在春季拔节期（3月底4月初）喷药防治：采用5%井冈霉素100~150克/亩、20%粉锈宁40~50毫升/亩、12.5%烯唑醇40克/亩等防治。防治2次，可较好控制病害。

（2）白粉病：小麦白粉病一般在拔节、抽穗期容易发生。4月、5月份多阴雨，相对湿度大，是诱发白粉病和其他病害的重要原因，另外密度大、氮肥过量，也会导致白粉病等病害发生严重。

4月下旬至5月初病茎10%以上亩用20%粉锈宁35~50毫升防治白粉病，同时注意防治叶斑病等麦田病害。易感病品种5月中旬结合防治麦芽再防治一次。

（3）锈病：有条锈病、叶锈、秆锈之分，一般在小麦生长中后期发生。群体较大，田间湿度较高的麦田易发生锈病。

小麦条锈病要在及时围歼发病中心的基础上，掌握病株率15%的用药防治指标，推广20%三唑酮30~50毫升/亩、12.5%烯唑醇15~30克/亩等高效杀菌剂。

4. 麦田二次肥水于孕穗挑旗期（4 月下旬），亩施尿素 10 千克

● 五月

1. 防治病虫

（1）赤霉病：扬花期侵染，灌浆期显症，成熟期成害。小麦赤霉病发生程度与 4 月下旬至 5 月初（抽穗扬花期）气候情况密切相关，若遇连阴雨 3 天以上，病害就可能严重发生，应预防赤霉病。推行小麦抽穗期和扬花前（5 月初）药剂防治技术，亩用 80% 多菌灵可湿性粉剂 50 ～100 克、70% 甲基托布津可湿性粉剂 50 ～75 克或 12.5% 烯唑醇 20 ～30 克对水 50 千克均匀喷雾。

注意小麦花期不宜采用粉锈宁防治病害，以免影响结实。

（2）吸浆虫：5 月上旬（五一前后）小麦抽穗到扬花十网复捉到 10 ～20 头吸浆虫成虫或扒麦垄一眼看到 2 头以上吸浆虫成虫时，及时采用辛硫磷、乐果、敌敌畏等 1 000 倍 + 菊酯类杀虫剂 2 000 倍防治。宜选无风傍晚用药。

＊＊＊小麦一喷五防试验：

近年来笔者实践证明，小麦齐穗后扬花前（辛集市 5 月 5 日前后）选无风天气亩用：吡虫啉 40 克 + 功夫菊酯 30 毫升 + 乐果 50 毫升 + 甲基托不津 100 克 + 磷酸二氢钾 50 克喷雾，亩用水不低于 15 千克，可一次性解决吸浆虫、赤霉病、白粉病、蚜虫、干热风等多种病虫害，值得验证推广。

（3）蚜虫：主要是麦长管蚜和麦二叉蚜，一年可繁殖 10 ～20 代，以若虫在麦茎基部越冬，麦芽若虫、成虫吸食小麦汁液，使千粒重下降，二叉蚜畏光喜燥，取食叶片和基部，麦长管蚜喜光耐湿，嗜吃穗部，麦蚜还是小麦多种病毒病的传播者。

5 月中旬（13 ～17 日）百穗蚜达 800 ～1 000 头时药剂防治蚜虫，亩用吡虫啉 30 ～40 克或乐果 100 克加菊酯 30 ～50 毫升或敌敌畏 15 ～20 毫升对水 30 千克防治。添加三唑酮、甲基托布津等杀菌剂防治麦田病害。添加磷酸二氢钾、尿素等叶面肥防止干热风危

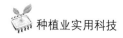

害。病虫害严重地块 5 月 20 日左右再防治一次。

（4）棉铃虫：（一代棉铃虫）于 4 月下旬至 5 月中羽化出土，幼虫危害盛期在 5 月下旬至 6 月上旬，注意防治，采用辛硫磷和菊酯农药 1∶1 混配，亩用药液 100 毫升。

（5）小麦抽穗到籽粒灌浆期，结合防治病虫害，喷施叶面肥 2～3 次，选用 1%～2% 尿素溶液 +0.5% 磷酸二氢钾溶液，抗干热风，增加千粒重。

2. 浇灌浆水

麦三水在扬花灌浆期（小麦扬花后 10～15 天进行），不晚于 5 月 25 日。后期浇水注意天气情况，无风抢浇，有风停浇，避免发生倒伏。

3. 5 月中下旬选种去杂

小麦散黑穗病要在抽穗期病穗开苞前完全拔掉；小麦腥黑穗病要在灌浆后至腊熟前拔完（带出田外烧毁或深埋）同时拔除野麦子和恶性杂草野燕麦、雀麦；留种田应拔除飘穗、杂穗。

四、节水小麦高产栽培技术

灌溉原则：前足、中控、后保。

（一）施肥

中等土壤肥力条件下，实现亩产 500～600 千克产量目标：亩施有机肥 2 立方米、磷酸二铵 20 千克、尿素 5 千克、硫酸钾 15 千克、硫酸锌 1～2 千克。

（二）足墒下种，机耕多耙、精细整地

（三）选种

选择早熟高产、耐旱、穗容量大、多花、中粒、灌浆强度大的品种。在节水条件下大穗、大叶、抽穗晚、成熟期晚的品种耗水肥多、抗逆性差，一般不采用。

（四）适时晚播：增加密度、以苗保穗

晚播有利于节水，以越冬苗龄 3～4 叶为晚播最佳播期。

一般情况下，10 月 10 日播种，亩基本苗 35 万株（早播一天减少 1.5 万株），晚播一天，增加 1.5 万株，最多增至 50 万株。再晚播不再增加播种量。

（五）拔节前控水

春季浇两水：第一水在拔节期；第二水在齐穗扬花期。

（六）配合节水应增施氮肥

第三节　玉米

一、玉米的温度特性

玉米喜高温，玉米种子在 6～7℃时，能发芽但很缓慢易"粉籽"。10～12℃才能正常发芽。故生产上把 5～10 厘米地温稳定在 10～12℃ 做为春玉米适宜播期的温度指标。玉米苗期要求 18～20℃的温度。

二、夏玉米的管理要点

（一）选种

选择浚单 20、京科 8 号、73-1、永研 9 号、先玉 335、郑单958、金海一号等优新品种。

（二）需肥量

亩产 600 千克玉米，全生育期需氮 15～20 千克、五氧化二磷 7～9 千克、氧化钾 13～18 千克。比例接近 2：1：2。每亩可施用尿素 30 千克左右或碳铵 55～80 千克。比较肥的地块可将 40% 的

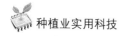

氮肥在苗期追施，60%的氮肥在大喇叭口期（7月中下旬）追施。比较瘦的地块可将60%的氮肥在苗期追施，40%的氮肥在大喇叭口期追施。玉米为喜钾作物，高产田和白沙地提倡亩施10～15千克氯化钾，以底施最佳。磷肥一般利用小麦茬后效，亦可根据地力适量补施。

提供以下两种施肥方案：

（1）生产上可播种时随播种底施25－5－10三元复合肥15～20千克，大喇叭口期追施尿素15～20千克。

（2）播种时随播种底施优质50%控释肥25～35千克。

附：灭茬

小麦收割时要尽可能选用装有秸秆切碎和抛洒装置的联合收割机，也可在小麦收获后先灭茬，再播种（麦田杂草较多时，最好采取灭茬作业）。

（三）早播与提高播种质量

夏播玉米播种时间一般不应晚于6月20日。

要尽可能采用包衣种子，非包衣种子可用包衣剂包衣，采用40%辛硫磷拌种，10千克玉米种子用20毫升40%辛硫磷加10克多菌灵加水0.5千克喷拌均匀，堆闷4～6小时，晾干后播种。

亩用种2～2.5千克。

播种深度4～5厘米，等行距播种：53～60厘米。

播种时要做到行距一致，深浅一致，避免重播和漏播。

播种时每亩可施用10～15千克尿素和10～15千克氯化钾作底肥，亦可采用25－5－10高氮高钾复合肥10～20千克做底肥。底肥和种子隔行施入，肥料距种子10厘米左右，施肥深度8厘米，为避免烧苗，应及时浇水。播种时未施肥时也可在浇蒙头水时或苗期顺垄撒施。

（四）浇足底墒水

可在播种玉米后浇蒙头水，浇后要及时将堆壅的麦秸散开，以免影响出苗。

（五）化学除草

（1）播后苗前，亩用40%乙阿合剂、玉草净或异丙草莠等对水均匀喷雾，封闭地面。52%新宣化乙阿对高麦茬玉米田效果很好，若草已长出时，可采用4%玉农乐50毫升加40%乙阿合剂100毫升混合喷雾。

上茬麦田残留大龄杂草的地块，防除大龄杂草可用克无踪水剂150毫升/亩喷雾。既可单喷也可和上述封闭地面除草剂混合喷雾，既起封闭地面作用同时又除掉了大龄杂草。

（2）苗后除草：玉米2~4叶期，杂草2~4叶期，可采用4%玉农乐75毫升/亩及玉宝、宝贝等苗后除草剂防除杂草，苗后除草，宁早勿晚。为减少药害可采用垄间喷雾。

玉米6叶期以后可选用20%克无踪150~200毫升进行玉米行间定向喷雾，喷头加保护罩，避免药液喷到玉米苗上。

（六）苗期害虫防治

（1）6月下旬玉米出苗后至一叶一心期进行玉米蓟马、灰飞虱、瑞典蝇的防治，采用40%氧化乐果1 000倍+菊酯类农药2 000倍；10%吡虫啉1 000倍或5%啶虫咪1 500倍液+菊酯2 000倍喷雾防治。

近年来7月中旬一些地块出现"烂心"（玉米顶尖心叶腐烂）现象。诊断为系苗期害虫（瑞典蝇、幼虫和蓟马）防治不彻底，为害产生伤口后，细菌侵染遇雨造成。防治采用10%吡虫啉或5%啶虫咪1 500倍液及+农用链霉素500~800倍液掐尖灌心防治。掐尖即掐掉扭曲烂的牛尾状心叶尖部，既可除掉许多菌源又有利于药液浸透及心叶展开。

（2）颈腐病采用农用链霉素500万单位一袋+天然芸苔素1~2袋防治。

（3）6月下旬至7月上旬注意苗期防治二代粘虫、二代棉铃虫

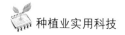

等害虫。可采用 20% 灭多威或 50% 辛硫磷与菊酯类农药 1∶1 混配防治。

（4）个别地块注意防治耕葵粉蚧，一年发生 3 代，以第二代危害为主，发生于 6 月中旬至 8 月上旬。

受害玉米叶鞘首先发黄干枯，茎基部发黑，进而生长缓慢，茎叶发黄，下部叶片干枯，逐渐发展致植株萎蔫，似缺肥水状。将植株挖出，在根系密集处有蜡末状，米粒大小的耕葵粉蚧，根部可见许多细小黑点，肿大，根尖变黑、腐烂。严重时在植株下部叶鞘内、茎基部也有发生。

防治措施：一般在 6 月下旬至 7 月上旬，对受害地块可选用 40% 辛硫磷，亩用 100 毫升，对水 150 千克，去掉喷头旋水片点喷植株基部并让药液顺茎流入根部。

（5）缺锌地块，苗期至拔节期可喷施 2～3 次 0.2% 硫酸锌溶液 50 千克/亩。

（七）追施穗肥

拔节后 8～15 天（抽雄前 10～15 天），中熟品种 9～10 片展开叶（12～14 片可见叶），晚熟品种 10～12 片展开叶，此时正值大喇叭口期（辛集市 7 月 20 日～25 日前后），其特征是：棒三叶甩开但未展开，心叶丛生，上平中空，形如喇叭。此时正处于雌穗小穗小花分化期，是决定果穗的粒、行数及整齐度的关键时期。需水肥最为迫切。一般亩施尿素 20 千克或追施高氮高钾复合肥 25～30 千克。追肥应开沟施用，施肥后立即灌溉。

（八）灌溉

除蒙头水外，注意防止大喇叭口期、吐丝期和灌浆期干旱，可根据天气情况进行灌溉。

辛集市夏玉米吐丝期一般在 8 月 10 日前后，8 月上旬常常降雨偏少，（尤其在 7 月下旬降雨偏少时）根据天气情况，可在 8 月初浇一水，

8 月中旬至 9 月上旬灌浆期注意浇水。

(九) 隔行去雄技术

雄穗刚露头，未开花前分两次或三次隔行去雄，时间在上午 8 ~9 点、下午 4 ~5 点进行。

(十) 中后期病虫防治

(1) 防治褐斑病 (7 月上旬发病，7 月下旬至 8 月上旬为发病盛期)：当玉米褐斑病发生后，可用 70% 代森锰锌 800 倍或 70% 甲基托布津 1 000 倍液进行喷雾防治。7 月份多阴雨天气，高温高湿此病发生较重，易感病品种如浚单 20 应于发病初期及早防治。

(2) 防治钻心虫、棉铃虫：亩用 100 ~150 毫升辛硫磷加适量水拌 10 ~15 千克细沙，或用 3% 克百威颗粒剂 3 ~4 千克/亩，大喇叭口期 (7 月中下旬) 进行灌心防治。也可进入大喇叭口期，在上中部喷施辛硫磷、菊酯混合溶液，以杀死低龄幼虫。

8 月 23 ~28 日玉米雌穗 70% ~80% 的花丝已授粉变红时，剪除苞叶尖 (苞叶空尖部分)，不能把棒剪破，剪下的苞叶应回收处理，可防治玉米螟、棉铃虫入穗为害，也可用 1 000 倍敌敌畏喷花丝。

第四节 大豆

一、大豆的温度特性

当温度 6 ~7℃时，种子便可萌发，但极为缓慢，12 ~14℃能正常发芽，20 ~25℃时，萌发最为适宜。鼓粒期最适温度 21 ~23℃，低于 13 ~14℃不利于鼓粒；成熟期最适温度 19 ~20℃，最低温度为 8 ~9℃。

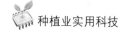

二、大豆的栽培要点

（一）选种

高油大豆：中黄 20、中黄 24、晋大 70 号。

高蛋白大豆：科新 3 号、冀豆 12、豫豆 19、鲁宁 1 号。

高产大豆：中黄 13、徐豆 10、中黄 25。

其他优新品种：中黄 15、冀黄 13、五星 1 号、邯豆 5、科丰 6号、科丰 14。

（二）播期、播量、播种深度、播种形式

春播：5 厘米地温稳定在 10～12℃即可播种。

夏播：6 月中旬，不晚于 25 日。

播种量：每亩 5～6 千克。

播种深度：1.5～2 厘米。

合理密植及播种形式：根据品种特性及播期，亩保苗：春播1.2 万～1.5 万；夏播1.4 万～2万。

行距：40～50 厘米。株距：春播 10～15 厘米；夏播株距8～12厘米；也可采用穴距17 厘米，每穴双株。

（三）合理施肥

在增施有机肥的基础上，亩施五氧化二磷 3～4 千克（过磷酸钙 25～50 千克）。钾肥 10～15 千克，纯氮 2～3 千克（尿素 5～8千克）。亦可施入氮磷钾各 15% 的三元复合肥 30 千克。可结合整地施入，也可在初花期追肥。

氮：五氧化二磷：氧化钾为 1：1.5：0.7。

（四）播种前种子处理

（1）根瘤菌接种：将根瘤菌倒入种子重量 2% 的清水中，搅拌均匀后，将菌液均匀喷洒在种子上，充分搅拌、阴干后播种。它可以与钼酸铵同时拌种，但接种后的种子，不宜再用药剂拌种。根瘤

菌可从上年大豆植株中选留根瘤多的植株风干，用时将根瘤摘下磨成菌粉即可。

（2）钼酸铵拌种：用钼酸铵 20 ~ 40 克，先加少量温水，使之溶解，再加水到 1 千克，制成 2% ~ 4% 钼酸铵溶液，喷洒在 20 千克种子上，阴干后即可播种。如还需药剂拌种，则须待拌的种子阴干后方可进行，以免发生药害。钼酸铵拌种应注意不要用铁器和在阳光下进行晒种，以免降低肥效。

（3）药剂拌种：为防治地下害虫、东方金龟子和大豆苗期蚜虫、灰象甲等可用辛硫磷拌种或施毒土。

（五）田间管理

1. 定苗、中耕、培土

苗出齐后及时中耕除草，一叶一心时间苗，三叶期定苗。结合降雨、浇水和田间杂草情况，10 ~ 15 天中耕一次，在封垄前应结合中耕进行培土，既防倒伏又便于灌排水。

2. 肥水管理

初花期浇水，亩施尿素 5 ~ 10 千克。

夏播大豆铁茬播种待苗长到 20 厘米时亩施三元复合肥 20 ~ 30 千克。

大豆花荚期需水量达高峰期，应及时浇水，防止花荚脱落。

3. 叶面喷肥

初花期可用 0.3% + 2% 尿素溶液或 0.15% 钼酸铵溶液，或尿素 200 克 + 磷酸二氢钾 150 克对水 25 千克喷洒 1 ~ 2 次。

盛花期每亩叶面喷施亚硫酸氢钠 4 ~ 6 克，对水 50 千克，可促花促荚使豆粒大、质优。

每亩叶面喷施三碘苯甲酸 3 ~ 5 克，对水 50 千克可使花蕾数增加 25% ~ 40%，花荚脱落率减少 7%、结荚率提高 20%、早熟 5 ~ 7 天，效果较好。

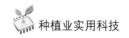

（六）病虫害防治

1. 苗期注意防治

大豆孢囊线虫病：用40%氧化乐果1 000倍液、辛硫磷1 000倍液或乐斯本1 500倍液对植株茎基部进行喷雾，灌根。

病毒病：在防治蚜虫的前提下，采用病毒A 500倍防治或采用0.5%净土灵10毫升加硫酸锌50克对水15千克叶面喷施，全生育期共喷3次。

豆杆蝇：采用乐果、辛硫磷1 000倍叶面喷施。

苗期还应注意防治金龟子、霜霉病等病虫害。

2. 七月下旬至8月上旬注意防治病虫害

高温高湿易发生害虫有豆天蛾、造桥虫。高温干旱易发生大豆蚜和红蜘蛛。

8月下旬至9月上旬注意防治大豆食心虫。8月中旬为产卵盛期，8月下旬为入荚盛期

豆天蛾、造桥虫、大豆食心虫可采用菊酯和有机磷复配农药防治。

大豆蚜采用吡虫啉防治，红蜘蛛采用齐螨素或哒嗪酮防治。

附：夏玉米套种大豆模式

按行距33厘米，两垄玉米6垄大豆格局种植，每亩种植玉米1 500株左右，大豆定苗1.2万~1.4万株。

第五节　谷子

一、谷子的温度特性

谷子是喜温作物，发芽适温15~25℃，最低6℃，最高30℃。一般10厘米地温稳定在12℃以上时播种。

二、夏谷的栽培要点

(一) 选种

谷丰1号、谷丰2号、冀谷14、安4004、C193、黏谷一号、吨谷1号、小香米、冀优1号、张杂四号。

(二) 播期、播种量、播种形式、播种深度

一年两熟区应在麦收后及早播种，以6月15~25日播种为宜。

播种量：0.5~0.75千克，可在播种时掺一些炒熟的谷子或小米。

播种形式：40厘米等行距播种。

播种深度3厘米左右。

(三) 种子处理 (防治谷子"倒青"——谷子线虫病)

(1) 症状：谷穗呈暗绿色，谷穗不下垂，不结籽或结籽很少。开花灌浆期雨天较多、低洼地块、重茬地及播种较晚的地块易发病。

(2) 防治谷子线虫病的重要方法是种子处理，每千克谷种用50%辛硫磷药液2克加适量水均匀拌种，堆闷4~6小时后摊开晾干、播种。同时兼治地下害虫。

* 用种子量0.3%~0.5%的瑞毒霉与拌种双1:1混合剂播种，可兼治谷子白粉病和黑穗病。

* 在药剂播种的同时，每亩用100克生物钾肥或50克磷酸二铵研细后均匀拌种，可培育壮苗、增产。

* 用0.2%的磷酸二氨浸种12小时，对旱地保苗壮苗效果明显。

(四) 化学除草

目前由南开大学新合成的谷田专用除草剂"谷草灵"可湿性粉剂除草效果很好，其使用方法是：麦茬谷播种后出苗前趁墒喷施

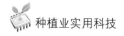

（春谷在苗期小雨后趁墒喷施）。每亩用药 1 包共 140 克（内装 4 小袋，每小袋对水 1 喷雾器），对水 50 千克，均匀喷施于地面。

注意以下几点：

麦茬谷播种前要灭茬或翻耕，铁茬播种药效降低，春谷喷药前先人工除去大草。喷药时喷头离地面 25 厘米左右，不漏喷、不重喷，喷药后 35 天不要破坏地表。全生育期只能用药一次。

（五）密度

夏谷亩产 350 千克以上群体结构是：亩留苗 4 万~5 万穗，单株粒重 8~10 克，千粒重 2.8 克以上。

冀中南夏谷一般应亩留苗 4 万~5 万株。行距 40 厘米左右，株距 3.3 厘米。提倡精量播种，手提单行留苗，忌大撮留苗和不间苗。缺苗严重的地方要补苗或移栽，移栽时，应选大苗、壮苗，谷苗以 4~5 叶期最易成活。

7 月上旬谷子 3~5 叶时间苗，6~7 叶期定苗，也可在 5~6 叶期一次完成定苗。单株留苗，间距 3.3 厘米；或小撮留苗，一撮 2~3 株，撮距 7~10 厘米。

（六）彻底除草清垄

除了彻底拔除全田的杂草和谷莠子（茎基部呈红色、有分蘖）外，还要注意在培土以前，谷子 6~10 叶期间进行清垄，即将垄内的杂草、谷莠子、弱小苗、感病株、感虫株全部拔除。

（七）中耕培土（7 月中旬）

谷子一般根据土壤墒情锄地 3~4 遍，清垄后及时深中耕培土，对土壤中的粟芒蝇虫卵有杀伤作用，同时能促进根系发育，防止倒伏。

（八）施肥浇水

亩产 500 千克的谷子高产田，一般需从土壤中吸收氮 12.5~17.5 千克、五氧化二磷 6~7 千克、氧化钾 10~17 千克。

为提高谷子品质，应增施有机肥。有机肥一般做基肥使用，没有使用基肥的可以在培土前追施腐熟的有机肥。

拔节至抽穗阶段是营养生长和生殖生长并进阶段，为需水第一临界期，抽穗至开花期需水达到高峰。7月中下旬谷子拔节期后孕穗前期即甩大叶时，亩施尿素或优质复合肥 20 ~ 30 千克，追肥后浇水。

在抽穗开花期喷施 0.15% ~ 0.25% 的硼砂和 0.25% 的磷酸二氢钾或 2% ~ 3% 的过磷酸钙浸出液，可减少秕谷，增加粒重。

天气过于干旱时，灌浆期浇一小水是必要的。

（九）防治病虫

1. 苗期注意防治谷瘟病，后期阴雨天气较多时，易发生锈病

谷瘟病采用 65% 代森锌 500 倍液或 80 毫克/千克春雷霉素防治。锈病采用粉锈宁 30 ~ 50 克/亩防治，隔 7 ~ 10 天一次。

2. 苗期主要虫害有：红蜘蛛、粟灰螟（谷子钻心虫）等

7月中下旬，特别是晚播谷注意防治红蜘蛛，采用 1.8% 齐螨素 3 000 倍防治。

7月上中旬在清垄前后喷施内吸性杀虫剂菊酯类农药。顺垄全株喷施防治粟灰螟，对防治线虫病有一定作用。

3. 8 月上中旬抽穗时结合防治粘虫

及早喷施内吸性杀虫剂 50% 辛硫磷 1 000 倍液、50% 敌敌畏 1 000 ~ 1 500 倍液，对线虫病也有防治作用。注意采用低毒、无公害农药。

（十）收获

谷穗上 90% 的谷粒变成本品种的特征色，仅有个别绿粒。谷粒硬度达到能够用手碾出小米而不出粉或因水分过大而碾碎；下部叶片变黄，顶部有 2 ~ 3 片绿叶，少部分秸秆开始倒折。

第六节　花生

一、花生的温度特性

花生种子发芽的最低温度，小花生为 12℃，大花生为 15℃，但发芽出苗慢，易造成烂种。一般大花生以 5 厘米地温稳定在 15～18℃以上，小花生在 12～15℃以上时播种为宜。

二、花生栽培要点

（一）选种

出口大花生可选用 8130、花育 22 号、花育 16 号、北京 6 号、农大 516。

油用大花生可选用冀花 2 号、鲁花 11 号、鲁花 14 号、豫花 15 号、冀油 4 号、高油 1 号、丰花 1 号。

夏播可选用鲁花 12、13、15 等早熟小花生。

鲜食花生可选用冀油 9 号、特早 2 号。

（二）施足底肥

亩产荚果 150～250 千克，需吸收氮 10～15 千克，五氧化二磷 9 千克，氧化钾 4～6 千克，钙 4～6 千克。

基肥数量：腐熟有机肥 1 500～3 000 千克，磷肥 50～75 千克，尿素 8～10 千克，氯化钾 10～15 千克（草木灰 50～100 千克）；或 8－11－6 复合肥 50 千克。

（三）适时浇地造墒，精细整地

（四）种子处理

（1）晒种剥壳：在播前半个月左右，选晴天把荚果摊在地上或席上，厚度 6~7 厘米，晒种 2~3 天，隔 1~2 小时上下翻动一次，可提早 1~2 天出苗。

晒好的荚果在播种前几天再剥壳，剥出的种子不能在露天摊晒，宜贮藏在干燥处。

还应对种子进行粒选，清选出受冻粒、伤热粒、病虫粒、秕小粒、破瓣等。

（2）接种根瘤菌：提高固氮能力。在种子浸种或催芽后，每亩用种量用根瘤菌粉剂 25 克，放在干净的盆里对适量清水拌匀，喷洒在种子上，轻轻搅拌，使每粒种子都沾上菌粉，随拌随播种，防止日晒，避免与杀菌剂混用。

（3）钼酸铵拌种：每亩用 10~20 克钼酸铵配成 0.2%~0.3% 的水溶液，用喷雾器直接喷洒到种子上，边喷边拌，力求均匀，晾干后播种。

（4）生物钾肥拌种：亩用 500 克生物钾肥菌剂拌种，可增产 10% 以上。

（5）防治地下害虫：用 50% 辛硫磷 50 克，对水 1 千克拌花生 25 千克。

对于地下害虫严重的地块，亩用 48% 乐斯本乳油 200 毫升加适量水稀释后拌 1 千克细沙，撒施在播种沟内。也可亩用辛硫磷颗粒剂 2~3 千克加细土 15~20 千克充分拌匀后制成毒土，洒在播种沟内，覆一层土然后播种，可有效防治地下害虫。

绿色食品栽培，可在播种时顺播种沟与生物肥一起撒施白僵菌（BBR）1 千克。

（6）防治颈腐病：用种子量 1% 的多菌灵拌种，或用 2.5% 适乐时 10 毫升加水 100 克拌花生种 10 千克预防花生颈腐病、根腐病。

（五）播期、播量、播种深度、播种形式

（1）播期：一般珍珠豆形小花生只要播种层地温稳定在 12℃

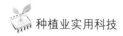

以上即可播种，普通大花生在 15℃ 以上才能播种。含油量较高的紫花生和黑花生应适当晚播。

河北省中南部适宜播期在 4 月下旬至 5 月初。

地膜覆盖栽培：播期一般掌握在比露地播种提前 10 ~ 15 天。河北省一般在 4 月中下旬（15 ~ 25 日）播种。

保护地（小拱棚）栽培鲜食花生：当露地地温稳定在 10℃ 即可播种。播期一般在 3 月下旬。

（2）播种量：一般中等肥力的地块：大粒花生播种量 9 ~ 12 千克；中小粒花生 7.5 ~ 10 千克。

（3）播种深度：3 ~ 3.5 厘米。

（4）密度：普通丛生大花生，8 000 ~ 9 000 穴；夏播珍珠豆小花生，10 000 ~ 11 000 穴。

每穴两粒种子。按豆粒大小分级点种。

（5）播种形式：行距 33 ~ 40 厘米，穴距 17 ~ 20 厘米。夏播小花生穴距 14 ~ 15 厘米。

（六）地膜覆盖栽培

（1）播种：一般按 80 ~ 90 厘米起垄，垄高 10 ~ 12 厘米，垄沟宽 26 ~ 30 厘米，垄面宽度 55 ~ 60 厘米，播种两行花生，行距 35 ~ 40 厘米，株距 15 ~ 17 厘米，用 85 ~ 90 厘米地膜覆盖。亩密度 7 100 ~ 7 500 穴，每穴两粒。

覆膜方式有两种，一种是先覆膜后打孔播种，另一种是先播种后覆膜。早春播花生适宜采用后者。

（2）化学除草：覆膜前每亩喷洒 50% 乙草胺 50 ~ 65 毫升。

（3）放苗：地膜栽培在多数芽顶土时，盖土引苗或开孔放苗，盖土引苗应在上午 10 点以前一次完成。开孔放苗的方法是：用手指在苗穴上方将地膜撕成一个直径 5 厘米的圆孔，随即抓一把松散湿土盖在膜孔上，厚度 3 ~ 5 厘米，不要按压。

花生出苗后主茎 2 片复叶展现时，应及时清理膜孔上的土堆，并将幼苗根系周围覆土扒开，使子叶露出膜外，释放第一对侧枝。主茎 4 片复叶时，要及时将压在膜下的侧枝抠出来。

（七）小拱棚双膜栽培鲜食花生

播种覆膜后，可在花生的播种行上压两条高 4 厘米的土带（盖土引苗），使花生能够自行破膜出苗。压土时要保持未压膜面干净，以利吸光增温。花生出苗后，对不能自行破膜出苗的植株，应及时破膜放苗。

（八）防治线虫病

亩用 2 千克无毒高脂膜或 2.5 千克农乐 1 号生物制品拌种，也可用 1.8% 齐螨素乳油 10 毫升对水 50 千克于初花期叶面喷施、灌根。或用 50% 辛硫磷 1 000 倍液灌根。

（九）田间管理

（1）清棵蹲苗：在花生两片真叶展开时进行清棵蹲苗，先浅锄一遍，紧接着仔细地把幼苗基部的泥土扒开，使两片子叶露出地面，促使幼苗健壮发育，以利开花结果，清棵一般可增产 12% 左右。

（2）培土迎针：清棵后半个月左右，当第一对侧枝果针已经入土，第二对侧枝果针刚长出来时，结合二次锄地进行深锄埋窝，培土迎针。埋早了花生第一对侧枝的第一节还没长出地面，使清棵前功尽弃，埋晚了影响第二对侧枝果针早入土结果。

（十）肥水管理

初花期亩追尿素 10 ~ 15 千克，配合施入 7 ~ 10 千克过磷酸钙和 5 千克硫酸钾或 25 ~ 50 千克草木灰。

开花下针期遇旱要及时浇跑马水，后期保持田间湿润。

苗期可喷 0.05% 钼酸铵；花针期叶面喷施 0.05% 硼酸。花期黄叶可喷施 0.03% 硫酸亚铁溶液。结荚期叶面喷洒 2 ~ 3 次 2% ~4% 过磷酸钙澄清液，对早衰缺肥田，再加入 1% ~2% 尿素

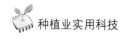

一起喷洒，效果更好。

（十一）化控

盛花期花生田接近封垄时亩用 15% 多效唑 40～50 克对水 50 千克喷洒。也可在花生株高超过 40 厘米，亩用壮饱安可湿性粉剂 20 克对水 30 千克喷施。

试验表明：在花生田使用烯唑醇，具有防叶斑病、控旺长促增产的作用。具体方法如下：亩用 12.5% 烯唑醇可湿性粉剂 40～80 克（折纯为 5～10 克）在花生田接近封垄时进行喷雾。之后叶色深绿一直延续到收获期，预防了叶斑病的发生，同时花生株高降低 14～19 厘米，产量提高 22% 以上。

据报道：盛花期亩用 5% 烯效唑可湿性粉剂 40 克对水 30 千克叶面喷施，可降低株高 7～8 厘米，同时可明显提高花生品质（提高亚油酸含量），克服了原来使用多效唑导致花生果壳变硬，籽粒变小的缺点。

（十二）病虫害防治、后期化学除草

分别在齐苗后、开花前用多菌灵、甲基托布津喷雾防治根腐病、颈腐病。

及时防治花生叶斑病：一般在 7 月中旬亩用 100 克多菌灵或 50 克甲基托布津或 300 毫升中生菌素等，加叶面肥 7～10 天喷一次，连喷 2～3 次。

防治青枯病：亩用 750 克青枯散对水 300 千克，于花生播种后 30～40 天灌墩。也可采用 72% 农用链霉素 4 000 倍液或 77% 可杀得可湿性粉剂 500 倍液喷雾、灌根。无公害栽培可用 1 000 倍 50% 消菌灵药液拌种。

如地下害虫严重，盛花期后，结荚前期（春花生一般在 6 月中下旬至 7 月上旬；夏花生在 7 月中下旬至 8 月上旬）用 50% 辛硫磷 1 000 倍液灌墩。亩用 50% 辛硫磷 1 千克。一次用药可居中，两次用药可选择首尾间距 12～15 天。

蚜虫、蓟马用苦参碱 50 毫升对水 50 千克防治，兼治红蜘蛛。也可亩用 40% 乐果 50~100 克对水喷雾、或 10% 吡虫啉 3 000 倍液喷雾防治。

防治红蜘蛛可采用 1.8% 齐螨素 5 000 倍。

棉铃虫、造桥虫、斜纹叶蛾等害虫用增效 BT 1 000 倍叶面喷施，也可每亩喷施 25% 灭幼脲 45 毫升、5% 抑太保 2 500 倍或 25% 除虫脲 1 000 倍。

发现田鼠危害，可选用凝血药氯鼠酮、敌鼠钠盐拌成毒饵投洞防治。

花生田后期杂草可亩用 10% 喹禾灵 40~70 毫升茎叶处理。

（十三）适时收获

花生植株自然落黄，下部叶片脱落，主茎还剩 4~6 片复叶时便可收获，收获后及时晾晒。

第七节　甘薯

一、甘薯的温度特性

块根萌发期在 16~35℃ 的温度范围内，温度越高，发芽越多越快。通常 16℃ 为块根萌芽的最低温度，30~32℃ 为适宜温度，若超过 35℃ 以上有烧芽栏种的危险；幼苗的生长以 25~30℃ 为好，15~20℃ 时，幼苗生长缓慢。

二、甘薯太阳能温床育苗

一般播种后 23 天左右可采头茬苗，每千克种薯可出苗 100~120 棵。

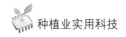

（一）选种

应在头年刨薯时精选无病、无破伤、没受冻害和涝害，并具有本品种特性的 100~150 克的薯块。种薯以夏薯为好。

（二）选择床址

选择东西走向、背风向阳、地势高燥、有水源的地方建苗床。太阳能温床的大小可根据种薯的多少来确定。如 250 千克的种薯（可种植 5 亩地），可挖成长 9 米、宽 1.5 米、深 40 厘米的苗床，把土整平后洇透、夯实。用塑料薄膜将苗床盖严，经 2~3 天，苗床温度上升后趁晴天揭开薄膜，将苗床用脚踏一遍。

（三）排薯

种薯上床时间一般在 3 月底 4 月初，河北省中南部一般在 3 月 23 日前后。先在苗床上铺 5 厘米厚的沙土，排薯时顶端和阳面朝上，使薯面处于同一水平面上，利于盖土厚薄均匀，出苗整齐。排种密度根据品种的萌芽和薯块大小灵活掌握。发芽能力强、出苗多的品种排种稀些，反之密些；薯块大的密些，小的稀些。种薯一般要求前后首尾相压不要超过 1/3，种薯少时可采用平放法。摆放时注意大薯块放中间，小薯块放两边，有助于苗齐苗旺。排薯过程中，在苗床中部放置温度计，温度计应插在薯块底部，略为倾斜，以便于观察。摆好种薯后，撒一层串缝土，浇足床水（可使用 50% 甲基托布津或 50% 多菌灵 500~800 倍液消毒预防黑斑病）使薯块和床土密接，最后在薯面撒一层厚约 3 厘米的表土。苗床水量以铺好表土后表层湿润为宜。摆好种薯后用 2 米 ×10 米塑料布将苗床盖严、压紧，夜间加盖草苫。

（四）管理

1. 控制温度

从排种起 10 天内为出苗期：最适苗床温度 29~32℃，不低于 20℃、不高于 35℃。相对湿度 80%~90%。

出苗后的 12 天左右为长苗期：最适苗床温度 27~30℃。相对湿度 70%~80%。

出苗 12 天以后苗可长至 15 厘米左右，以炼苗、蹲苗为主：适宜床温 20~25℃。相对湿度 60%。降温可通过揭开部分塑料薄膜通风调节，下午 4 点至次日 8 点加盖草苫可起到保温作用。

2. 注意通风换气

出苗期若缺氧严重，薯块常发生腐烂；长苗期苗子先黑头后掉叶或苗尖、叶、茎呈黄褐色发黏腐烂，主要是湿度过大、通气不好的缘故。

（五）采苗

当薯苗苗龄 30~35 天即可采苗。

壮苗标准：苗高 20~22 厘米，茎粗 5 毫米，6~8 个节，叶色浓绿，床土上叶节不发根，床土内白根短，无病虫害。

一般在采苗前 5~6 天浇一次大水（水流到头即停，不能漫灌），前三天逐渐揭膜炼苗，可选晴朗天气放两个小口，防止揭膜太猛闪苗。以后三天可视秧苗承受能力揭开塑料布放风，晚上也不盖草苫，同时喷洒叶面肥。

拔苗当天不要浇水，以利种薯伤口愈合，防止传染病害。拔苗后可喷小水，仅湿润盖沙，第二天可浇水结合追肥，每平方米施速效氮肥或复合肥 100 克促苗。

第一茬拔秧后，继续高温催芽 3 天，要求床温 30℃左右；低温炼苗 4 天，床温 20~25℃。苗高 20~22 厘米时拔第二茬秧。

三、甘薯丰产技术

（一）选种

食用型：北京 553、遗字 138、冀薯 4 号、豫薯 13、苏薯 8 号、西农 431、烟薯 27、世纪红、玫瑰红、中选 201、徐薯 34、烟 251、遗字 190、冀薯 98（新品种）等（豫薯 13、苏薯 8 号兼抗茎线虫

和根腐病)。

食用、淀粉兼用型:徐薯 18、卢选 1 号、豫薯 13 号、SL－19、脱毒一窝红、苏薯 7 号徐 54－1、豫薯 7、烟薯 16。

特用型:食用薯山川紫、美国黑薯、烟薯 337 和菜用薯莆薯 53、京薯 1 号、烧烤专用薯红心王二号。保健型甘薯玉丰甘薯、济薯 18、广薯 104。

(二)施肥、整地

优质腐熟有机肥 3 500 千克,尿素 10 千克,磷肥 50 千克,硫酸钾 20～30 千克。肥料撒施后深耕 25 厘米以上,做到地平无坷垃。

(三)起垄

用 5% 辛硫磷制成颗粒剂每亩 2 千克,在起垄时或中耕前撒入土内,对防治蝼蛄、蛴螬、金针虫效果很好。

1. 小垄单行

春薯一般垄距 66～80 厘米,垄高 23～26 厘米,株距 30～33 厘米,密度 3 000～3 500 株;夏薯垄距 60 厘米左右,垄高 20～23 厘米。株距 25～30 厘米,亩密度 3 500～4 500 株。

2. 大垄双行 (该方式适用于地膜栽培)

垄宽 80 厘米,垄高 30 厘米,垄沟宽 10 厘米。每垄栽两行,行距 20～30 厘米,株距 25～30 厘米,调角种植。亩栽植 4 500～5 000 株。

选用 1.3～1.5 米宽的地膜覆盖在栽好薯秧的大垄上,地膜两边在垄沟内用土压严,以防风吹掀起。然后将地膜对薯秧处开一小口,将薯秧抠出来,抓一把土将膜口封严,以防风顺膜口吹起地膜。

(四)插秧适期

河北省中南部一般在 4 月下旬至 5 月初。

地膜栽培可根据天气情况提前至 4 月中旬。

(五)化学除草

(1)选用氟乐灵 150 毫升/亩对水 45 千克,在栽秧前喷洒,施后耱耙混土。

（2）栽上薯秧杂草出土前，亩用乙草胺 150 毫升或用乙草胺 100 毫升加地乐胺 150 毫升对水 75 千克在垄沟、垄面均匀喷施。

（3）甘薯后期，杂草 3～5 叶期，亩用 12.5% 盖草能 50 毫升对水 30 千克喷施，草龄加大增加用量，效果很好。

（六）插秧

育成的秧苗，在插秧前用甲基托布津 1 000 倍液或适乐时 1 500 倍液浸秧苗基部 6～7 厘米 10 分钟，可防止黑斑病。

甘薯块根多在垄面下 4～6 厘米处形成，所以适当浅栽结薯多、薯块大。栽插深度 5～7 厘米，一般顶芽露出地面 5 厘米为宜。栽秧时，浇足水。

栽插方式一般采取船底插（中部向下弯曲，两头入土，有利结薯），地膜覆盖可采取水平（浅）插。

（七）田间管理

1. 前期管理

（1）查补苗：栽秧后 4～5 天及时查补苗。

（2）在蔓长 50 厘米左右时，结合浇水或降水每亩追施尿素 5 千克。

一般采取浇小水或隔沟浇水的方法，防止漫过垄背形成板结。

2. 中后期管理

春薯一般栽后 60 天、夏薯栽后 40 天（约在 7 月上中旬）进入薯块膨大期。

（1）生长期提蔓断根。

（2）控制旺长：薯田有旺长趋势时及时采用 15% 多效唑粉剂 50～70 克/亩，对水 50 千克叶面喷施。一星期后再喷一次，一般连喷 2～3 次即可控制旺长。

（3）叶面施肥：中后期喷施优质叶面肥或 0.3% 磷酸二氢钾，亩用肥液 50 千克。

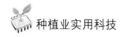

（4）防旱排涝。

（八）病虫防治

（1）蛴螬、金针虫严重的地块于7月中下旬亩用50%辛硫磷1千克随浇水灌入。

（2）中后期注意防治甘薯天蛾、卷叶虫等为害茎叶害虫，可采用辛硫磷与菊酯类农药复配防治。

（九）适时收获

十月上中旬，适时收获。

一般当气温降到16～18℃时，甘薯块根即停止生长，此时即可收刨，气温在10℃以上（或地温在12℃以上），即在枯霜前收刨完毕，及时入窖。

留种用的夏薯，宜在晴天上午收，在田间晒一晒，当天下午入窖，不要在地里、院里过夜，以免遭受冷害（9℃以下时间稍长，就会发生冷害，发生硬心、煮不烂。入窖20天以后慢慢开始腐烂，所以强调适时收获）。

第八节　选购优种　确保丰收

一、购买种子应到具有经营资质的种子经营单位去购买种子

也就是说应到具有农作物种子经营许可证的单位或持有农作物种子经营许可证的单位所设的分支机构（书面委托的代销商）那里购买所需的种子；在这些单位当中，农民朋友应该选择有固定营业场所、经营时间较长、经济实力强、经营规模较大、信誉较好的经营单位。切不可贪图便宜，相信走村串户的推销商。

二、选购合适的种子

购种的时候要查看种子的特征特性，栽培的技术要点，注意是不是适宜在当地种植。必要时可咨询当地农业技术部门。

三、察看包装和标签

最好选择商标经国家工商局注册的产品。标签主要是看作物种类、品种名称、质量指标、净含量、生产日期、生产商名称等内容。同时，要看包装是不是完整。购种的时候千万不要购买散装种子和标签标注模糊或者标注不全的种子。

四、购种的时候要索取票据

并且应注意保存购种发票、种子的包装袋及保留少量种子。一旦发生了纠纷，保存的这些证据在举证时非常有用。

五、及时拨打防伪电话对所购种子进行真伪查询

为了防伪和打假，大多数大型种子公司对所生产的种子都加入了电子防伪系统，购种后可方便的根据包装袋上的提示进行查询。查询时输入 16 位防伪号码要准确无误。

第三章　蔬菜栽培技术

第一节　育苗

一、蔬菜育苗期病害的综合防治

（一）猝倒病：危害前期幼苗

1. 病原菌

瓜果腐霉菌（鞭毛菌、亚门真菌）侵染所致。

2. 症状

猝倒病多发生在早春育苗时，出苗前受病菌侵染发病表现为烂种和死苗（烂芽），出苗后发病表现为猝倒。猝倒是幼苗出土后，真叶尚未展开前遭受病菌侵染，致使幼苗茎基部发生水渍状暗斑，继而绕茎扩展，逐渐缢缩呈细线状，幼苗地上部因失去支撑能力而倒伏地面。

3. 发病条件

该病菌虽喜 34～36℃ 高温，但在 8～9℃ 低温条件下也可生长。苗床温度低，幼苗生长缓慢，再遇高湿，易得此病。

土壤温度低于 15℃，且含水量过高，播种过密，遇连阴雨天气，光照不足，漫水灌溉，苗床放风不得要领等原因造成苗床闷湿或温度波动。

4. 防治药剂与方法

播种前后：

（1）育苗器具采用0.1%高锰酸钾溶液喷淋或浸泡消毒。

（2）播前苗床浇水，水渗后再喷洒25%甲霜灵（苯基酰胺类杀虫剂）1 000倍液。

（3）每平方米苗床采用下列药剂8～10克拌细土15千克，播种时下铺1/3、上盖1/3。

适用药剂：

A. 50%多菌灵（苯并咪唑类杀菌剂）；

B. 福美双（代森锰锌＋代森锌，二硫代氨基甲酸盐）；

C. 70%敌克松（氨基磺酰类杀菌剂）；

D. 五氯硝基苯（取代苯类杀菌剂）；

E. 拌种双（拌种灵＋福美双）。

生产上一般采用药剂A＋B或B＋D 1∶1混合使用。

（4）苗床湿度大时床面撒草木灰除湿抑菌。

发病初期：

（1）15%恶霉灵（有机杂环类杀菌剂）450倍液3升/平方米苗床浇灌。

（2）72%普力克400倍液2～3升/平方米苗床灌溉。

（3）64%杀毒矾（恶霉灵＋代森锰锌）500倍液喷雾。

（5）58%甲霜灵锰锌500倍液喷雾。

（5）铜氨合剂喷雾。

（二）立枯病：危害中后期幼苗

1. 病原菌

立枯丝核菌（半知菌亚门真菌）。

2. 症状

刚出土幼苗及大苗均可发病。病苗基部变褐，病部初生椭圆形暗褐色斑，收缩细缢，当病斑绕茎一周时，茎叶萎垂枯死，但不呈猝倒状。

3. 发病条件

病菌发育适温24℃，最高42℃，最低13℃，播种过密，苗床

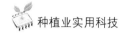

湿度大，温度高时易诱发该病。

4. 防治

发病初期喷洒：

（1）29%甲基立枯磷乳油 1 200 倍液。

（2）5%井冈霉素 1 500 倍液。

（3）15%恶霉灵 450 倍液。

（三）混合发生

二者混合发生采用72%普力克800 倍液＋50%福美双800 倍液喷淋，2～3升/平方米，7～10 天一次，连喷2～3 次。

二、穴盘基质育苗技术

（一）穴盘基质育苗的优点

采用穴盘取代营养钵，同时采用育苗基质取代营养土，适用于自动化、工厂化育苗。用在规模育苗和普通育苗中，效果也非常好。与普通育苗方式相比有以下优点：（1）大幅度提高单位面积的育苗数量和秧苗质量。（2）减少苗期病害的发生。（3）方便移动穴盘在棚室的位置，使秧苗大小均匀一致。（4）减少用工、方便运输、减轻劳动强度。

（二）穴盘育苗流程

1. 基质消毒

首先要对拌料场地进行整理和消毒，若不是水泥场地，应铺塑料膜。拌料时先将介质与杀菌剂混合均匀，每立方米基质加入150克混合杀菌剂。杀菌剂应因地而宜，最好是选用能兼治多种病害的配方，如多菌灵 50 克＋甲霜铜 25 克＋普利克 25 克。然后加水，每立方米基质大约加入 200～300 千克水，掌握用手轻握成团，指缝间有滴水，最后要充分混合均匀。把拌好的基质用塑料布盖好闷6～7小时即可装盘。

2. 装盘

根据育苗的种类和苗龄选择适宜孔数的穴盘，比如茄子苗较大，适宜采用40孔或50孔的穴盘，辣椒较小可采用72孔的穴盘。

把配好的介质装入穴盘，用手指稍按压，防止基质在孔内架空，再添加基质，用木板刮平即可，将8个穴盘摞在一起，既为搬动方便有序，也是利用上面穴盘稍为压实下面穴盘的介质，然后搬入育苗棚中，排放于铺有地膜的场地上，排时以顺育苗棚宽度竖放穴盘，每排横放4张穴盘，宽度1.32米，便于在两边进行操作管理，两排之间相隔20厘米，既节约场地，也可方便走动。

3. 播种

播前将穴内介质用手轻拨整齐，播时用手指在中间轻摁一个5毫米小穴，将种子（干种或催芽刚露白的种子）放入（瓜类等种子须平放），再覆以蛭石或基质，至穴平为度，后用喷壶喷透。为不将介质冲出，应用细孔喷壶将水向上仰喷，使水如降雨般缓缓落下（苗期喷水也应照此进行）。冬季为提高介质温度和保湿，可于穴盘上盖地膜；夏天夜间覆盖地膜，早上揭开。但出苗60%～70%时应及时撤去，以防出现高脚苗或阳光灼伤。

4. 定时喷水保湿

秧苗生长期应定时喷水，防止基质失墒变干，不利于秧苗生长。喷时选晴天，冬季于午前进行喷水并通风排湿，夜间提前盖草苫或补充加温；夏季于下午或傍晚进行，但以夜间叶面没有水珠为准，并加强通风、放水、遮阴、防虫（可以利用防虫网、遮阳网、棚膜等）。没有雨时把防雨膜揭开，越大越好，预防高温，同时加上防虫网防虫。

5. 移盘

出苗后夏季3～5天，冬季5～7天进行一次移盘，即将穴盘向前或向后移动20厘米，防止根系下扎，若根下扎，可以拉断，起到抑制旺长的作用。冬季如棚内前后温度、光照相差较大时，应进行整排穴盘的前后位置倒动。苗期定期喷药防止病害。苗出棚前

5～7天应移动穴盘防止根往外扎，或使断根愈合；适当控水并加强通风炼苗，使苗更适应定植的环境条件。

6. 叶面喷肥

配合喷水保湿，苗期喷 2～3 遍优质叶面肥，秧苗更加健壮。

第二节　茄子

一、春早熟大棚茄子栽培要点

（一）播期

大棚春早熟茄子一般在日光温室育苗（可在改良阳畦分苗）。播期一般在 12 月中下旬至 1 月上中旬。

（二）定植

（1）河北省中南部一般在 3 月中下旬至 4 月上旬定植，大棚内采取多层覆盖可再提前 10～15 天定植。大棚栽培较露地栽培可提前 30～40 天上市。

＊日光温室在 3 月上旬定植。

定植前 20 天盖棚烤地，10 厘米地温不低于 12℃，棚温不低于 10℃方可定植，可提早覆盖地膜或小拱棚增温。

（2）合理密植：大行距 60 厘米、小行距 40 厘米、株距 40～50 厘米。一般每亩 3 000 株左右。

（三）温湿度控制

缓苗期：白天 30℃左右，夜间 16～18℃。

生长前期：白天 22～30℃，夜间 13～16℃。

结果期：白天 25～28℃，夜间 15～18℃。

适宜地温：18～22℃。

空气相对湿度控制在 75% 上下。

定植初期为防止夜温过低推迟缓苗，可采取在棚内四周挂围裙、加设天膜等措施，效果较好。还可以在棚外四周围草苫或纸被，效果更好。

缓苗后要适度通风，排湿降温。放风时应先小后大，逐渐增加通风量，防止"闪苗"。

当外界气温稳定在15℃以上时，可以昼夜通风。进入5月份，逐渐把棚四周底部膜去掉，当气温稳定在20℃以上时棚膜全部去掉（或保留顶膜，形成荫棚，有利降温）。

（四）适时采收

大棚茄子一般在花后25～35天，果实可达到商品成熟，应及时采收。

二、大棚秋延后茄子栽培要点

（一）播期

一般在7月上中旬播种育苗，8月上中旬定植，苗龄30天左右。

10月中下旬始收，供应11～12月市场。

（二）育苗注意事项

应选择地势高燥，排水方便的地方做苗床。苗床上搭荫棚，可以降温、防病毒病发生，也可以防雨防涝。

秋延后茄子育苗时外界气温较高，水分蒸发较快。表土见干时，要及时用喷壶喷淋浇水。但也要避免苗床过湿。

注意防治蚜虫和螨类。

（三）适时扣棚

华北地区一般在9月初扣棚，扣棚应逐步进行。

扣棚初期应昼夜通风，防止高温高湿。当外界气温降到15℃时，夜间应关闭风口，不再通风，以防寒保温。随着外界气温继续

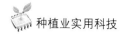

下降，白天通风也逐步减少，进入 11 月份后，一般不再通风，促进果实生长。

（四）肥水管理

追肥浇水应集中在扣棚之前，扣棚后，浇水应减少，以免增加棚内湿度，利于病害流行。若土壤干旱，应浇小水，浇后适度增加通风排湿。一般全棚扣严后，不再追肥浇水。

第三节　番茄

一、露地番茄栽培技术

温度特性：喜好温暖，属短日照植物。种子发芽适宜温度 25～30℃；生育适宜温度白天 27℃、夜间 17℃；生理最高界限温度是 35℃；栽培的界限温度是地温 10℃、气温 5℃。

（一）育苗

1. 选种

中早熟品种：丽春、强丰白果等。

中熟品种：中蔬 4 号（鲜丰）、佳粉 1 号、佳粉 15 号、毛 T5、中杂 11、合作 918；中晚熟品种毛粉 802、（荷兰）百利、合作 908；晚熟品种强力米寿等。

樱桃西红柿品种：红宝石、红珍珠、樱桃 207、美味、京丹 1 号、黄玉等。

＊ 百利、毛粉 802、以色列 189 抗病毒病和枯萎病。

＊ 卡依罗、L402 抗疫病和叶霉病。

亩用种 30～50 克。

2. 播期与相应收获期

（1）露地栽培 2 月中下旬育苗，3 月中下旬分苗，4 月中下旬定植，苗龄 60~70 天。收获期 6 月中旬至 7 月下旬。

（2）秋茬 6 月中旬育苗，7 月下旬定植，9 月上旬至 10 月上旬收获。

（3）塑料大棚：

春早熟：1 月中下旬育苗，2 月中下旬分苗，3 月中下旬定植，5 月中旬至 7 月下旬收获。

秋延后：7 月上中旬育苗，7 月下旬至 8 月下旬定植，10 月中旬至 11 月上中旬收获。

3. 种子处理

（1）先用清水浸泡 3~4 小时，再放入 10% 磷酸三钠溶液中浸 20~30 分钟，捞出洗净后催芽（防病毒病）。

（2）将种子在 55℃ 温水中浸泡 10~15 分钟，并不断搅拌，水温降至室温继续浸泡 6~8 小时，用清水洗净黏液后催芽（防叶霉病、溃疡病、早疫病）。

（3）催芽：将处理后的种子稍晾，用湿纱布包好，放在 25~30℃ 处催芽，每天用清水冲洗一次，2~3 天出芽，放在 10~15℃ 条件下经过 10~12 小时锻炼后播种。

如天气不适合播种，应将种子放在 2~4℃ 环境待播。

4. 营养土配制、基质配制、消毒

（1）用 3 年内没种过茄科作物的肥沃田土 60% 与腐熟有机肥 40% 混合，每立方米加入 1~1.5 千克三元复合肥 2~3 千克，过筛制成苗床土。填入育苗床，厚度 10 厘米。

（2）用 50% 多菌灵可湿性粉剂与 50% 福美双可湿性粉剂按 1∶1 混合；或 25% 甲霜灵与 70% 代森锰锌按 9∶1 混合，按每平方米用药 8~10 克与 15~30 千克细土混合，播种时 1/3 铺在床面，2/3 盖在种子上。

5. 播种

选晴天中午播种，先将营养土浇透，待水渗后撒一层细土、播种，每平方米苗床撒种子 3~5 克，播后覆土 1 厘米。

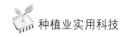

播种后畦面覆盖一层地膜，以保水、提高地温。

6. 温度控制

（1）播种至齐苗：白天 25~30℃、夜间 16~18℃。

（2）齐苗至分苗前：白天 20~25℃、夜间 14~16℃。

（3）分苗前一周：白天 16~20℃、夜间 12~14℃。

（4）分苗至缓苗：白天 25~30℃、夜间 16~18℃。

（5）缓苗后：白天 20~25℃、夜间 12~14℃。

（6）定植前一周：白天 15~18℃、夜间 10~12℃。

7. 苗期管理

（1）4 天左右幼芽拱土时及时去掉地膜，撒一层厚度 3~5 毫米细潮土，以保墒和防止带帽出苗。

苗床过湿可撒草木灰除湿，切忌将草木灰撒在幼苗叶片上。

（2）间苗、分苗：长出真叶后间苗，苗距 3 厘米，间苗后苗床覆盖一层细土弥补床面裂缝。

播种后 25~30 天，二叶一心时，选晴天上午分苗，分苗前 3~4 天应放风炼苗。分苗前一天浇一小水，起苗时尽量多带土。分苗选用 8 厘米×8 厘米营养钵，每钵栽一棵，栽好后浇少量水。

在分苗床内分苗按 10 厘米行距开深 3~5 厘米的小沟，用壶向沟内浇水，按 8 厘米株距摆苗，然后盖土平沟。

（3）分苗后应闭膜不放风，适时揭盖草苫，升温保温，促进缓苗。新叶长出后，表明已缓苗。

（4）缓苗后开始通风降温，视墒情适量浇水。可结合喷药防治病虫害，叶面喷施 0.2% 磷酸二氢钾，以提高幼苗素质。

（5）定植前一周浇一透水，两天后起苗、囤苗。定植前 3 天喷 100 倍 NS83 耐病毒诱导剂。

炼苗期间注意夜间霜冻。

壮苗标准：苗高 15~20 厘米，节间短、敦实，茎粗 0.6 厘米以上，有 7~8 片叶，叶色深，现蕾。

（二）定植与田间管理

1. 施肥、整地、做畦

（1）施肥：生产5 000千克番茄，需氮17千克、五氧化二磷5千克、氧化钾26千克。要求亩施优质有机肥5 000千克，并配合施入三元复合肥30～40千克。

（2）整地做畦：为使番茄早结果，春季栽培可采用小高畦覆盖地膜的方式。

一般100～110厘米做一个15厘米高的弧形小高畦。可采用开沟施肥。小高畦上覆盖地膜。此工作要在定植前10天完成。

2. 定植

一般在晚霜过后选无风晴天上午进行。尽量做到适期内早定植。

每畦双行，行距40～50厘米，株距30～33厘米，一般每亩3 600～4 000株。

在小高畦两侧打孔、稳苗（埋一半土）点水、覆土平坨即可，用细土将定植孔封严。

＊番茄苗卧栽好：在番茄定植时，顺南北方向挖长10厘米、深4厘米的定植沟，然后摘除幼苗基部的3～4片叶子，将幼苗根朝南斜卧在定植沟内即可。高脚秧苗定值时常采用此法。

3. 定植后的管理

（1）定植到开花阶段，以缓苗促开花为主。

定植水要浇足，过4～5天浇缓苗水，中耕蹲苗。当植株长至25厘米高时要进行插架和绑第一道蔓。

（2）开花坐果期以保花保果、防病为中心。

当植株开始开花后，视植株长势和土壤含水量适当浇一水，以满足开花期间对水分的要求。

4. 适时使用调节剂蘸花或喷花

（1）2，4－D：使用浓度10～20毫克/千克：气温20℃以下使

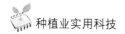

用 20 毫克/千克、20~30℃时 15 毫克/千克、30℃以上时 10 毫克/千克。在花瓣开放时用毛笔蘸取药液在花柄与花梗的连接处上下轻抹两下即可。为便于识别，可在药液中加入有色染料作标记。

（2）番茄灵：使用浓度 25~40 毫克/千克；气温 20℃以下采用 40 毫克/千克、20~30℃时 25~30 毫克/千克。在每一穗花序上有 3~4 朵花开放时喷花。

使用调节剂要有连续性，即生长的果穗都要进行药剂处理，否则易出现果实大小不匀现象。

5. 打杈、疏果、打顶

当植株开始开花后，选晴天上午打杈。每个花穗选留 3~5 个正常果，其余小花小果全部摘除。露地番茄生产，一般留 4~6 穗果，在最后所留果穗以上留两片叶打顶。

侧枝换头结果技术：当第一花序坐果时，以第二花序下长出的第一个侧枝代替主干，同样当其生两个或三个花序后，在主干中部选一侧枝培养为主干。如此连续摘心换头，刺激植株更新生长，越夏不败。

6. 肥水管理

（1）第一穗花果实有小核桃大时，浇一次催果水，结合浇水亩追施尿素 10~15 千克、硫酸钾 15 千克或三元复合肥 25 千克。

（2）第二穗花坐果时第一穗果正膨大，第三穗花已开放，可追肥浇水一次。以后 10 天左右浇一水，每次追施尿素 10 千克。

（3）叶面施肥：番茄开花时，应每开一次花，喷洒一次 0.2% 硼砂加 0.3% 尿素混合液，促进坐果。坐果后的 30 天内是吸收钙质最多的时期，可叶面喷施 1%~2% 过磷酸钙浸出液或 0.5%~1% 氯化钙溶液，隔 10 天喷一次，连喷 2~3 次。

7. 催熟与采摘

从番茄开花直至果实成熟的天数，一般需 40~60 天，中早熟品种 40~50 天，中晚熟品种 50~60 天。当果实充分膨大、果色发白（白熟期转向红熟期）时，可用乙烯利催熟。常用浓度为 40%

乙烯利 50 毫升加水 4 千克，充分混合后用。

（1）株上涂果催红：可用小块海绵蘸取药液，涂抹果实表面，亦可在手上套棉纱手套，蘸取药液擦涂果面。注意手上应先套塑料手套，防止乙烯利腐蚀皮肤。操作过程中不能让药液沾染叶片，否则叶片发黄。

催熟果实的数量一次不能太多，单株催红的果每次 1～2 个为宜。单株催红的果实太多，用药量大，易产生药害。

（2）采后浸果催红：选择果顶泛白的果，从离层处摘下，用浓度为每升 2 000～3 000 毫克的乙烯利溶液浸果 1 分钟，取出沥干水分，放置在 20～25℃的条件下，覆盖塑料薄膜，3 天即可转色。温度低于 15℃转色速度慢、高于 35℃则果色发黄、不鲜艳。

8. 病虫防治

病虫害主要有：晚疫病、早疫病、灰霉病、叶霉病、脐腐病、空洞果和蚜虫、白粉虱、棉铃虫等。

（1）露地栽培进入 7 月份雨季注意防治早疫病、晚疫病、灰霉病等，最好自六月下旬开始，用保护性杀菌剂保护。

晚疫病发病时采用 58% 甲霜灵锰锌可湿性粉剂 500 倍液、25% 瑞毒霉 600～800 倍液、75% 百菌清 500 倍液、64% 杀毒矾 500 倍液或 68.75% 杜邦易保水分散剂 1 000 倍液（此药耐雨水冲刷）喷雾防治。隔 7～8 天再喷一次。

棚室栽培用 45% 百菌清烟雾剂 110～180 克/亩，分放 5～6 处，傍晚点燃闭棚过夜，7 天熏一次，连熏 3～4 次。

早疫病又称轮纹病，（发病前）采用 70% 代森锰锌 500 倍液；（发病后）采用 75% 百菌清 400 倍液、72% 克露 400～600 倍液、58% 甲霜灵锰锌 500 倍液及多菌灵、扑海因防治。7 天一次，连喷 2～3 次。

叶霉病也叫黑星病，（发病前）采用 70% 代森锰锌 500 倍；（发病后）采用 50% 速克灵可湿性粉剂 800～1 000 倍、加瑞农 700～800 倍液、多霉灵 800 倍液、2% 武夷霉素水剂 100～150 倍液

防治。7~10天一次，连喷2~3次。

灰霉病可在蘸花药液中加入0.1%的速克灵或扑海因或0.3%的适乐时（1毫升适乐时对水300毫升）效果很好。发病时可采用6.5%万霉灵粉尘，每亩每次用1千克，7天喷一次，连喷2~3次。也可采用40%施佳乐悬浮剂800倍液、50%速克灵2 000倍液、75%百菌清500倍液喷雾。

（2）病毒病：花叶病毒病一般在6月份开始发病，7月下旬至8月上中旬达到高峰，苗期要注意蚜虫的防治，发病初期可喷洒20%病毒A可湿性粉剂500倍液、1.5%植病灵2号1 000倍液、5%菌毒清300倍液。加入20毫克/千克的赤霉素、天然芸苔素2克或500倍磷酸二氢钾可提高防效。7天一次，连喷2~3次。亦可采用1%高锰酸钾或1%~5%的硫酸锌防治病毒病。

几个防治病毒病的验方：

高锰酸钾50克+硫酸锌50克+磷酸二氢钾100克+杀虫剂

植病灵15毫升+医用病毒灵（吗啉呱）15片+农用链酶素3克+硫酸锌50克+芸苔素2克

还可利用N14、S18防治西红柿病毒病。

（3）脐腐病属生理性缺钙，叶喷1%~2%过磷酸钙、0.1%氯化钙、0.1%硝酸钙，10天喷一次，连喷2~3次。

番茄斑枯病又称鱼目斑病，发病初期可用70%代森锰锌500倍液、50%多菌灵500倍液、70%甲基托布津1 000倍液喷雾，7天一次，连喷2~3次。

（4）青枯病采用25%DT可湿性粉剂600倍液、77%可杀得400倍液或200毫克/升链霉素喷雾结合灌根，每株药液0.5千克，7天一次，灌2~3次。

（5）溃疡病：喷洒络氨铜水剂300倍液或77%可杀得可湿性粉剂500倍液，7天喷一次。

（6）蚜虫和白粉虱采用吡虫啉3 000倍液、25%阿克泰水分散剂5 000倍液防治；斑潜蝇用1.8%齐螨素4 500倍液防治；棉铃虫在卵孵化盛期用 BT 乳剂 200 倍液、1.8% 齐螨素 3 000 倍液或辛硫磷复配菊酯杀虫剂防治低龄幼虫。露地番茄注意做好 6 月 20 ~ 25 日第二代棉铃虫的防治工作及以后各代棉铃虫的防治工作。

二、塑料大棚、日光温室番茄栽培技术要点

（一）品种选择

丽春、佳粉 15、中蔬 4 号、毛粉 802 等。

（二）播期与相应收获期

1. 塑料大棚

春早熟：1 月中下旬育苗，2 月中下旬分苗，3 月中下旬定植，5 月中旬至 7 月下旬收获。

秋延后：7 月上中旬育苗，7 月下旬至 8 月下旬定植，10 月中旬至 11 月上中旬收获。

2. 日光温室

秋冬茬：7 月下旬至 8 月下旬育苗，8 月上旬至 9 月下旬分苗，9 月下旬至 10 月上旬定植，11 月下旬至 2 月下旬收获。

春节上市（还要供应"五一"市场）：9 月中下旬育苗，11 月中下旬定植，1 月上旬初收，6 月中旬拉秧。

冬春茬：11 月育苗，12 月上旬至 1 月上旬分苗，1 月定植，3 月上旬至 5 月上旬收获。

早春茬：1 月上旬育苗，2 月上旬分苗，3 月上旬定植，5 月上旬至 6 月下旬收获。

（三）定植

按 50 ~ 60 厘米等行距起垄，垄高 20 厘米，底宽 30 厘米，整平后按 2 垄为一组覆盖地膜，株距 30 厘米，3 500 ~ 4 000 株/亩。

若采取多次摘心换头整枝时要加大株行距，小行距 90 厘米、大行距 1.1 米，株距 30 厘米，2 000 株/亩。

（四）温度管理

适宜的温度管理是保证番茄优质丰产的重要条件。

缓苗期：白天 25～30℃，夜间 15～18℃。

茎叶生长期：白天 20～27℃，夜间 15～18℃。

开花结果期：白天 25～28℃，夜间 16～20℃为宜。

15℃以下、30℃以上都对生育不利。

土壤温度以 20～24℃为最佳，高于 33℃、低于 13℃都不合适。

番茄光合作用的适宜温度是 27℃，光照不足时，这个温度也应下降，因此，阴天的管理要比晴天低 2～3℃。

（五）田间管理

（1）缓苗后要适当给水，但灌水不宜过大，主要是锄划，提高地温。

（2）中耕蹲苗期要适时插单壁架、及时绑蔓。

（3）用 10～20 毫克/千克 2，4－D 或 30～50 毫克/千克番茄灵抹花柄或喷花，高温浓度低些，反之则高些。喷洒时在药液中每千克加入 1～2 克速克灵，用以防治灰霉病。蘸花时要等一半花开时进行。蘸花前可把第一花序的第一朵花和花序顶端的小花疏掉，坐果后疏去一部分果，每穗保留 4～5 个。

采用番茄丰产剂 2 号，加水稀释 50～70 倍，用微型喷雾器喷花，不易产生畸形果。

（六）植株管理

第一种：主蔓留 3 穗果摘心，然后选一最壮的侧枝代主枝生长，再留 3 穗果摘心，这就是 6 穗果整枝。

第二种是 9 穗果整枝，要进行两次换头。

第三种是连续摘心换头：当主干第二花序开花后留 2 片叶摘心，留下紧靠第一花序下面的一个侧枝，其余侧枝全部去除。第一侧枝第二花序开花后同样方法摘心，留下一个侧枝，连续 5 次摘心，共留 5 个结果枝，可以结 10 穗果。而且每次摘心后应将该侧枝稍扭伤，轻微的扭伤可使果枝向外开张 80～90 度角，对结果有利，每个结果枝采收后要及时剪去该枝条，以利通风透光。

当然也可以采取主副行，单干或双干整枝。

第四节　甜椒与辣椒

甜椒性喜温暖，但不耐高温，不耐霜冻。种子发芽适温 25～30℃，幼苗生长适温 20～25℃，以白天气温 25～26℃、夜间气温 15～18℃为宜。10℃以下生长停止，高于 35℃生长不良。根系生长适宜温度为 23～28℃。

一、育苗

（一）选种

中椒 4 号、中椒 7 号、冀研 4 号、冀研 5 号、冀研 6 号、德国 6 号、捷怡 6 号；海花 3 号、冀椒 6 号、朝研牛角椒、美国特大牛角椒、冀冬 35（特大牛角椒）及荷兰、以色列彩椒等。

*中椒 4 号、中椒 7 号、美国特大牛角椒较抗病毒病。

亩用种 120 克。

（二）种子处理

（1）播前晒种：播种前要把种子摊放在向阳处，厚度 2 厘米，暴晒 2～3 天。

（2）药剂浸种：用 55℃温水浸种搅拌 10～15 分钟，（可防治疫病、炭疽病）然后用 1% 的硫酸铜溶液浸种 5 分钟，清水冲洗 2～3 次，再用 10% 磷酸三钠溶液浸种 20 分钟（防病毒病），捞出后用净水冲洗 3～4 次，洗净后放入 30℃的温水中，常温浸种 8～10 小时。

（3）催芽：洗净种子上的黏液，风干 15～20 分钟，用湿纱布包好，放在 28～30℃ 环境下催芽，每天用温水冲洗 1～2 次，5～6 天后 50% 的种子出芽即可播种。

（三）营养土消毒

为防治猝倒病和立枯病，可用五氯硝基苯、可杀得掺入盖种细土中，或用 25% 甲霜灵与 70% 代森锰锌按 9∶1 混合。按每平方米用药 8～10 克与 15～30 千克细土混合，播种时 1/3 铺于床面，2/3 盖在种子上面。

（四）播种

播种前用 72.2% 普力克水剂 400～600 倍液或 500 倍敌克松喷洒苗床，每平方米用 2～4 升，再撒一薄层细土，按 5～8 厘米行距条播或每平方米用种 20～50 克，均匀撒在表面，再盖上细土，厚度 1 厘米。

播种后撒毒饵防治蝼蛄等地下害虫，覆盖地膜。

（五）苗床管理

（1）播种后白天 25～30℃，夜间 16～18℃，齐苗后掌握白天 22～28℃，夜间 14～16℃，6～7 天可出苗。幼苗开始出土时，及时去掉地膜并覆盖 3 毫米厚细土。齐苗后再覆土一次，厚度 5 毫米。对密挤处进行疏苗。

（2）间苗、放风：3～4 叶时按 3～5 厘米间距间苗。间苗后覆细土一次。

＊若需分苗时，出苗后间苗间距 2～3 厘米，三叶一心分苗。分苗前一天浇水，以利起苗，减少伤根。坐水栽双株或直接将双苗分栽在 8×8 营养钵内。

白天 18～25℃、夜间 15～17℃，气温升高，注意及时放风。

（3）从 2～3 片真叶开始，叶面喷洒 0.1% 硫酸锌 +0.2% 磷酸二氢钾 +0.1% 尿素溶液，7～10 天喷一次，连喷 2～3 次，以延缓病毒病发生。

定植前 10～15 天喷一次用 NS－83 增抗剂 50 倍液，能诱导甜椒耐病毒。或喷洒病毒 A 1 000 倍 + 高锰酸钾 1 000 倍液一次。

定植前 2～3 天采用 25% 甲霜灵 800 倍液或 64% 杀毒矾 500 倍液或 75% 百菌清 600 倍液浇灌苗床。

（4）定植前一周，揭膜（加大通风量）炼苗。

定植前一天，苗床浇足水，以利起苗，选阴天或晴天下午定植。

采用苗床分苗时，定植前 7 天浇一次水，1～2 天起苗囤苗。

壮苗标准：株高 15～20 厘米，叶片 8～14 片，茎粗 0.4 厘米，节间短、根系发达、无病虫害、现蕾。

二、定植与定植后的管理

辣椒的施肥要求是高钾、中氮、低磷。亩施优质腐熟有机肥 3 方、三元复合肥 40 公斤，硫酸钾 20 公斤，硫酸铜 3 公斤。深翻、整平、做畦。平畦以 40～50 厘米等行距开沟定植。穴距 33～40 厘米，每 4 行甜椒种一行玉米，甜椒 3 000～3 300 穴/亩。

（1）缓苗后浇缓苗水，中耕 2～3 次进行蹲苗，（平畦栽培）结合中耕将甜椒培土成垄。

（2）缓苗后采用 75% 百菌清 500 倍液或 64% 杀毒矾 500 倍液或 77% 可杀得 500 倍液喷雾，预防病害发生，结合喷药叶面喷施 0.2% 磷酸二氢钾 + 0.1% 硫酸锌，健壮植株，预防病害。

（3）门椒坐住后（红枣大小时）结束蹲苗，结合浇水亩施尿素 7.5 千克、硫酸钾 5～8 千克或三元复合肥 25 千克。7 天左右浇一水，每采收一次每亩追施尿素 10～15 千克。

每周喷一次 0.2% 磷酸二氢钾 + 0.1% 尿素肥液。

（4）激素的使用：生产初期，为防止低温造成落花落果，在甜椒开花时可用 10～15 毫克/千克的 2，4－D 或 20～30 毫克/千克番茄灵涂抹花柄。

（5）水分管理：甜椒既不耐旱，也不耐涝。土壤过干，植株

生长势弱，并易感染病毒病，田间积水24小时开始落叶，严重的萎蔫死亡。椒田土壤应间干间湿，雨后及时排水。降热闷雨后用井水浇园降低地温。浇园以每天傍晚浇水为好。

（6）植株调整：门椒结果后，植株上向内伸长、长势较弱的枝，应尽早摘除。在主要侧枝上的次一级侧枝所结幼果直径达到1厘米时，应在这些侧枝上留4～6片叶摘心。中后期长出的徒长枝也应去掉，并注意摘除植株下部的老叶、病叶、病果。立秋前10天将植株上的弱枝及空枝在主茎分枝处剪去，促其萌发二次枝。

修剪后，可结合浇水亩施尿素20千克，为促进二次枝生长，叶面喷施微肥和云大120等。

在霜降来临前选择无病大果进行贮藏1～2个月再上市。

三、病虫防治

（1）苗期注意防治蚜虫，可采用10%吡虫啉3 000倍液防治。

（2）中后期（7～9月份）注意防治茶黄螨，可用齐螨素防治，隔10天喷一次，连喷三次。

（3）各代棉铃虫的发生盛期是：一代5月下旬；二代6月下旬；三代7月下旬；四代8月底9月初。注意防治，采用辛硫磷＋功夫菊酯混配防治。

（4）花叶病毒病一般在6月份开始发病，7月下旬至8月上中旬达到高峰，苗期要注意蚜虫的防治，发病初期可喷洒20%病毒A可湿性粉剂500倍液、1.5%植病灵2号1 000倍液、5%菌毒清300倍液。加入20毫克/千克的赤霉素、天然芸苔素2克或500倍磷酸二氢钾可提高防效。7天一次，连喷2～3次。亦可采用1%高锰酸钾或1%～5%的硫酸锌防治病毒病。

几个防治病毒病的验方：

高锰酸钾50克＋硫酸锌50克＋磷酸二氢钾100克＋杀虫剂。

植病灵15毫升＋医用病毒灵（吗啉呱）15片＋农用链霉素3克＋硫酸锌50克＋芸苔素2克。

（5）由真菌引起的病虫有疫病、炭疽病，一般采用77%可杀得可湿性粉剂500倍液、25%甲霜灵600～800倍液或75%百菌清500倍液、64%杀毒矾可湿性粉剂500倍液、70%乙磷锰锌500倍液，70%甲基托布津可湿性粉剂1 000倍液，7天一次，连喷2～3次。

在高温雨季来临前，可结合浇水冲施或雨前撒施96%的硫酸铜3千克/亩。

（6）由细菌引起的细菌性斑点病（疮痂病）、软腐病可用农用链霉素4 000倍液、新植霉素4 000倍液、多抗霉素500倍液、77%可杀得500倍液、14%络氨铜水剂300倍液防治。7天一次，连喷2～3次。

病害应以预防为主，在下雨前可喷药预防，发病初期及时防治，间隔7天连喷2～3次。雨季建议采用如下配方：

农用链霉素4 000倍＋甲霜灵600倍＋磷酸二氢钾300倍＋0.7%氯化钙。

（7）用1%高脂膜乳剂（27%高脂膜80～100倍）、1 000倍硫酸铜溶液、2%～3%过磷酸钙溶液防止日烧病。

（8）开花后采用过磷酸钙1%～2%浸出液、氯化钙或硝酸钙1 000倍液，防治脐腐病。10～15天喷一次。

第五节　豇豆

温度特性：豇豆喜温耐热，10～12℃开始发芽，发芽适温25～28℃，生育适温20～30℃，45℃以上植株生长受阻，10℃以下根系吸收能力下降。气温17℃以下，开花结荚率低，豆荚发育差。

（一）选种

丰收一号、之虹28-2、新选绿龙八号、春风4号、绿风、保丰、白不老等。

亩用种：3 ~ 4 千克/亩。

（二）整地、高畦栽培

亩施腐熟有机肥 5 000 千克，三元复合肥 30 ~ 50 千克，深翻耕地。130 厘米左右为一带，做成 80 厘米宽、20 ~ 25 厘米高的拱形高畦。可采取地膜覆盖栽培，覆膜前喷洒 150 ~ 200 毫升/亩地乐胺防除杂草。

（三）种植与密度

蔓生种在高畦上按行距 50 ~ 60 厘米和穴距 20 ~ 25 厘米播种或定植。地膜栽培穴距以 25 ~ 30 厘米为宜。每穴留苗 2 ~ 3 株，亩保苗 1.2 万株。

（四）前期管理

1. 中耕、浇水和施肥

开花前中耕蹲苗，促进根系生长，地膜豇豆也应经常中耕垄沟。如果墒情好，可一直控水，至作荚后再浇水，避免着荚部位上移而造成中下部空蔓。

一般在作荚后在株旁开沟施肥，追施速效氮肥或复合肥，每亩 10 千克，追后浇水、中耕、支架，架高 2 米。

结荚期 7 天左右浇一水，隔水追肥，每次追施尿素或复合肥 15 千克。

结荚期液面喷施 0.05% 钼酸铵 + 0.3% 磷酸二氢钾溶液，促进早熟丰产。

2. 及时整蔓整枝

及时引蔓上架，生产时期随时调解茎蔓在架杆上的分布，使其分布均匀。

豇豆第一花序以下的侧枝应及时抹去，促使主蔓早开花。主蔓第一花序以上的各叶节多为混合节位，既有花芽也有叶芽。及早摘除叶芽可促进花芽发育和开花，如叶芽已发育为侧枝（侧枝第一叶节可生花序），可留 1 ~ 2 片叶摘心。主蔓长到 20 ~ 25 叶时摘心，促进花芽发育，利于高产。

3. 精细采收

采收时应细致的折收或剪收，防止损伤花序上的其余花芽，以便陆续结荚。

（五）后期管理

第一次产量高峰后，正值高温季节，此时整株生长缓慢，开花结荚稀少，呈现"伏歇"现象，应加强管理，防止早衰，促进"翻花"。形成二次结荚高峰，具体方法是：

在盛采期结束前 4～5 天应施肥浇水，及时中耕除草，分次剪除基部老叶、黄叶，改善田间通风透光条件，另外对一些生长衰败、有病虫害的植株也应清除，积极防治病虫，叶面喷施 0.1% 硼砂 +0.3% 磷酸二氢钾溶液，促使植株恢复生长。促进原花序上的隐花芽继续开花结荚，促进植株萌发侧枝，并促进侧枝花芽结荚，形成第二次产量，延长收获期和产量。

（六）病虫害防治

（1）炭疽病：豇豆最常见的病害，采用 70% 代森锰锌 500 倍液、50% 多菌灵 500 倍液、75% 百菌清 600 倍液或用炭疽福美 500 倍液防治 5～7 天一次，连喷 2～3 次。

（2）锈病用 20% 粉锈宁 2 000 倍液喷雾，或 25% 敌力脱乳油 4 000 倍液或 50% 硫悬浮剂 200～300 倍液防治。

（3）枯萎病采用 70% 甲基托布津 800 倍液、50% DTM350 倍液喷雾防治；用 90% 敌克松 1 000 倍液灌根，250 毫升/株。

（4）煤污病用 70% 代森锰锌 500～700 倍液或甲基托布津 1 000 倍液防治，每种药剂隔 7～10 天喷一次，连喷 2～3 次。

（5）花叶病毒病一般在 6 月份开始发病，7 月下旬至 8 月上中旬达到高峰，苗期要注意蚜虫的防治，发病初期可喷洒 20% 病毒 A 可湿性粉剂 500 倍液、1.5% 植病灵 2 号 1 000 倍液、5% 菌毒清 300 倍液。加入 20 毫克/千克的赤霉素、天然芸苔素 2 克或 500 倍

磷酸二氢钾可提高防效。7 天一次，连喷 2~3 次。亦可采用 1% 高锰酸钾或 1%~5% 的硫酸锌防治病毒病。

几个防治病毒病的验方：

高锰酸钾 50 克 + 硫酸锌 50 克 + 磷酸二氢钾 100 克 + 杀虫剂。

植病灵 15 毫升 + 医用病毒灵（吗啉呱）15 片 + 农用链霉素 3 克 + 硫酸锌 50 克 + 芸苔素 2 克。

（6）蚜虫采用吡虫啉、啶虫咪防治。

（7）红蜘蛛采用齐螨素、哒嗪酮防治。

（8）棉铃虫、豆荚螟采用氰马乳油、辛功乳油、BT 乳剂、80% 敌敌畏 800~1 000 倍液防治，宜在早晚用药。从现蕾期开始，每隔 7~10 天喷花蕾一次，可控制虫害。

（9）4 月中下旬注意美洲斑潜蝇的防治。

注意：采收期用药要符合生产无公害蔬菜的有关规定。

第六节　马铃薯

一、春季马铃薯栽培技术

温度特性：温度在 0~4℃时块茎可长期保存，马铃薯喜冷凉，不耐寒、不耐高温，最适温度 16~21℃。温度低于 2℃或高于 29℃时均停止生长。块茎膨大最适宜的夜温是 12~17℃，地温 16℃。

（一）选种

河北省中南部早春种植马铃薯，品种应是生育期在 60 天左右的早熟品种：费乌瑞它、早大黄、早大白、津引八号、鲁引一号等。

（二）种薯贮存

贮存时必须保证薯块完整，表皮干燥，掌握不受冻不受热即可，适宜温度 2～5℃。放在干燥的室内墙角即可。

（三）暖种、切块、催芽

（1）于播前 25～30 天（一般在 1 月下旬至 2 月上旬）出窖，剔除伤、病、烂薯块，畸形、表面粗糙老化及皮色黯淡的拣出。然后把种薯放在温暖的室内暖种催芽，厚度 20～30 厘米，可分层放置，上盖报纸等遮光物，保持温度 14～20℃（切忌温度超过 23℃，以免造成黑心）、相对湿度 60%～70%。10～15 天，幼芽萌动。

（2）切块时把种薯从顶部向下纵切（对开），在按芽眼横切数块。单块重量 25 克左右，每个切块带 1～2 个芽眼。为防环腐等细菌性病通过切刀传染，准备两把切刀，在 75% 的酒精中浸泡 10～15 分钟，当切到病薯时，将切刀浸到 75% 的酒精中，换刀使用。切好块后，用甲霜灵（或甲基托布津，50 千克薯块用药 100 克）及草木灰拌种，在温暖向阳处晾至切面干燥木栓化。

（3）将处理好的薯块堆在暖和的屋内或室外背风向阳处或阳畦内，堆时分 3～4 层，底层、层与层之间、顶部，撒潮湿的沙子或过筛干净细土，堆上盖塑料薄膜。室内堆放保持室内温度 18～20℃；室外堆放顶部盖土应厚一些，傍晚气温下降盖草帘保温。一般不超过 10 天，芽长 1 厘米左右，将薯块检出，放在散光下晾晒 2～3 天，使其绿化变粗即可播种。

播种时将顶芽和侧芽分开播种或按芽长分类播种。

也可整薯催芽：即暖种 25 天左右，芽长至 0.5～1 厘米时，取出置于温暖向阳处晒种，使幼芽绿化粗壮，但不能受冻害，播种前一天切块或随种随切。切好的种块不宜堆放以防烂种。

据试验，利用 20～50 克的小整薯播种，一般比切块薯增产 20% 左右。

（四）施肥

选择前茬不是茄科作物，肥力较好的壤土或沙壤土地块。一定要施足底肥。

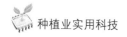

有机肥：腐熟有机肥 2 500～3 000 千克。

化肥（提供四个配方）：

（1）磷肥 50～60 千克，尿素 15～20 千克，硫酸钾 20～30 千克。

（2）三元复合肥（撒可富）50 千克，尿素 10 千克，硫酸钾 8 千克。

（3）磷酸二铵 25～30 千克，尿素 10 千克，硫酸钾 20～30 千克。

必要时每亩施入锌肥 1 千克、硼肥 0.5 千克。

提倡冬前撒施有机肥，深耕晒垡，土壤上冻时浇水备播。亦可播前适时浇水造墒。化肥采取播种时在马铃薯行间或行边开沟施肥。

（五）播期及播量

露地 3 月上中旬，10 厘米地温稳定在 7～8℃时进行春播，地膜栽培：3 月初（3 月 1 至 5 日左右）。

小拱棚栽培：可将播期提前到 2 月下旬（2 月 25 日至月底）。

播种量 125～150 千克/亩。

（六）播种方法

（1）地膜种植：实现双行起垄种植，垄高 10 厘米，垄宽 70～80 厘米，垄距 30～40 厘米。垄上 30 厘米左右行距开两条深 10 厘米左右的沟，调角种植，株距 25 厘米，覆土 8 厘米。为防杂草亩用 60 毫升乙草胺喷洒后覆盖 1 米宽地膜。亩密度 5 000 株。

（2）小拱棚种植：按行距 60 厘米左右开深 7～8 厘米左右的种植沟，株距 25 厘米，培土成垄，覆土 8 厘米，喷除草剂后插盖小拱棚，2 米宽的棚膜覆盖 3 行马铃薯。

（3）按 80 厘米行距开宽 20 厘米、深 8～10 厘米的播种沟（即沟间距 60 厘米），沟内播两行马铃薯，（小）行距 15 厘米、株距 30 厘米，调角播种。播后覆土 8～10 厘米。该法既适合地膜覆盖，也适合小拱棚栽培，便于后期培土，以及间作套种。

为防止蛴螬等地下害虫，可于开沟后播种前喷洒 50% 辛硫磷500 倍液。

化学除草可选用 90% 乙草胺 100～130 毫升/亩或 48% 氟乐灵100～150 毫升/亩，或 48% 地乐胺 200 毫升/亩或 48% 拉索 150～200 毫升/亩对水 30 千克，播后进行地面封闭。使用氟乐灵时应做混土处理。

生长期发生草害可采用 10% 禾草克 50～100 毫升/亩、35% 稳杀得 75～100 毫升/亩作茎叶处理。

（七）田间管理

（1）揭膜、除草、中耕、培土：播种至出苗一般 20 天左右。

当马铃薯幼苗出土后，及时将苗放出，防止日烧。放口要小，用细土封严。亦可采用压土引苗法：方法是在薯苗将顶土前，从床沟中取土，顺垄眼压上 5～6 厘米厚的湿土，让薯苗靠自己的力量破膜拱土出苗。

四月上旬揭膜，中耕第一次培土，现蕾前第二次中耕培土，掌握两次培土后垄高 30 厘米，以防薯块露头青，并能保证有良好的结薯层。

小拱棚栽培出苗后注意棚温控制，白天保持 20～25℃，不超过 25℃，注意通风降温。四月上旬撤去拱棚（中耕培土同上）。

（2）浇水：播种前饱浇底水，出苗前一般不浇水，揭膜撤棚后浇第一水，亩施尿素 10 千克，现蕾开花后浇第二水，亩施尿素15 千克，及时把花蕾摘掉，减少无效养分消耗。进入结薯期必须满足水分供应，小水勤浇，每次浇水量不宜超过垄高的一半（半水沟），保持土壤疏松而潮湿状态，才有利于薯块膨大生长。收获前十天不再浇水。

马铃薯植株在地上茎开始出现分枝时，地下茎也相应长出匍匐

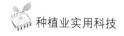

茎,在现蕾期块茎开始膨大,开花的 15 ~ 20 天内,块茎增长速度最快,注意及时浇水追肥以适应块茎膨大需要。

(3)进入结薯期喷施 2 ~ 3 次膨大素等叶面肥。

若植株有徒长趋势,封垄后亩用 15% 多效唑 10 ~ 15 克对水 50 千克喷洒控上促下。

(八)病虫害防治

马铃薯主要病害是晚疫病、病毒病、黑颈病、环腐病、疮痂病。进入 4 月下旬,连喷 3 次杀菌剂,7 ~ 10 天一次。

(1)晚疫病:4 月下旬如阴雨天气较多,应田间喷洒代森锰锌进行预防,发现中心体病株拔除后,用 58% 甲霜灵锰锌 500 倍液、64% 杀毒矾可湿性粉剂 500 倍液或 60% 琥·乙磷铝可湿性粉剂 500 倍液连喷 3 ~ 4 次即可控制病情。

(2)早疫病:采用 1∶1∶200 波尔多液或 64% 杀毒矾 500 倍液防治。

(3)病毒病:注意防治蚜虫,发病初期用 20% 病毒 A 500 倍、0.5% ~ 1% 高锰酸钾防治。加入磷酸二氢钾等叶面肥可提高防效。

(4)蚜虫:进入 5 月,注意防治蚜虫,采用吡虫啉 3 000 倍液喷雾防治。

(5)二十八星瓢虫:用敌敌畏 1 000 倍液防治。

(6)白粉虱:用 25% 扑虱灵 1 500 倍液防治。

(7)防治地下害虫亩用 50% 辛硫磷 750 ~ 1 000 毫升随水浇灌。

(8)预防环腐病采用 50 毫克/千克硫酸铜药液或敌克松 1 200 倍液浸种 10 分钟。

二、秋马铃薯高产栽培

(一)选择小种薯,提前催大芽

(1)生产上可选用从春季栽培收获后选出的表皮光滑,形状具有种薯特征的小薯作种薯。于 7 月 15 日 ~ 20 日前后催芽。

（2）赤霉素处理打破休眠：将小种薯浸入 50 毫克/千克的赤霉素溶液（取 1 克赤霉素先用酒精溶解，再对水 20 千克）中浸泡 10 ~ 15 分钟，或 10 毫克/千克赤霉素溶液浸泡 3 ~ 5 分钟，捞出后，在通风阴凉处晾至表皮干燥后进行催芽。

为防病害（早疫病、晚疫病）保全苗壮苗，用 50% 多菌灵 500 倍液浸种 15 ~ 20 分钟，也可播种后用上述药剂喷洒播种沟。

（3）将处理过的小种薯堆放在通风阴凉处，厚度不超过 30 厘米为宜，上盖遮光物，10 ~ 15 天，种薯发芽长 1 厘米左右，撤去遮光物，见散射光，1 ~ 2 天后，即可播种。

（二）播期

7 月 25 日至 8 月 5 日之间播种（即当地初霜期前 80 天左右播种）。

按行距 50 厘米左右开 3 ~ 6 厘米深的浅沟，把种薯按株距 18 ~ 20 厘米播在沟内，种肥施在两薯之间，起垄，覆土 5 厘米。

播种最好在上午 10 点以前或下午 4 点以后，防止晒热的土壤覆盖种薯导致种薯受热腐烂。同时也要避开雨天播种。

（三）及时浇水、追肥、锄划、培土

浇水可以降温，有利于出苗，播后苗前要按时浇水，应小水勤浇，保持土壤凉爽湿润。适时锄划，以增强土壤通透性，促早出苗。出苗后追施一次速效氮肥，亩施尿素 10 ~ 15 千克。结合锄划进行两次培土。

（四）病虫害防治

注意防治蚜虫、白粉虱、黄茶螨等虫害，进入 9 月下旬至 10 月上旬，阴雨天气、凝露时间长，注意防治疫病等病害，可用 77% 可杀得 500 倍液，25% 甲霜灵 600 倍液防治。详细管理参考春薯。

三、马铃薯间作套种模式

（一）马铃薯、棉花间作模式

（1）以采用二比二栽培方式为宜，2米为一带。马铃薯行距30厘米，株距20厘米，3 700株/亩。棉花行距40厘米，株距30厘米，2 400株/亩。马铃薯与棉花间距65厘米。

（2）采用二比二栽培方式，1.8米一带，马铃薯行距60厘米，棉花行距50厘米，马铃薯与棉花间距35厘米。

（二）春马铃薯、大豆（或玉米）、秋马铃薯间作模式

2月中下旬地膜加小拱棚双膜覆盖种植春马铃薯，4月中旬撤棚，5月上中旬收获。5月中旬按70～72厘米行距播种大豆或玉米，8月上中旬在行间播种秋马铃薯，9月上旬收获大豆或玉米。

四、马铃薯三膜覆盖栽培

（1）播期：12月下旬，3月下旬收获。

（2）大拱棚宽6米、长60米以上、高2米左右。土地深耕整平后播前建成。

（3）大拱棚内建2个宽2.3～2.4米、高1.2米左右的小拱棚。小拱棚间距50～40厘米，小拱棚与大拱棚间距35～50厘米。

（4）每个小拱棚内种4行马铃薯。

①等行距种4行马铃薯，行距60厘米，起4垄栽培。株距20厘米，5 000株/亩。

②大行63～65厘米、小行45～47厘米，起双垄（4行）栽培。

开沟播种，沟深3厘米。从大行取土（向小垄培土）覆土厚度10厘米，覆土后垄高在20厘米左右、垄宽80～85厘米、沟宽25～30厘米，垄中间留一条深和宽各10厘米左右的小沟，稍镇压后铺100～110厘米地膜。

第七节　黄瓜

一、冬春茬黄瓜栽培技术

黄瓜是喜温蔬菜，健壮植株的生育界限温度为 10～30℃，适宜的温度为 15～25℃，（白天 25℃、夜间 15℃左右，昼夜温差保持 10℃是最理想的。）10℃以下生育急剧变坏，停止生长，30℃以上根的活动能力就会受到影响，35℃就会使光合作用受阻，40℃会引起落花落果。

黄瓜怕干燥，适宜的空气相对湿度白天为 80%、夜间为 90%，湿度过大时易发生病害。

（一）育苗技术

1. 品种选择

新泰密刺、长春密刺、山东密刺、津春 3 号、津春 5 号、农大 12 号、中农 5 号、中农 13 号、中农 21 号、津研 6 号、津研 7 号、津杂 4 号等。

2. 播期

具体播种育苗时间取决于定植期。定植期则是由所使用的日光温室创造的温度条件所决定。

3. 种子处理

（1）浸种：介绍两种方法。

A. 将种子用 55℃的水浸种 10～15 分钟，不断搅拌直至水温降至 30℃左右继续浸种 3～4 小时。

B. 用 50% 多菌灵可湿性粉剂 500 倍液浸种 1 小时（防枯萎病、黑星病），洗净后再用 30℃水浸种 2～3 小时。

（2）催芽：浸种后反复冲洗 2～3 次，洗去种皮黏液，摊开将

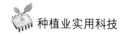

种皮晾干,用拧干的湿纱布包好,放在 25 ~ 30℃ 的环境中催芽,每天用清水冲洗 1 次,1 ~ 2 天种子崩嘴时,再把种子放在 0 ~ 2℃ 处,低温处理 1 ~ 2 天。之后将种子拿到室内令其自然恢复温度,可继续催芽。若遇阴天,可把催好芽的种子放在 10℃ 的地方每天用凉水冲洗 1 遍,等天气好后再播种。

4. 营养土配制和消毒

(1) 用 3 年内没种过蔬菜的田土 60% 与腐熟有机肥 40% 混合,每立方米加入三元复合肥 1 ~ 1.5 千克,过筛制成苗床土。填入育苗床,厚度 10 厘米。

(2) 用 50% 多菌灵可湿性粉剂与 50% 福美双可湿性粉剂按 1∶1 混合;或 25% 甲霜灵与 70% 代森锰锌按 9∶1 混合,按每平方米用药 8 ~ 10 克与 15 ~ 30 千克细土混合,播种时 1/3 铺在床面,2/3 盖在种子上。也可在播种前喷洒 95% 敌克松可湿性粉剂 200 ~ 400 倍液。

育苗器具用 0.1% 高锰酸钾浸泡或喷淋消毒。

5. 播种

播种一定要选在晴天的上午进行,浇足底水(最好用温水),一般的催芽播种时,将种子芽朝下平放,每平方米用种 8 ~ 15 克。覆土厚度 1 ~ 1.5 厘米。盖地膜保温、保湿。

幼苗顶土时将地膜揭去。

6. 黄瓜育苗期间温度管理

出土 ~ 破心:白天 25 ~ 30℃;夜间 16 ~ 18℃。

破心 ~ 分苗:白天 20 ~ 25℃;夜间 14 ~ 16℃。

分苗后或嫁接后:白天 28 ~ 30℃;夜间 16 ~ 18℃。

缓苗后 ~ 定植前:白天 20 ~ 25℃;夜间由 14 ~ 16℃ 每长一片叶降低 1 ~ 2℃。

7. 间苗及分苗

及时间去病虫苗、弱小苗、变异株和过密苗。当苗子叶展平有一心按株行距 10 厘米,在营养钵或苗床上挖穴或开沟,坐水栽苗,水渗后覆平土。

8. 炼苗

定植前7天喷一次1.8%阿维菌素3 000倍液，定植前5天浇一次水，两天后起苗、囤苗。

壮苗标准：苗高12~15厘米，四叶一心，子叶完好，茎基粗1厘米以上，节间短，叶色浓绿。

秧苗3~4叶时选晴天喷一次乙烯利，浓度为150~200毫克/千克，喷前先在营养钵内浇水，地温应在25℃以上。定植缓苗期过后再喷一遍，浓度100~150毫克/千克，利于雌花的形成。

（二）定植与田间管理

1. 定植

生产1 000千克黄瓜需纯氮2.6千克、五氧化二磷1.5千克、氧化钾3.5千克。

亩施5 000~6 000千克腐熟有机肥、磷酸二铵40千克，深翻30厘米，整地做畦。畦向南北延长，畦高10~15厘米，畦面宽60~65厘米，沟宽40~45厘米，实现大小行栽培，大行距80厘米、小行距50厘米。

定植选晴天上午进行。定植前开沟，按25~28厘米株距摆苗，亩栽3 200~3 500株。可在株间点施磷酸二铵，每株5~6克，每亩15~20千克，将苗坨埋上1/3高度后，浇足定植水（定植水中可加入5%萘乙酸6 000~7 000倍液，促进生根），水渗后封沟。埋好后小行上盖地膜，大行上铺秸草以降低空气湿度。最后密闭温室保温防寒，维持15℃以上地温，气温白天30℃，夜间10℃，一周即可缓苗。

2. 管理要点

（1）缓苗后管理：黄瓜缓苗后一般情况下不浇水，且应加大昼夜温差，超过30℃开窗或扒缝放风，降低到20℃后停止放风，

15℃以下放下草苫，前半夜保持 15℃，后半夜为 12℃，早晨揭苫时应维持 8 ~ 10℃。

（2）防病健株：在定植后 8 ~ 10 天，用 25% 瑞毒霉可湿性粉剂 600 ~ 800 倍液搞一次淋茎灌根。同时叶面喷施叶面肥及丰产素等激素。

（3）绑蔓或吊蔓：植株长有 6 片真叶时开始插架引蔓或吊蔓，绑蔓和吊蔓都要调整使植株高度基本一致，或南低北高。龙头接近屋面时可随时落蔓。

（4）肥水管理：就生长正常的植株而言，第一次追肥浇水的适期在根瓜膨大期，即大部分根瓜长有 15 厘米左右。每次亩用硝酸铵 30 ~ 40 千克，进入结果盛期，一般天气好时，6 ~ 7 天一水，隔水追肥一次。前期以氮磷为主，后期以氮钾为主，最好先用水化开后再顺水灌入。

灌水应在采瓜前、晴天上午进行，之后注意通风降湿。

生产中后期或发现花打顶时，用 5 毫克/千克萘乙酸溶液配加 500 倍磷酸二氢钾溶液灌根或叶面喷施 500 倍的绿风 95 溶液。每次亩用 5% 萘乙酸 150 ~ 200 毫升。

在秧子生长的中后期，为防徒长，可叶面喷施 12.5% 的烯唑醇可湿性粉剂 2 500 倍液与 1.8% 爱多收 3 000 倍液的混合液，即可控制秧子旺长，又可使瓜条顺、有光泽。

3. 灾害天气的管理

（1）如夜间温度可能降到 5℃，室内可采用临时性加温措施（临时火炉），室外加强覆盖措施。

（2）在阴天外界气温不太低时应争取时间揭苫见光，适当放风，注意控水。天气一旦转晴，更应注意揭盖草苫，不可揭开不管，黄瓜适应不了室温过快回升，常导致失水萎蔫。因此应在中午阳光过强时盖苫遮光，等到光线转弱时再揭苫见光。

天气骤晴时在上午 9 ~ 10 点叶面喷施尿素：白糖：水 = 2：5：1 000 溶液。

（3）连阴天开始后要将植株中等以上的瓜条全部采收，以减少养分往瓜条上的输送，保证植株正常消耗和需要。

（4）及时清扫积雪，以防把屋架压坏。

4. 病虫防治

（1）黄瓜霜霉病、疫病

预防霜霉病发生可每 15 千克水中加入乙磷铝锰锌 25 克、链霉素 300 万单位、白糖 150 克、尿素 50 克（及米醋 150 克）配成混合液喷施防治，7 天一次，可连续喷施，不易产生抗药性。

使用烟雾剂：用 5% 百菌清烟雾剂，每亩 110 ~ 180 克，分放 5 ~ 6 处，傍晚点燃闭棚过夜，7 天熏一次，连熏 3 次。

霜霉病和疫病还可用 60% 灭克 1 000 倍液、72% 霜脲锰锌 600 倍液、72% 杜邦克露可湿性粉剂 400 倍液、72% 克抗灵可湿性粉剂 400 倍液、58% 甲霜灵锰锌 500 倍液、75% 百菌清 500 倍液或 70% 乙膦 - 锰锌可湿性粉剂 400 倍液 + 增效剂防治。或 72% 霜霸可湿性粉剂 700 倍液、10% 科佳悬浮剂 2 500 倍液、52.5% 抑快净 2 000 倍液、66.8% 霉多克 500 ~ 700 倍液喷雾防治。

在防治黄瓜霜霉病时慎用普力克，防止产生药害。

（2）黄瓜细菌性角斑病：适宜发生的温度为 24 ~ 28℃，可用 50% DT 500 倍液、60% 琥乙磷铝（DTM）500 倍液、77% 可杀得 400 倍液防治。3 ~ 5 天一次，连喷 2 ~ 3 次。

（3）黑星病适宜温度 25 ~ 30℃，可用福星 8 000 倍液、50% 多菌灵 800 倍液 + 70% 代森锰锌 800 倍液或用 45% 百菌清烟雾剂熏烟，每亩 200 ~ 250 克，连防 3 ~ 4 次。

（4）白粉病：若遇忽阴忽晴天气，易发生白粉病，可采用 15% 粉锈宁 1 500 倍液、"农抗 120" 150 倍液、50% 硫悬浮剂 300 倍液、43% 好立克 4 000 倍液。7 天一次，药剂交替使用，不宜连用粉锈宁，粉锈宁会抑制黄瓜生长。

（5）炭疽病：采用 58% 甲霜灵锰锌可湿性粉剂 500 倍液，代森锰锌、炭疽福美均有一定防效，另外用平腐灵 600 倍液防治黄瓜

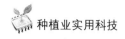

炭疽病效果也很好。

（6）美洲斑潜蝇：采用 1.8% 齐螨素 3 000 倍液防治，在配药时加入 500 倍消抗液（害力平）和适量白酒可提高防效。用药前将下部受害严重的老叶摘除深埋。

（7）枯萎病和蔓枯病：发病前用抗菌剂进行喷雾：50% 甲基托布津 1 000 倍液、12.5% 增效多菌灵 300 倍液。也可采用 60% DTM 可湿性粉剂 350 倍液或 20% 甲基立枯磷乳油 1 000 倍液或 10% 双效灵 300 倍液灌根，每株灌药液 0.5 千克，3～4 天一次，连灌 3 次。

（8）病毒病：首先做好蚜虫防治工作，发病初期及时喷施 20% 病毒 A 1 000 倍液或 1.5% 植病灵 1 000 倍液，7～10 天一次，连喷 2～3 次。若加入 20 毫克/千克赤霉素、云大 120、磷酸二氢钾可增强药效。参见西瓜、甜瓜病毒病的防治。

5. 落蔓

黄瓜生产到中期，既是黄瓜生产的高产期，又是黄瓜质量的高品质期，然而此时瓜蔓顶部已超出支架并弯曲，顶端优势受到抑制，整株黄瓜开始转入衰退期，如果从这一时期开始落蔓（降低蔓位），就可以消除顶端优势所受的抑制作用，使生产期延长。具体操作如下：

（1）把瓜蔓底部光合作用弱的黄叶、老叶、病叶打掉并带出田外，以防病叶感染其他植株。然后进行落蔓，落蔓高低以最后一片叶刚好不着地为宜，此时每条瓜蔓应留足 15 片以上叶片。

（2）落蔓时要注意将瓜蔓落到支架底部、支架以内，防止采瓜时踩伤瓜蔓。

（3）落蔓时间要选在上午 10 点到下午 5 点这段时间，不易折断和扭伤瓜蔓，早上、傍晚、阴天或降雨刚过不宜落蔓。

（4）从第二次落蔓开始，要采取压蔓措施，随放随压，具体做法是：选择瓜蔓上距支架较近的叶片生长点埋入土中，半个月左右该生长点便会长出根系，以利植株更多的吸收水肥。

（5）注意追肥、浇水、病虫害防治。

二、大棚秋延后黄瓜栽培要点

大棚秋延后栽培黄瓜通常按 100 天安排，霜前 50 天，霜后 50 天。

一般都在早霜前 50 天定植，选用 20～25 天的壮苗。

大棚黄瓜要在早霜前 20 天注意保温，逐渐少放风到不放风。下午 5 时以后到早晨 8 以前要盖草苫防寒。且应控制浇水，以防降低地温。

第八节　西葫芦

温度特性：种子发芽最低温度为 13℃，适温 28～30℃；地温 15～20℃根系发展迅速；茎叶生长适温为 18～30℃；果实形成适温 16～20℃；32℃以上高温，花发育不正常。

一、早春西葫芦小拱棚栽培技术

（一）品种选择

选择早熟、抗病、耐低温、产量高的品种：早青 1 代、金皮西葫芦、美国碧玉、冠玉、法国牵手 2 号、冬玉等。

亩用种 300～400 克。

（二）播期

小拱棚早春栽培 2 月下旬至 3 月上旬育苗，苗龄 30～35 天。亦可在 3 月下旬至 4 月上旬直播，覆盖小拱棚。

冬春茬栽培 11 月下旬到 12 月上旬。

采用 9×9 育苗钵或育苗块育苗。栽 1 亩地需用 25 平方米苗床。

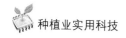

（三）种子处理

采用清水或泥浆选种，剔除浮于水面的未成熟种子。

（1）温汤浸种：将种子放入55℃水中，搅拌浸种10分钟。之后水温降至30℃，继续浸泡4小时，然后边搓洗、边用清水冲洗种子上的黏液，沥水后催芽。

防病毒病可用10%磷酸三钠溶液浸种20~30分钟，捞出洗净后催芽。

（2）催芽：将处理好的种子凉至种皮发白，用湿布包好，放在25~30℃处催芽，每天用温水冲洗1~2次，3~4天大部分种子露白即可播种。

（四）营养土配制、消毒

（1）腐熟的有机肥占40%，近几年未种过葫芦科蔬菜的田土占60%，混合均匀后每立方米营养土中加入过磷酸钙2~3千克、草木灰2~3千克、甲基托布津80克、敌百虫60克。铺在育苗床上，厚度12厘米，耙平踏实。或装入营养钵内，将营养钵紧密的排在苗床内。

（2）床土消毒

1）用50%虎胶肥酸铜可湿性粉剂500倍液分层喷洒于土上，拌匀后铺入床中。

2）用50%多菌灵可湿性粉剂与50%福美双可湿性粉剂按1：1混合；或25%甲霜灵与70%代森锰锌按9：1混合，按每平方米用药8~10克与15~30千克细土混合，播种时1/3铺在床面，2/3盖在种子上。

（五）播种

选晴天上午，先浇足底水；水渗后，用划板在畦面上划成10厘米见方的方格，每个方格或钵中间播一粒种子。点播时，种芽朝下，种子水平摆放床面。上覆盖过筛细土成2厘米高小土堆，再在整个畦上覆盖1厘米厚细土。

亦可干籽平放播种，盖细土2厘米厚。

播种后撒毒土防治蝼蛄等地下害虫，苗床上覆盖一层地膜。

（六）苗期管理

一般3~5天即可齐苗，种子拱土时及时揭去地膜，为防种子带帽出苗，床面可再撒一薄层细土。

1. 温度管理

播种至出苗：白天25~30℃，夜间16~20℃（地温15℃以上）。

齐苗至第二片叶展开：白天18~24℃，夜间10~15℃。

定植前7~10天：白天15~18℃，夜间8~13℃。

2. 防治病虫

在第二片叶展平后，可喷一次0.2%磷酸二氢钾溶液，并喷一次75%百菌清可湿性粉剂700倍液防病。注意防治蚜虫，并结合防虫喷施NS-83增抗剂100倍液或58%甲霜灵锰锌600~800倍液灌根，做到无病原带入田间。

壮苗标准：三叶一心至四叶一心，株高12厘米左右，茎粗0.4厘米以上，叶柄长度等于叶片长度，叶色深绿。

（七）施肥整地

亩施腐熟有机肥5~6立方米，过磷酸钙50~100千克，深翻整地。整地后再按80厘米等行距或大行100厘米、小行60~70厘米种植形式开沟，沟内集中施入鸡粪干100~150千克，磷酸二铵、尿素、硫酸钾各15千克，将土肥混合均匀，做高垄，垄高10~15厘米，垄宽70厘米，覆盖地膜。

（八）定植

4月初，按株距50厘米定植，坐水栽苗，盖好拱棚，亩栽1 600~2 000株。

（九）棚温管理

定植后5~6天不放风，适时浇一次缓苗水，缓苗后开始从两

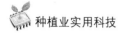

边揭膜放风，棚内温度白天 20~25℃，夜间 8~10℃，晚霜过后去掉棚膜。

（十）授粉

一般用 20~30 毫克/千克的 2，4-D 蘸花，蘸花液中加入 0.1% 的农利灵可防灰霉病。也可人工授粉，人工授粉应在天亮后及早进行，8~9 时前完成。用当日开的雄花的雄蕊轻触一下雌花柱头，雄花多时，应摘除一部分，减少养分浪费。

（十一）肥水管理

在施足底肥的基础上，一般要追肥 3~4 次，第一次在根瓜座住长至 6~10 厘米时，选晴天上午追肥浇水，亩施尿素或高氮高钾复合肥 15~25 千克，以后每隔 5~7 天浇一次水，10~15 天追一次肥。浇水宜在每批瓜大量采收前两天进行，不要在大批采瓜后 3 天内进行，这样利于控秧促瓜。开花结果盛期适当加大追肥量，尤其是钾肥用量。

（十二）病虫防治

（1）病毒病：首先做好蚜虫防治工作，发病初期及时喷施 20% 病毒 A 1 000 倍液或 1.5% 植病灵 1 000 倍液，7~10 天一次，连喷 2~3 次。加入 20 毫克/千克赤霉素、云大 120、磷酸二氢钾可增强药效。

（2）白粉病：发病初期用 15% 粉锈宁 1 500 倍液、"农抗 120" 200 倍液防治，2~3 天一次，连喷 2~3 次。

（3）灰霉病：实践证明当雌花开放 3~5 天后，拿掉幼果残花，能有效避免灰霉病的发生。灰霉病普遍发生时，用 50% 速克灵 2 000 倍液、40% 施佳乐悬浮剂 1 200 倍液、70% 甲基托布津 800 倍液防治，7 天一次，连喷 2~3 次。

（4）霜霉病亩用 50% 百菌清 1 千克喷粉，连喷 2~3 次，发现中心病株后用 70% 乙磷锰锌可湿性粉剂 500 倍液或 40% 乙磷铝可湿性粉剂 200 倍液喷雾，7~10 天一次，视病情发展确定喷药次数。

（5）银叶粉虱、蚜虫：选用 10% 吡虫啉 3 000 倍液、40% 乐果 1 000 倍液、3% 啶虫咪 1 500 倍液防治。防治银叶粉虱还可选用 1.8% 齐螨素 3 000 倍液、40% 绿菜宝 1 000 倍液、25% 扑虱灵 1 000倍液、5% 锐劲特 1 500 倍液防治。

（十三）收获

从定植到根瓜采收约需 20~25 天，根瓜长至 250 克及时采收，以利瓜秧生长，西葫芦一般开花后 8~10 天，瓜重 300~500 克，即可采收。

二、秋西葫芦栽培要点

（1）品种选择：玉丰、圣玉等较抗病毒病的品种。
（2）种子处理：0.1% 高锰酸钾溶液浸种 4 小时。
（3）适时播种：8 月中旬前后，覆盖地膜、打孔播种。
（4）人工授粉：上午 9 时前人工授粉。

第九节　冬瓜

早春冬瓜高效栽培

温度特性：冬瓜喜温耐热，种子发芽适温为 30℃，20℃ 以下发芽缓慢，茎叶生长及开花结果的适温为 25℃ 左右。15℃ 时生长慢，且授粉不良。

（一）品种选择：一串铃、绿春小冬瓜

亩用种量 0.3~0.5 千克。

（二）播期

播种日期在定植期前 40~50 天，一般在 2 月中旬进行育苗。

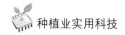

（三）种子处理：播种前 5 ~ 7 天浸种催芽

（1）晒种：浸种前将种子在日光下照晒几个小时。

（2）温汤浸种：先用温度 55℃ 的温水浸种 20 分钟，不断搅拌，并随时补热水保持 55℃，之后搅拌降至 30℃ 左右浸种20 ~ 24 小时捞出。搓洗 1 ~ 2 次以去掉种皮上的黏液，有利于种子吸水和呼吸。

（3）催芽：将种子淘洗 2 ~ 3 遍，稍加晾晒，用湿纱布包好放入 30 ~ 35℃ 的条件下进行催芽，每天用清水淘洗 1 ~ 2 次，一般冬瓜需在 30℃ 左右温度下催芽 5 ~ 6 天，即可播种。

（四）营养土配制

肥沃田土 60%，腐熟有机肥 40%。每立方米营养土加入磷酸二铵和硫酸钾各 0.5 千克。过筛填入阳畦内或装入 10 厘米 × 10 厘米营养钵中，将营养钵紧密排在阳畦内。

（五）播种

播种时应选"冷尾暖头"的温暖晴天上午，先对钵（口径 10 厘米营养钵）或畦浇足底水，每钵一粒发芽种子，随即盖土 1.5 厘米厚。平畦播种，水渗后，按 10 厘米见方印格，每格播一粒发芽种子，盖土 1.5 厘米厚。播种后最好在钵或畦面上覆盖地膜。苗床土温至少应保持在 10℃ 以上，最好在 20 ~ 25℃，正常情况 7 天出苗。60% 幼苗破土时撤去地膜。

（六）苗期管理

气温白天保持在 25 ~ 30℃。夜间温度随苗生长降低，2 片叶前 20 ~ 25℃，2 ~ 4 片叶时是 20℃，4 片叶以后，夜温降至 15℃。

3 ~ 4 片真叶定植为宜。小拱棚栽培，可在 3 月中下旬定植。

（七）整地、造墒、覆膜、定植

每生产 5 000 千克冬瓜约需氮 15 ~ 18 千克、磷 12 ~ 13 千克、钾 12 ~ 15 千克。

（1）亩施腐熟有机肥 2 000 千克、磷肥 50 千克、深耕整地。

按 1.8 米左右行距开沟施入 30～50 千克/亩的硫酸钾复合肥，做成小高畦。畦高 10～15 厘米，宽 60～70 厘米。

（2）定植前几天浇水造墒，适墒时亩用 200 毫升地乐胺喷洒畦面，覆盖 90 厘米地膜。

（3）畦上栽两行，行距 40 厘米，株距 35～40 厘米，挖穴、点水、定植，深度与原苗坨平。定植后覆盖小拱棚。

（八）棚温管理

定植时要浇足定植水，7～8 天后再浇 1 次缓苗水。

进入四月中旬，棚温超过 30℃时，注意放风，四月下旬至五月初撤除小拱棚。

（九）整枝

撤棚后将瓜蔓理顺，采用单蔓整枝，留 2 瓜不摘心，待瓜长至半斤时选留 2 个长势强、瓜型好的留瓜，其余摘除。

（十）肥水管理

坐瓜后亩追施尿素 15 千克，浇水。水量不宜太大。

（十一）病虫防治

（1）蔓枯病选用甲基托布津 1 000 倍液、代森锌 500～600 倍液喷洒植株茎叶，4～5 天一次，连喷 2～3 次。

（2）霜霉病选用 25% 瑞毒霉 1 000 倍液～1 500 倍液、75% 百菌清 600 倍液，7 天一次，连喷 2～3 次。

（3）防疫病选用 60% 百菌通可湿粉剂 500 倍液、77% 可杀得 400 倍液，喷洒和灌根同时进行效果更好。

（4）蚜虫选用吡虫啉 3 000 倍液防治。

（5）红蜘蛛选用 1.8% 齐螨素 5 000 倍液防治。

（十二）适时采收

开花后 20～25 天采收嫩瓜上市。

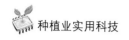

第十节　大蒜

一、品种选择

选用抗病、抗逆性强、丰产、品质好的品种，如永年白蒜、苍山大蒜、定州紫皮蒜。优选无病虫蒜，大瓣蒜。

亩用种 100～150 千克。

二、种子处理

（1）分级：将蒜头掰开，挑出变色、软瘪和过小的瓣，按瓣大小分级。

（2）播种前用优质植物增产调节剂 50 毫升，对水 5 千克，拌大蒜 200 千克。

（3）播前用种子量 0.25% 的 2.5% 适乐时悬浮种衣剂拌种包衣（10 千克蒜种 1 袋药）或用 50% 多菌灵、70% 甲基托布津或 77% 可杀得 100 克对水 5 千克拌蒜种 50 千克（目的是杀灭种蒜体内及根际周围的病原菌）。

三、整地施肥

一般亩产鲜蒜 1 500～2 500 千克。每生产 100 千克大蒜块茎大约需吸收氮 4.5 千克、五氧化二磷 1.4 千克、氧化钾 4.6 千克、硫 0.8 千克、镁 0.4 千克。大蒜生长周期中蒜薹伸长期到蒜头膨大期是其需肥高峰期。

1. 施足底肥

有机肥：亩施充分腐熟的农家肥 1 000～5 000 千克。

化肥：尽量采用配方施肥，提供 3 个配方，可任选一种：

（1）过磷酸钙 100～150 千克、碳酸氢铵 75～100 千克、硫酸钾 30 千克。不允许施含氯的化肥。

（2）磷酸二铵 30～40 千克、碳酸氢铵 50 千克、硫酸钾 30 千克。

（3）45% 优质复合肥 50～75 千克。

还可增施铁、锌、硼等微量元素肥料各 1～2 千克。

2. 整地作畦

耕后耙细、耙透，拾净杂草、根茬，铁耙搂平，达到上虚下实，无坷垃。做成 2 米宽的畦。2 米宽的地膜，畦面也应 2 米宽，也可畦面做成 4 米宽，一畦盖两幅地膜。

四、播期与播量

（1）播期以当地日平均温度在 20 度左右为宜，一般在 9 月下旬至 10 月上旬（秋分前后），要求越冬前大蒜幼苗长到四叶一心。地膜覆盖的可推迟 7～10 天，以免旺长。

（2）播种密度：行距 20 厘米，株距 8 厘米，亩密度40 000株。

用蒜楼子开沟，沟深 3～4 厘米，然后按株距栽蒜，覆土 1 厘米左右，用平耙搂平后脚踩一遍，使土壤与蒜紧密接实，最后浇水。

播种时应注意使蒜背顺行向播种，使出苗后植株叶片生长方向一致，增产且有利受光和田间管理。

播种时可用 1.1% 苦参碱粉剂 3 千克/亩撒入播种沟内，防治多种虫害。

五、化学除草

浇水后直接覆盖除草地膜或先亩喷 33% 施田补乳油 150 毫升，覆盖普通地膜。也可用金都尔 100 毫升/亩、50% 扑草净 100 克/亩、35% 除草醚 500 毫升/亩、48% 地乐胺 200～250 毫升/亩或 48% 拉索 200 毫升/亩除草。

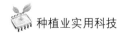

六、破膜出苗

播种后 7～10 天出苗，此时用扫帚在膜上轻扫或轻拍一遍，以利大蒜破膜出苗。个别不能自行破膜的再用铁丝钩在苗顶开口勾出。

七、水肥管理

（1）上冻前浇一次冻水（11 月中下旬）。

（2）早春大蒜开始生长时浇返青水（3 月中旬），亩追施尿素35 千克；或碳酸氢铵 75～100 千克；亩用 50% 辛硫磷 1 000 毫升随水冲入防治根蛆。

（3）四月上中旬，大蒜长至 6～7 片叶时，末片叶逐渐瘦长，由浓绿转淡绿时，就要烂蒜母，称褪母，叶尖出现黄尖。褪母前提早浇水，追施碳酸氢铵 25～30 千克。褪母后蒜瓣和蒜薹开始分化，需水肥最多。应隔 5～7 天浇一水，在蒜薹伸出叶鞘之前结合浇水追施尿素 9～10 千克、硫酸钾 5 千克。蒜薹伸出后连浇两水，抽薹前 5～7 天停止浇水。

（4）5 月 20 日前后，蒜薹伸出叶鞘 10～15 厘米，尖端自行打弯时，上午 10 点后抽薹，抽薹后及时浇水、追肥促进蒜头膨大。

（5）叶面施肥：在大蒜冬后苗期、蒜薹伸长前期、蒜头膨大期叶面喷施优质植物增产调节剂 1 000～1 500 倍；蒜薹收获前叶面喷施 1% 磷酸二氢钾溶液两次。

抽薹后 10～12 天可收鲜蒜作腌渍用，抽薹后 15～20 天可收干蒜，应在叶片枯黄，假茎松软植株回秧时收获。

（6）防止贮藏期发芽：在大蒜（或洋葱）收获前 10 天左右，地上部分植株尚未枯死时，每亩喷布 0.25% 青鲜素药液 40～50 千克（0.25% 青鲜素 0.5 千克加水 50 千克），均匀喷洒在大蒜叶部。

八、病虫防治措施

（1）蒜蛆的防治：成虫盛发期或蛹羽化盛期（4月下旬），在田间喷15%锐劲特悬浮剂1500倍液，或在上午9～11时喷洒40%辛硫磷1 000倍液。在大蒜烂母期和膨大期（4～5月）分别进行灌根防治，常用药剂：50%辛硫磷1千克/亩、乐斯本0.5千克/亩、0.20%韭保净1千克/亩。去掉喷头对准根部灌药，然后浇水。

（2）冬前二叶一心时及翌年4～5月份注意防治葱蓟马（叶片上出现白点），采用辛硫磷、乐果1 000倍液防治。

（3）田间施药以撒施药土为主防治大蒜软腐病，喷施杀菌剂防治大蒜根腐病，同时兼治紫斑病和叶枯病等病害。药土配方：硫酸铜、生石灰、草木灰（或炉灰渣）以1：1：100比例混合，播种时穴施药土，或发病初期在茎基部撒施药土。或喷洒72%农用链霉素4 000倍液、77%可杀得500～800倍液。

（4）灰霉病可用灰霉灵800倍液防治。

（5）叶枯病可在大蒜返青后用甲基托布津800～1 000倍液、乙磷铝500倍液、50%琥胶肥酸铜500倍液、代森锰锌600倍液、75%百菌清500倍液或5%施保功1500倍液防治。

（6）紫斑病可选用58%甲霜灵锰锌500倍液、50%百菌清600倍液防治。

（7）煤斑病可在发病初期用65%代森锰锌400～600倍液防治，7～10天一次，连喷2～3次。

第十一节　蒜黄

（一）栽培季节

大蒜收获后2个月至次年4月份均可栽培。

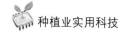

（二）建窖

窖的长宽应根据地形而定，深度以 1.5～2 米。如果过浅，窖内温差大，叶子容易起卷。窖挖好后，将窖底整平。窖深时可搭架栽培，床架要牢固，一般 2～3 层，每层间隔 0.8～1 米，床面宽度 1～1.5 米。

（三）蒜种的选择和处理

（1）红皮蒜、白皮蒜均可做蒜种。如苍山蒜、济宁蒜等。每平方米面积需用蒜头 18～22 千克。

（2）一般 1 千克蒜种可收蒜苗 1.2～1.5 千克。

（3）播种前 12～24 小时将选好的蒜种浸入 22℃左右的清水中，播种前捞出，用小刀或竹签挖掉蒜头的茎盘及干花薹，注意保持蒜头完整。

（四）排蒜

先将窖的地面疏松或铺 10 厘米厚细沙，再将处理好的蒜头紧挨排列，有空隙的地方用蒜瓣补严，排满畦后，用平板在上面压一压，使蒜头上面平整。上盖细沙 3～5 厘米厚，排蒜结束后，浇一水将蒜泡透。浇水后沙土下沉露出蒜瓣时，再用沙土盖严。

（五）遮光

窖顶搭架、盖草苫。要求严格遮光，一膜一苫或二膜一苫，以增强保温性。为防止塑料布上的水滴滴在苗上，造成烂苗，最好采用无滴膜。

（六）管理

2～3 天后浇（喷）第二水，待蒜苗长到 10 厘米以上时，隔 1～3 天浇（喷）一次水。收割前 3～5 天，为提高产量，促使蒜黄鲜嫩，可再浇水一次，每平方米浇水 1.3 千克为宜（后期可浇灌 1% 尿素溶液，以促进蒜苗健壮生长）。

窖内温度保持白天 20～22℃、夜间 13～16℃；湿度 80% 左右，湿度大时应通风排湿。冬季可在地窖中安装火炉调节温度，但应注意生火时严防浓烟内灌，使蒜黄生长受到影响。

（七）收割

15～20 天后（苗高 40 厘米时）收获第一茬，再过 25 天收获第二茬。

割刀要锋利，割后捆成捆，在阳光下晒一会，使蒜苗由黄色变成金黄色。

＊塑料大棚上扣黑色塑料薄膜并加盖草苫，8 月中旬播种，10月中旬结茬，一般可采收 1～4 茬，每茬需 15 天左右，1 千克蒜种可采收蒜黄 1.5 千克。

第十二节　洋葱

（一）品种选择

选用燕赵种业有限公司的"紫魁 1 号"、邯郸农科院的"紫星"以及连云港 84-1、天津大水桃、美国高红、日本中高黄等。

每亩洋葱需当年新种 400～800 克，苗床面积 80～120 平方米。

（二）育苗时间

河北省中南部地区适宜播期：8 月底至 9 月初，过早易出现未熟抽薹，过晚则降低产量。

（三）苗床准备

选土壤肥沃，排灌方便，3～5 年未种过葱蒜的地块。深翻平整后做宽 1.5 米左右，长 8～10 米的平畦，修好排灌沟渠，每个育苗畦内施腐熟过筛有机肥 50 千克、磷酸二铵 0.5 千克，刨翻均匀整平畦面。

（四）播种

1. 条播

平畦上按行距 5~7 厘米开深 2 厘米的浅沟，种子播入沟内，覆土平沟用脚踩实，浇水。

2. 撒播

先浇足水，水渗后撒种子。应将种子和细沙土按 1∶10 比例混合、撒播。播后盖过筛细土，厚度 1~1.5 厘米。覆土后，用 40% 辛硫磷乳油 100 克对水 0.5 千克，拌麦麸 5 千克撒施，防治地下害虫。可加盖草苫或地膜保温保湿。

3. 苗床除草

播种后出苗前，苗床亩用 25% 除草醚粉剂 0.5 千克对水 25 千克喷雾防草。

（五）苗期管理

出苗时揭去地膜，注意及时除草。1~2 片真叶、苗高 4~5 厘米时进行间苗，保持苗距 3~4 厘米，苗期及时喷药防治病虫害，结合喷药进行叶面喷肥，畦面干燥时适量浇水，亩追尿素 10~15 千克。

（六）适时定植

1. 定植时间

一般 10 月中下旬，霜降前后定植。

2. 整地建畦

亩施腐熟有机肥 5 000 千克、三元复合肥 50 千克，深翻 30 厘米。亩用 58% 氟乐灵 100~150 毫升，对水 30 千克喷洒地面，耙细搂平，药土混匀，做畦，等待定植。

3. 幼苗处理

壮苗标准：幼苗高 20~25 厘米，具有 3~4 片真叶，茎粗 0.4~0.6 厘米。

在定植前苗床浇透水后拔苗，淘汰病劣苗，将苗按大小分级。

去除茎粗 0.3 厘米以下纤小弱苗和 0.8 厘米以上的大苗。用 40%
乐果乳油 600 倍液浸泡假茎 3~5 分钟，杀死潜入叶内的蛆虫。

4. 定植

定植前 6~7 天浇水，定植时覆盖地膜、打孔定植，行距 20 厘
米、株距 15 厘米左右，每亩定植 2.5 万株左右。按孔插苗。定植
深度 2~3 厘米，定植前将洋葱苗须根剪留 1.5~2 厘米，以利
定植。

亦可用独脚耧按行距 20 厘米挑成深 3 厘米左右的小沟，按株
距 15 厘米定植，以埋没小鳞茎 1 厘米且浇水后不漂秧为宜。

5. 病虫害防治

结合定植，每亩施入 5% 辛硫磷颗粒剂 5 千克防治地下害虫。

（七）定植后至封冻前的管理

定植后立即浇水，浇水量应适当大些。对浇水后冲出根系的幼
苗或倒伏的幼苗，及时进行培土及扶正。水渗后及时锄划，提高地
温，以利于根系再生。

11 月中旬封冻前浇足冻水。未覆膜地块覆盖地膜。地膜应铺平、
拉紧、压严。冬季做好护膜工作，发现破洞及时堵严，严防冻苗。

（八）返青期管理

3 月中旬，浇返青水，亩追尿素 20 千克，用 40% 辛硫磷
750~1 000 毫升随水浇灌防治地蛆。之后加强中耕，促返青发棵。

3 月下旬用 40% 乐果、40% 辛硫磷 1 000 倍液防治种蝇。

（九）发棵期管理

返青后，叶片生长旺盛，洋葱进入发棵期，间隔 20 多天浇水
一次，亩追施尿素 20 千克、硫酸钾 5 千克。该期应加强中耕、除
草。若有紫斑病、霜霉病、灰霉病发生，可用 50% 多菌灵 500 倍
液、75% 百菌清 600 倍液、50% 速克灵 1 500 倍液、50% 灭霉灵
600 倍液交替防治。4 月下旬再随水施药防治地蛆一次。软腐病采
用农用链霉素、新植霉素 4 000 倍液防治。

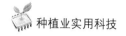

（十）鳞茎膨大期

4月下旬鳞茎开始膨大，此时气温高，蒸发量大，植株生长量大，要保持地面湿润，6～7天浇一水，5月上中旬再追一次速效化肥，每亩可施尿素20千克，配合施用磷钾肥。采收前10天停止浇水，以增加洋葱耐贮性。此期主要有葱蓟马危害（叶上面有白点），可用辛硫磷、乐果1 000倍液喷雾防治。

田间发现先期抽薹的植株，应及时将薹连根劈去，侧芽仍能长成鳞茎。

（十一）收获

5月底6月初，假茎变软，植株倒伏为正常收获期。

选晴天收获，刨后放入通风凉棚晾晒4～5天，中间连翻3次，等外皮膜质化后选干燥通风的场所贮存或上市出售。

（十二）棉花、洋葱间作模式

种植规格：4行洋葱间作一行棉花。1～1.1米一带。洋葱行距20厘米、株距15～17厘米，亩栽1.7万株左右。占地60厘米。预留行40～50厘米，来年种一行棉花，可起高5～10厘米的半高垄，亦可平作。株距33厘米，1 900株/亩。

4月20日前后，在垄上直播棉花，覆盖地膜，管理方法与常规相同。

第十三节　大葱

一、麦茬葱栽培

（一）选用优良长白大葱品种

章丘大葱、谷葱（鞭杆葱）、大梧桐、冀大葱1号、五叶齐、中华巨葱。

用种量每亩 2~3 千克。

（二）播期

一般 9 月中旬~10 月上旬育苗。

特殊情况下也可在 3 月中旬至 4 月上旬播种育苗（一般 3 月 20 日左右播种）。用 33% 施田补 600 倍液喷雾除草。播后用地膜覆盖，保温保湿，当幼苗长至 6.5 厘米左右时，去掉覆盖物炼苗，4 叶龄时追肥浇水、间苗。苗距 4 厘米。4 月下旬注意防治蓟马、蚜虫。6 月初定植。

（三）播种

（1）苗床准备：选 2~3 年未种过葱蒜的地块，前茬收获后及早清洁田间，浅耕一次，亩施腐熟有机肥 5 000 千克，再深翻，并搂平耙细，按育苗面积与栽培面积 1∶10 的比例做好苗床。做成宽 1.5 米、长 10~15 米的平畦。

（2）种子处理：55℃ 温水搅拌浸种 20 分钟或 0.2% 高锰酸钾溶液浸种 20 分钟捞出洗净晾干后播种。

（3）播种（撒播或条播）

撒播：先浇足底水，待水渗后，均匀撒种于畦面，每平方米用种 30~45 克。盖土 1 厘米。1~2 天后，盖土稍干时，搂平畦面，此法畦面不板结，出苗容易。盖土可在做畦时提前留出。

条播：在畦内按 10 厘米行距，开深 1.5~2 厘米、宽 4~5 厘米的播种沟，将种子均匀撒在沟内，搂平畦面，踩实，随即浇水，出苗前需保持畦土湿润，以保幼苗顺利出土。

播种后撒毒饵防治地下害虫。

化学除草：播后苗前亩用 33% 除草通乳油 150 克对水 30 千克喷洒床面。

（四）冬前管理

秋播的葱苗，冬前需浇 1~2 水，幼苗停止生长后，土壤上冻

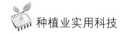

前，浇足冻水。土壤冻结时畦面可覆盖 1 ~ 3 厘米厚的碎草。还可于田间设风障。

（五）春季管理

冬后气温回升，幼苗开始返青时，及时清除覆盖物，日平均气温稳定在 13℃时浇返青水、间苗（行距 10 厘米、按株距 5 ~ 6 厘米留苗，亩留苗 10 ~ 12 万株；按苗距 4 厘米见方留苗，亩留苗约 40 万株），拔除双株和弱苗，中耕除草。以后随着葱苗生长，增加浇水次数，追肥 2 ~ 3 次。亩施尿素 10 千克。

一亩葱苗可定植 5 ~ 7 亩葱田。

（六）定植

5 月下旬 ~ 6 月上中旬定植。

小麦收获后，抓紧整地、施肥。掌握氮：磷：钾为 3：1：4。亩施腐熟有机肥 5 000 千克、二铵 30 千克、硫酸钾 15 ~ 20 千克。深耕后起垄，垄沟深 20 ~ 30 厘米、宽 15 ~ 30 厘米、沟距 70 厘米左右。沟底可施入充分腐熟的有机肥和一些磷肥。为防蛴螬、地蛆等地下害虫，可拌入 3% 辛硫磷颗粒剂 2.5 千克/亩。与土壤充分混合，搂平沟底，即可以定植了。栽葱要深栽浅埋，以便以后分期培土，株距 5 ~ 7 厘米。埋土 8 厘米左右，以栽至葱苗最外叶片分叉处为宜。1.5 万 ~ 2 万株/亩。

定植时应选择适龄壮苗：3 ~ 4 片叶，苗高 30 ~ 40 厘米，茎粗 1 ~ 1.5 厘米，叶无黄尖，无病虫害，根系发达。

插苗前最好将苗分级，并用辛硫磷 500 倍液蘸根防治地蛆。

（七）栽培管理

定植后浇水。缓苗后要加强中耕保墒，促进根系发育，天不过旱不浇水。

立秋后至白露前，大葱进入旺盛生长期，白露节后进入葱白生长期（特别是 8 月下旬至 9 月下旬）。要加强肥水管理（立秋后进行第一次追肥浇水），立秋后 10 ~ 15 天中耕培土一次，共培 3 ~ 4

次（一般可在处暑、白露、秋分进行）。每次培土时，每亩施入尿素 10 ~ 15 千克、硫酸钾 5 ~ 10 千克，然后浇水。培土应在上午露水干后，土壤稍凉时进行。前两次培土要浅培，以提高地温，后两次多培土，特别是最后一次要高培土，使原先的垄背变成垄沟。每次培土高度以不埋住功能叶的叶身基部为宜。

（八）适时晚收

当心叶停止生长，土壤上冻前 15 ~ 20 天为收获适期，一般在霜降到立冬收获。收获应选择晴天。将大葱刨出，在田间晾晒半天，然后进行整理、贮存或销售。

到了 9 月份隔行收获，有效提高产量和质量，增加效益。

（九）病虫害防治

（1）紫斑病：主要危害叶片和花梗，温暖多湿、气温 25 ~ 27℃有利于紫斑病发生。开始多从叶尖和花梗中部发病，初发病呈水渍状的小灰白色斑点，后病斑逐渐扩大，形成 3 ~ 4 厘米的大斑，稍凹陷，呈椭圆形或纺锤形，暗紫色，后出现同心轮纹，潮湿时，轮纹上出现黑色霉状物。

紫斑病防治可在发病初期喷施 75% 百菌清 500 ~ 600 倍液、70% 代森锰锌 500 倍液、72% 克露 800 倍液、58% 甲霜灵锰锌 500 倍液、64% 杀毒矾 500 倍液，7 天喷一次，连喷 2 ~ 3 次。

（2）霜霉病：地势低洼，排水不良、重茬、阴凉多雨或常见大雾天气有利于霜霉病发生。发病初期喷 80% 疫霜灵 400 ~ 500 倍液、72% 克露 800 倍液、76% 霜霉净 500 ~ 600 倍液、75% 百菌清 500 倍液、64% 杀毒矾 500 倍液，7 天一次，连喷 2 ~ 3 次。

（3）软腐病：发病初期喷洒 70% 可杀得 500 倍液、72% 农用链霉素 4 000 倍液或新植霉素 4 000 倍液，视病情 7 ~ 10 天防治一次。共防 1 ~ 2 次。

（4）锈病：15% 三唑酮 2 000 ~ 2 500 倍液，10 天一次，连喷 2 ~ 3次。

（5）灰霉病：低温高湿有利于灰霉病发生。发病初期轮换使用50%速克灵或25%甲霜灵可湿性粉剂1 000倍液。

（6）小菌核病：发病初期喷洒50%甲基硫菌灵可湿性粉剂400倍液或50%扑海因可湿性粉剂1 000倍液，7～10天一次，连喷2～3次。

（7）黄矮病：高温干旱、蚜量大易发生此病，发病初期开始喷洒20%病毒A 500倍液或83增抗剂100倍液，隔10天一次，喷1～2次。

（8）白腐病：气温15～20℃，连作、排水不良易发生此病，喷洒50%多菌灵500倍液或50%扑海因1 000倍液灌根淋茎。

（9）斑潜蝇：采用1.8%齐螨素3 000倍液、40%乐果1 000倍液防治。

（10）葱蓟马：气温25℃，相对湿度60%以下，有利于该虫发生。采用40%乐果1 000倍液、40%辛硫磷1 000倍液、80%敌敌畏500倍液防治。

（11）甜菜叶蛾9月上中旬高温干旱发生较重，卵盛期用5%抑太保乳油2 500倍液或在幼虫3龄前用52.5%农地乐1 000倍液喷雾，晴天傍晚用药。

（12）防治种蝇选用溴氰聚酯乳油3 000倍液、1.8%齐螨素3 000倍液于晴天上午9～11时喷洒，隔5～7天喷一次，连喷2～3次。幼虫孵化盛期和田间发生幼虫危害时（4月中下旬、9月中下旬），可亩用48%乐斯本250毫升或40%辛硫磷800～1 000毫升灌根防治，7～10天一次，连灌2～3次。

二、错季葱栽培

种植形式比较灵活，有温室、大棚、中棚、小拱棚和露地5种栽培形式。

一般在8月下旬～9月上旬播种，春节前后连续上市，收获期持续到4月份。

（一）大棚栽培

8月上旬播种，12月上旬扣上棚膜，2月底收获。

（1）亩施腐熟有机肥3 000千克，深耕整地，耙细搂平。为便于苗期拔草，可把畦做成1.2~1.5米宽，长度依地势而定。

（2）播种：亩用种4~5千克，在畦内按8~10厘米行距，开深1.5~2厘米、宽4~5厘米的播种沟，将种子均匀撒在沟内，搂平畦面，随即浇水，出苗前需保持畦土湿润，以保幼苗顺利出土。一般播后7~8天出土。

（3）苗期管理：如遇雨天，要及时排涝，还应及时拔除杂草。当幼苗高10厘米时结合浇水亩施尿素10~15千克。

（4）后期管理：11月中旬前后适时浇冻水。12月上旬扣棚，昼夜关闭风口，如遇雪天及时清除棚上积雪。返青开始生长后，视外界气候条件，每天中午放风2~3小时，使棚内温度保持20~25℃，待长至25厘米时即可采收上市。

注意防治疫病、紫斑病、斑潜蝇、葱蓟马。

（二）露地栽培

1. 育苗

8月上旬播种，苗龄60天。亩用种3~4千克。

栽1亩大葱需要苗床100~150平方米。

每亩苗床施入农家肥1 000千克、三元复合肥30千克。搂平做畦。

2. 定植

亩施腐熟农家肥5 000千克、复合肥50千克。深翻耙平。

亩用氟乐灵150毫升均匀喷洒地表，可整季无杂草。然后洇地造墒，覆盖地膜。

10月上旬，葱秧高30厘米时，分大、中、小等级栽植。

按行距16~20厘米、株距6~8厘米，在地膜上打孔、用葱杈插苗，不易过深，否则生长不旺。行间一定要用脚踩实并浇足水。

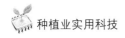

3. 春季管理

大葱返青花蕾长齐后及时剪掉花蕾。半月后会在根部冒出新葱。这是高产的关键期，春分前后结合浇水，亩施尿素 25 千克。以后每隔 6 ~ 7 天浇一水，一促到底。期间喷两次叶面肥，以提高品质。

4 月下旬至 5 月注意防治葱蓟马。

第十四节　韭菜

一、韭菜设施栽培

一般选用 2 ~ 5 年生韭菜，产量、效益较高。

设施栽培韭菜的一般方式是将"回根"后的韭菜，初冬（11月中、下旬）进行覆盖。根据韭菜品种的休眠期、上市时间，适时进行扣棚，冬季还应加盖草苫。扣棚至第一刀收获，约需 50 ~ 60 天左右。以后每隔 30 天左右收割一次，连续收割 2 ~ 3 次。如小雪前后扣棚，新年前后上市。

（一）扣棚前后的管理

扣棚：选用紫色棚膜效果最好，比普通膜增产 20% ~ 30%，质量好。

扣棚前把畦面整理干净。将韭根附近的畦土扒出置于行间，使鳞茎外露，经日晒、冷冻 5 ~ 7 天。若地面已冻结时，则可先扣棚，待地面解冻后再进行。随后每亩撒施尿素 10 千克、磷酸二铵 30 千克、硫酸钾 30 千克和生物有机肥 50 千克。将扒出的畦土覆平后再撒一层 0.5 ~ 1 厘米厚的细土，灌水。随水冲施乐斯本、蛆保净等杀虫剂。同时灌入赤霉素溶液，以利于打破休眠。然后扣棚，用土封严，夜间盖草苫。

（二）温度管理与培土

扣棚后，一般 25 天左右即可出苗，出苗后的棚内温度白天 17 ~ 20℃，夜间 10 ~ 12℃。白天最高温度不可超过 25℃，夜间温度适当高些，有利于防病。苗高 6 ~ 7 厘米时，从行间向韭菜根部进行一次培土，土深 3 ~ 4 厘米，苗高 10 ~ 25 厘米时，进行第二次培土，高度可达 6 ~ 7 厘米，这样进行 2 ~ 3 次，韭菜根部变成了土堆，行间变成了沟。当韭菜高度达 20 ~ 25 厘米时，收获第一茬韭菜，选晴天上午收割。第一茬韭菜收割后，立即用铁耙搂平畦面，检出碎叶和杂草。大约经过 7 ~ 8 天，第二茬韭菜出苗，苗高 6 ~ 7 厘米时进行第一次培土，15 天后，进行第二次培土，之后收割第二茬。

每割完一刀后，棚温可提高 1 ~ 2℃（最高不超过 25℃）。随着白天温度的升高应适当提高夜温，昼夜温差不大于 15℃。

扣棚至第一刀收获，约需 70 天左右，亩产 500 ~ 700 千克。第二、第三刀约需 30 天左右，每茬亩产 700 千克。

（三）水肥管理

每刀韭菜收割前 5 ~ 7 天浇一次增产水，不仅有利于当茬增收，又可为下茬韭菜萌发创造条件。韭菜收割后至新株长至 6 ~ 8 厘米前，一般不浇水，为增加第二、第三茬的产量，一般头茬韭菜收割后，在行间施入优质腐熟农家肥、磷肥和硝铵。在二茬韭菜长到 6 ~ 7 厘米时再浇水，否则会由于氨的积累灼伤叶尖，使韭菜品质和产量受到影响。

（四）放风

韭菜生长中温度不宜过高、湿度不宜过大，湿度大时，易使叶面凝结水珠而引发病害。棚内空气相对湿度控制在 70% ~ 80% 为宜。遇到温度高、湿度大或有害气体积累时，应及时放风。韭菜放风一般不准放底风，放风量不宜过大，以防冷风冻伤韭菜引起腐烂。韭菜收割前 4 ~ 5 天要加大放风，收割后一般不放风。

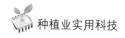

3月上旬后气温逐渐升高,应加大放风量,并逐渐拆除草帘,3月下旬至4月上旬收获第三刀韭菜后即可撤除薄膜,改为露地栽培。

(五)病虫控制技术

1. 灯光诱杀成虫

棚内设置一盏普通日光灯,下放水盆,诱杀迟眼蕈蚊。

2. 糖醋液诱杀

将糖、醋、酒、水和敌百虫晶体按3:3:1:10:0.5比例配成溶液,用口径40~50厘米的盆装,架在1米高处,每亩均匀放置3~4盆,诱杀种蝇类害虫。隔2~3天捞出虫体,添加糖醋液。

3. 药剂防治 保护地优先使用粉尘法、烟熏法,在干燥晴朗天气也可采用喷雾防治,注意轮换用药,合理混用。扣棚前采用50%多菌灵500倍液喷雾。

A. 灰霉病(又称白色斑点病):扣棚前采用50%多菌灵500倍液、50%速克灵500倍液、75%百菌清500倍液喷雾。韭菜长至5~10厘米时,亩用45%百菌清烟剂或速克灵烟剂110克分散5~6处,关闭棚室,点燃,熏蒸一夜;也可亩用6.5%万霉灵粉尘1千克7天喷一次;在晴天可用40%施佳乐悬浮剂1 200倍液、20%粉锈宁500倍液、40%克霉灵600倍液、78%甲霜灵锰锌500~600倍液喷雾,7天一次,连喷2次。

B. 疫病:可亩用5%百菌清粉尘1千克,7天喷一次。在发病初期可用50%甲霜铜500倍液、72%普力克800倍液、50%安克2 000倍液、72%克霜氰或60% DTM 500倍液灌根或喷雾,10天喷灌一次,连续2~3次。

C. 锈病:发病初期用15%粉锈宁1 000倍液、67%敌锈钠200倍液,6~7天喷一次,连喷2次。

D. 韭蛆:在成虫羽化盛期,4月中下旬、6月上旬、7月中下旬及10月中旬,在韭菜田和附近粪堆上喷洒5%锐劲特1 000倍液、氰马 1 000 倍液，杀死部分成虫。成虫盛发期，顺垄撒施 2.5% 敌百虫粉剂，每亩 2 ~ 3 千克，或在上午 9 ~ 11 点钟喷洒 40% 辛硫磷 1 000 倍液、2.5% 溴氰聚酯 2 500 倍液，也可采取药剂灌根法，在早春 3 月上中旬和秋季 9 月中下旬进行幼虫防治。

下面是扣棚后韭蛆的 3 个为害盛期，注意防治。

扣棚后 30 天左右出现韭蛆的越冬代成虫。

扣棚后 35 ~ 50 天进入第一代幼虫的为害盛期。

扣棚后 70 ~ 80 天进入第二代幼虫为害盛期。

二、韭菜早熟栽培

大棚一般于 2 月开始覆盖，中棚则于 3 月上旬开始覆盖。覆盖前清除韭菜畦里的枯薹烂叶，追一次肥，然后浇水。这种早春覆盖栽培方式，可比露地韭菜早收一刀，提早上市，4 月初揭除覆盖，转入露地生长。

第十五节　萝卜

一、萝卜夏秋栽培技术

温度特性：萝卜为半耐寒植物，种子在 2 ~ 3℃ 时开始发芽，适温 20 ~ 25℃，萝卜在幼苗期能耐 25℃ 左右高温，也能耐 - 2 ~ -3℃ 的低温，茎叶生长适温为 5 ~ 25℃，最适温℃ 为 15 ~ 20℃，肉根生长温度范围 6 ~ 20℃，最适温度 13 ~ 18℃。多数萝卜品种在 1 ~ 10℃（2 ~ 4℃ 最适）能完成春化阶段。

（一）选种

夏季栽培：夏抗 40、富源一号、夏长白 2 号、中秋红萝卜、白光、热白萝卜、东方惠美。播种 ~ 收获 40 ~ 55 天。

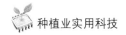

夏秋栽培：夏早生3号、白秋美浓、邯试一号、心里美。

（二）播期与播种量

5~8月均可播种，可分期播种，分批上市。

大萝卜点播，亩用种400~500克、每穴5~7粒种子，使种子在穴中散开。

（三）整地施肥与播种

（1）萝卜栽培，基肥为主，基肥为腐熟的有机肥，配合施入氮磷钾复合肥。偏施化肥味苦。

（2）深耕30厘米，碎土平地，大型萝卜按40~50厘米，中型萝卜按20~30厘米垄距起高垄，垄高10~20厘米，垄背宽20厘米。大行品种株距30厘米左右，3 800株/亩；中型品种株距20~25厘米，4 500株/亩。

（3）播种后覆土厚度1.5~2厘米为宜。

（4）化学除草：播种后，亩用地乐胺200毫升喷洒地面。

（四）苗期管理

播后应立即浇水，在幼苗大部分出土时再浇一次水，然后中耕保墒。

第一片真叶显露时间苗一次，每穴留苗3~4株，2~3片真叶时第二次间苗，每穴留苗2~3株，4~5片真叶（破肚）时定苗。

定苗前结合中耕进行除草，适度蹲苗，定苗后结合中耕培土，形成新高垄，以后不再中耕，但应及时除草。

（五）中后期管理

幼苗破肚后结束蹲苗，加强水肥管理，亩施尿素10千克，适量灌水。

莲座期和肉质根膨大期各追肥一次。萝卜进入肉质根膨大期，亩施三元复合肥20千克，充分均匀供水，保持土壤湿润。浇水宜在傍晚进行。雨多时及时排水。

肉质根生长中后期需摘除枯黄老叶，适度打掉部分老叶，以利通风，有助于肉质根膨大。

（六）病虫防治

蚜虫可用吡虫啉 3 000 倍液防治，菜青虫、小菜蛾可用乐斯本、抑太保以及灭幼脲三号、菜喜、农地乐等防治。

黑腐病、软腐病用 72% 农用链霉素 4 000 倍液或代森铵 800 倍液防治或 14% 络氨铜 300 倍液。

二、萝卜春季栽培

（一）选用优种

日本品种：白玉大根、春大地。韩国品种：白玉春。国产品种：长春大根、长春 2 号、春玉大根。

（二）播期、播量

3 月上中旬至 4 月上旬地膜覆盖播种（3 月下旬可直播）。

大、中、小棚早春栽培可于 1 月初至 2 月上中旬直播。

亩用种 500～800 克。

（三）施肥、整地、起垄

亩施有机肥 3 000 千克、二铵 25 千克、硫酸钾 15 千克，深耕。做成垄面宽 60～70 厘米（播种两行萝卜），垄沟宽 30 厘米，高 15～20 厘米的垄准备播种。

（四）播种

行距 50 厘米，株距 25～45 厘米，条播或穴播，每穴 2 粒种子，播后覆土 1.5 厘米。亩密度 3 000～5 000 株。

（五）水肥管理

萝卜长到 5～7 片叶时，亩施尿素 10 千克、硫酸钾 5 千克。施后浇水。根膨大期再追肥一次。

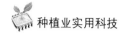

（六）病虫防治

防治病毒病喷病毒 A 500 倍液，防治软腐病、黑腐病可喷硫酸链霉素、新植霉素、14% 络氨铜药液。防治蚜虫用吡虫啉 3 000 倍液。

生长期 65 天左右，五月中下旬收获（直播六月上旬采收）。

（七）春萝卜、棉花间作模式

萝卜品种：长春大根。

带宽 1.1 米，起垄，垄面宽 70 厘米，垄高 15 厘米，垄沟宽 40 厘米。

4 月 5 日将萝卜播种在垄两侧，行距 50 厘米，株距 25 厘米，4 800 株/亩，覆盖地膜。

4 月 15 日棉花播于垄中央，株距 20 厘米，3 000 株/亩。

6 月上中旬收获萝卜。

第十六节　胡萝卜

一、春播胡萝卜效益高

温度特性：胡萝卜喜冷凉，种子在 4 ~ 6℃ 即可缓慢发芽，发芽适温 20 ~ 25℃，茎叶生长适温 23 ~ 25℃，肉质根形成适温 13 ~ 18℃，胡萝卜成株可耐短期 - 10℃ 的低温，又可耐长时间 27℃ 高温。

2 月底至 3 月上旬播种，6 月中下旬至 7 月中旬收获，价格较高，同时可套种棉花及秋菜，效益较高。

（一）选种

荷兰品种：CH1069、CH1070、CH1082；日本品种：宝冠新黑田五寸、红映 2 号；美国品种：全红、高山大根；国内品种：红芯

4 号、京红五寸及传统农家品种小顶红、扎地红等。

（二）播种量

撒播 500 克/亩，条播 300 克/亩，穴播 150 克/亩。

（三）播期

小拱棚栽培 2 月 25 日前后，地膜栽培 3 月 1 日~10 日。

（四）施肥整地，浇水造墒、作畦

1. 茬口安排

最好前茬为粮食类、葱类等作物，不宜选择花生等易发生根结线虫的地块以及白菜、萝卜等易发生软腐病、黑腐病的地块。

2. 施肥

有机肥：亩施腐熟的有机肥 3 000 千克。

化肥（介绍两个配方）：

（1）二铵 25~35 千克、硫酸钾 25 千克。

（2）三元复合肥 50 千克。

3. 深耕 17~25 厘米，整地、作畦

（1）（改良）地膜栽培：做成平畦，1~1.2 米一带，用刮板从两侧刮土成高约 5 厘米的两道土埂。中间畦面宽 40~50 厘米左右。可播 3~4 行胡萝卜。以播种 3 行胡萝卜上市早、个大，适合推广。

（2）小拱棚栽培：做成小高畦，1.6~1.7 米一带，畦面宽1.1 米，可播 7~8 行，沟宽 50~60 厘米，畦高 10 厘米。

防治根结线虫病可在耕田前亩用 1.8% 齐螨素 400~500 毫升拌细土 20 千克均匀撒施。为防治蛴螬等地下害虫，可添加 40% 辛硫磷乳油，辛硫磷一般亩用量 1 千克。

4. 浇水造墒

（五）适墒播种

1. 化学除草

亩用氟乐灵 80 毫升或地乐胺 200 毫升喷洒畦面，用铁耙搂平

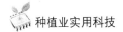

畦面。生长期间发生草害可采用 10% 禾草克 50 ~ 75 毫升/亩、12.5% 盖草能 50 ~ 75 毫升/亩作茎叶处理。

2. 开沟播种

用齿距 15 厘米 3 ~ 4 齿小铁爪顺垄面开沟，沟深 2 ~ 3 厘米，条播或按穴距 8 ~ 10 厘米点播，每穴 3 粒种子。

播种后轻踩畦面并用铁耙搂平畦面。

地膜栽培可在播种胡萝卜的同时每 50 ~ 80 厘米播种 2 ~ 3 粒大豆（大豆可在 1605 溶液中浸泡数小时），大豆先出苗长大，既可引诱害虫又可支撑地膜。

3. 撒毒饵

畦面撒施拌辛硫磷的麦麸防治蝼蛄，亩用 10 千克。

完成上述作业，覆盖 90 厘米地膜或用 2 米竹竿、棚膜做小拱棚。

（六）田间管理（一般播后 10 天左右出苗）

（1）温度管理：外界温度超过 20 ~ 23℃ 时，注意畦内（棚内）温度以不超过 30℃ 为宜，放风量由小到大。

（2）间苗、定苗：拱棚种植出苗后 20 天左右，幼苗 2 ~ 3 片真叶，选晴好天气，掀开一侧棚膜，间苗，苗距 3 厘米。间苗后随即将棚盖好。

地膜种植 4 月上旬撤去地膜，间苗。

4 ~ 5 片叶时定苗，苗距 8 ~ 10 厘米。亩留苗 3.5 万 ~ 4 万株。

（3）放风后畦面失墒，应酌情浇水，地面见干见湿。四月中旬撤去棚膜。

（4）播后 60 天左右，肉质根进入快速膨大期，应有充足的水肥供应，且尽量保持土壤水分均匀，以减少裂根。追肥最好采用氮、磷、钾三元复合肥，亩用 15 ~ 20 千克，氮肥施用过多、过早肉质根表面粗糙，须根变粗。

（5）为防胡萝卜"绿顶"现象，后期注意培土。

（七）病虫害防治

（1）4月下旬至5月初可结合浇水滴灌一次乐斯本药液，或辛硫磷250~1 000克/亩，防治蛴螬、金针虫等地下害虫。

（2）黑腐病、黑叶枯病可用75%百菌清600倍液、10%世高1 500倍液、58%甲霜灵锰锌可湿性粉剂500倍液、DT可湿性粉剂、甲基托布津等药液防治。

（3）进入6月份以后，易发生细菌性软腐病，可用新植霉素6克对水15千克或DT杀菌剂500倍液或14%络氨铜300倍液防治。

（4）蚜虫用10%吡虫啉3 000倍液、25%阿克泰水分散剂5 000倍液防治。

（5）造桥虫等鳞翅目害虫可用48%乐斯本1 500倍液加4.5%高效氯氰菊酯2 000倍液防治。

结合病虫防治，叶面施肥2~3次。

（八）采收

进入6月份，可分批间收上市。

进入7月份，胡萝卜充分膨大，行情不好或不能及时销售时，可将胡萝卜缨子留1厘米剪去，可延迟收获20~30天。

二、秋胡萝卜

胡萝卜适应性强、易栽培、耐贮藏，是冬春季人们消费的重要蔬菜。其栽培要点如下：

（一）品种选择

选择抗病、高产、优质、外观漂亮、生长期较长、株型较大的品种。根据近几年市场反馈的信息来看，宝冠新黑田五寸、百日红冠等品种较好。

（二）播期

一般在7月中下旬至8月上旬。

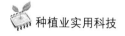

（三）施肥、整地、作畦

播种前每亩施充分腐熟的农家肥 3 000 千克，亩施尿素 10 千克、过磷酸钙 30 ~ 50 千克、硫酸钾 15 ~ 20 千克，施后深耕耙细，整平后做畦。在沙质壤土地多采用平畦，多雨地区宜采用高畦。

（四）播种

播种多采用条播，方法：在畦内按 15 ~ 20 厘米的行距开沟，沟深 2 厘米左右，在沟内播种，播种要均匀，播后用扫帚轻轻将播在外面的种子扫入沟内，再耙平，最后用脚踩一遍再浇水。

一般每亩用种 300 ~ 500 克。在播后 3 天内用 72% 异丙甲草胺药液喷雾，封闭除草。

（五）田间管理

1. 间苗

播种到出苗要求保持土壤湿润，一般要浇 2 ~ 3 次水。在幼苗 1 ~ 2 片叶时，选晴天午后间苗，株距 3 厘米，并在行间浅锄。

2. 定苗

在幼苗 4 ~ 5 片叶时，选晴天午后定苗，根据品种特性、植株的特点进行定苗，一般株距保持在 10 ~ 12 厘米，亩留苗 2.5 万 ~ 3 万株。

3. 中耕、浇水、施肥

定苗后进行第二次中耕除草，中耕要浅，以免伤根。苗期正逢天热多雨，要酌情浇水，使地表见干见湿。浇水或降雨之后，都应及时中耕松土。在幼苗 7 ~ 8 片叶时，应适当控制浇水，加强中耕松土，促使主根下伸和须根发展，并防止植株徒长。发现徒长时可用多效唑 1 000 倍液控制。当秋胡萝卜肉质根长到手指粗时，应控制好水分供应，过干易引起肉质根木质栓化，侧根增多；过湿易引起肉质根腐烂；忽干忽湿供水不匀，易引起肉质根开裂，降低品质。

秋胡萝卜生长期长，而且需肥高峰期在中后期，所以在施足底肥的基础上要进行分期追肥。以追施速效性肥料为宜，全生长期追肥 3 次, 第一次追肥在破肚期, 以后隔 15 天追肥一次, 每亩追施氮磷钾复合肥 15 ~ 20 千克。以结合浇水冲施为宜。

(六) 病虫害防治

参见春胡萝卜病虫害防治。

第十七节　大白菜

大白菜温度特性: 大白菜种子的适宜发芽温度是 20 ~ 25℃, 幼苗期适温是 22 ~ 25℃, 莲座期 17 ~ 22℃, 结球期 12 ~ 22℃。植株能耐 0 ~ −2℃ 短期低温, 休眠期要求 0 ~ 2℃。

一、秋季大白菜丰产技术

(一) 选种

(1) 早熟品种: 7 月中下旬播种, 国庆节前后上市。

包头品种可选用: 大白菜 19、绿星 58、石丰 65、早秋王、早心白。

长筒型品种可选用: 石绿 70、夏白 45 等。

(2) 冬贮品种

包头品种可选用: 丰抗 78、北京新三号、绿星 70、80、中白 4 号、石丰 70、石丰 75。

长筒型品种可选用: 太原二青、多抗三号、新玉青、津绿 75、石绿 85 等。

白菜种子千粒重 2.5 ~ 4 克, 亩用种量 150 ~ 200 克。

(二) 播期

立秋前后三四天, 圆头菜最好晚播一点。

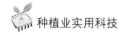

（三）种子消毒

防治软腐病可用种子量 0.3% ~ 0.4% 的 DT（虎胶肥酸铜）可湿性粉剂、60% DTM（虎，乙磷铝）可湿性粉剂拌种。

（四）施肥整地

施肥要施腐熟的有机肥，如施鸡粪最好施烘干鸡粪。再施上氮、磷、钾三元复合肥 50 千克，深耕 30 厘米，整地，起垄。

每生产 5 000 千克大白菜约吸收纯氮 7.5 ~ 11.5 千克（合尿素 17.5 ~ 25 千克）、纯磷 3.5 ~ 4.5 千克（合过磷酸钙 30 ~ 40 千克）、氧化钾 10 ~ 17.5 千克（合硫酸钾 20 ~ 30 千克）。

播种前亩用 150 克氟乐灵喷洒地面，然后用锄浅锄一下，让土与药混均。按 55 ~ 65 厘米宽起垄，起半高垄，即扒成 5 ~ 10 厘米左右高的垄就行。

垄沟亩用 2 千克多菌灵或敌克松进行土壤消毒。

（五）播种

白菜播种后，48 小时发芽出土，所以白菜播种以傍晚下籽为好。

播种时在垄上划 1 厘米左右深的浅沟，然后撒籽，覆土平沟。

（六）苗期管理

1. 间苗、定苗

两片真叶展开，进行一次间苗，苗间拉开距离，4 ~ 5 片叶时进行二次间苗，8 ~ 9 片叶时定苗，大中型品种株距 45 ~ 55 厘米。2 200 ~ 2 400 株/亩。小型品种株距 40 厘米左右，2 600 ~ 2 700 株/亩。

2. 中耕除草

适度中耕除草，减少伤根，可减轻病害（软腐病）发生，有利于白菜生长。不深中耕，如苗期有草可浅锄，以不超过 1 厘米深为宜，但锄后不要浇水。尽量减少中耕细作，施肥浇水促其生长。

（七）肥水管理

如底肥用量少，可在苗期追一次肥，亩用尿素 10 千克。9 月下旬大白菜进入包心期，管理上应给予充足的水分和肥料。一般 5～7 天一水，在"秋分"节（莲座期）、"寒露"节（结球始期）和"霜降"节（包心中期）各追一次肥，亩施尿素 10～15 千克、硫酸钾 10 千克。可头一天下午把尿素撒到地里，第二天浇水，不要采用挖坑施肥法。也可追施腐熟的人粪尿。

后期追肥，为防止碰伤白菜叶子，可采取顺水冲施。

浇水要结合追肥进行，结球前期土壤见干见湿，结球期要保持土壤湿润，收获前 10～15 天控制浇水、施肥。

浇水时注意不要大水漫灌，以防止软腐病发生蔓延。

莲座期和结球期还可喷施叶面肥 2～3 次。

喷 0.5%～0.7% 氯化钙 + 0.1% 硫酸锰溶液，7 天一次，连喷 1～2 次可减轻白菜干烧心。

（八）病虫害防治

苗期注意防治蚜虫、小菜蛾、地蛆（8 月中下旬为发病盛期）、地老虎等虫害和病毒病。

莲座期和团棵期注意防治蚜虫、菜青虫、甜菜夜蛾幼虫、地蛆和霜霉病、角斑病、软腐病、病毒病。

甘蓝夜蛾在秋季雨水多的年份为害重，菜粉蝶与甜菜夜蛾适宜 50%～75% 的相对湿度，9 月上中旬高温干旱情况下发生严重。霜霉病在连续 5 天以上连阴雨天气一次或多次易发生。角斑病在苗期、莲座期阴雨天后易蔓延。

包心期继续防治蚜虫等虫害和黑腐病、软腐病、黑斑病、霜霉病。

10 月上旬要防治 1～2 次蚜虫，防止其被包在球内。

5% 抑太保 1 500 倍液 + 10% 吡虫啉 1 000 倍液。

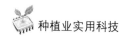

（九）束菜与收获

为防止霜打叶球，便于收获，可于结球中期之末，10月下旬下霜前，束叶捆菜。气温降到 $-2 \sim -3$℃时，应及时收获。

（十）贮藏（平地贮藏大白菜）

（1）选地：选择背风、高燥、排水良好的地方，根据大白菜的多少，确定场地的大小。

（2）晾菜：立冬砍菜，砍后将根部朝南，放在原地晾晒 $3 \sim 4$ 天，中间翻转一次，使菜外帮晾晒均匀、变蔫，这样在运输中不易折断，减少损失。

（3）码菜：将晾好的大白菜及时运到贮菜场地，根部朝下，码紧靠实。四周用成捆的玉米秸平放挡好，防大风抽致白菜失水萎蔫等。

（4）择菜（又叫打落菜）：小雪前后进行择菜。择菜要从贮菜场的一边开始，将菜棵外发黄、腐烂的叶子去掉，再撕去外层几片叶子的叶片，留下帮子以保护叶球。择干净的仍根朝下依次码紧靠实，将择下的菜叶覆盖在择好的菜棵上，形成一层覆盖层，白天防晒，夜间防寒。同时选出不宜贮藏的脱帮菜。

（5）盖菜：大雪前后天气骤然变冷的那一天，在大白菜上覆盖一层塑料薄膜，四周用成捆的玉米秸压好。冬至前后，在塑料薄膜上加盖草帘防寒。使薄膜下气温保持在 -1℃左右，标准是大白菜的上部叶片有一两片有冰渣，其他部位没有。

（6）检查温度，大白菜最适宜的贮藏温度是 $0 \sim 2$℃。实践证明温度掌握在 $0 \sim 1$℃最好，贮藏过程中要经常检查，温度过高过低时，应及时采取补救措施。

二、春季大白菜栽培技术

（一）品种

可选用良庆、韩国强势、春大将、全胜、春夏王、鲁白菜1

号、春抗 A 系和 B 系、京春王等。

（二）育苗

塑料小棚或阳畦育苗，于 2 月中旬至 3 月中旬播种，苗床内温度不低于 15℃，苗龄 20～30 天（若大棚种大白菜，可于 2 月初播种，定植前 10 天低温炼苗，但气温不宜低于 12℃，3 月中下旬定植，苗龄 40～45 天）。

温室大白菜 12 月下旬至 1 月上旬播种，苗龄 40 天，2 月中旬定植。

（三）施肥

亩施优质圈肥 3 000～4 000 千克、三元复合肥 60 千克。

（四）定植

起半高垄，覆地膜。一般 3 月底至 4 月下旬气温稳定在 13℃时定植。坐水栽苗或定植后浇水，垄距 60 厘米，株距 40 厘米，亩密度 3 000 株。

春白菜也可在 3 月中下旬直播，深耕整平做畦，畦宽 100 厘米，高 15 厘米，畦距 50 厘米。每畦种 2～3 行，畦上挖穴，穴距 15 厘米，穴播 3～4 粒种子。然后覆土盖地膜。

（五）田间管理

出苗后及时破膜，3～4 片真叶时间苗，5～6 片真叶时定苗。

肥水一促到底，生长前期亩施尿素 10 千克，结球期亩施尿素 20 千克。生长后期保持土壤湿润。

三、夏季大白菜栽培技术

（一）品种

可选用夏丰、夏阳、夏优三号、春夏王、京夏王、绿星 58、夏宝。

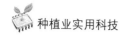

（二）播种

一般在 5 月中旬至 6 月中旬播种。播后覆土 1 厘米，搂平踩实。行距 40 厘米，株距 30 厘米，每亩 4 000～5 000 株。

（三）田间管理

幼苗出土 3 天间苗，5～6 片叶定苗，结合浇水，定苗后亩施尿素 10～15 千克，包心期亩施尿素 20 千克，保持土壤湿润，雨后防止田间积水。

（四）栽培要点

直播，一促到底；采用半高垄栽培，采用免耕法，不要深锄；地皮不要干，也不要大水漫灌；可以采取与高秆作物间作套种。

（五）白菜玉米间作

玉米行距 2 米，中间套种 4 行白菜。

第十八节　结球甘蓝

温度特性：结球甘蓝适应性强，抗严寒霜冻、耐高温，但较喜冷凉气候。种子发芽适温 18～20℃，在 2～3℃ 也可缓慢发芽；结球期适宜气温 15～20℃。

一、早春甘蓝栽培

（一）品种选择

8398、斯曼特 1 号、8132、中甘 8 号、中甘 11、中甘 12、春丰、京丰 1 号、庆丰及京甘 1 号、888 甘蓝、北农早生、早熟品种报春等。

早春栽培紫甘蓝品种：早红紫甘蓝、紫甘 1 号；春季露地栽培：巨石红紫甘蓝。

亩用种 30 ~ 50 克。

（二）播种时期

12 月下旬至 1 月上旬阳畦育苗，亦可 1 月中旬在温室或改良阳畦育苗。

为缩短苗龄，保证幼苗质量，可在温室播种，分苗在阳畦，以免苗大遇低温通过春化而抽薹。

苗龄 60 ~ 80 天，三叶一心至四叶一心定植。从定植至采收45 ~ 60天。

（三）种子处理

播前将种子放在阴凉处风干，禁忌暴晒。用 55℃ 温水浸种 20 分钟，或每 100 克种子用 1.5 克漂白粉（有效成分），加少量水，将种子拌匀，置容器内密闭 16 小时后播种（防黑腐病、黑斑病）。

（四）床土配制与消毒（亩用苗床 10 平方米以上）

1. 床土配制

选用近三年未种过十字花科蔬菜的田土 60% 与充分腐熟的有机肥 40% 混合均匀，每立方米加入硫酸钾三元复合肥 1 千克，过筛后铺入苗床 10 ~ 12 厘米。

2. 床土消毒

两种方法：

（1）用 50% 虎胶肥酸铜可湿性粉剂 500 倍液分层喷洒于土上，混合均匀。

（2）用 50% 多菌灵可湿性粉剂与 50% 福美双可湿性粉剂按1：1 混合；或 25% 甲霜灵与 70% 代森锰锌按 9：1 混合，按每平方米用药 8 ~ 10 克与 15 ~ 30 千克细土混合，播种时 1/3 铺在床面，2/3 盖在种子上。

（五）播种

播种时浇足底水，撒一层过筛细土作底土，每平方米撒种 5 ~

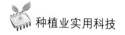
6 克，播后覆土 1 厘米。

（六）加强苗期温度及水肥管理

育苗过程中当秧苗达到 5 ~ 6 片叶、茎粗 0.6 厘米以上，要避免 0 ~ 12℃ 低温持续 40 天以上，否则易抽薹。强调苗期和定植初期保持白天 16 ~ 20℃、夜间 8 ~ 10℃。定植时应选择淘汰劣苗和可疑抽薹的大苗；田间一旦有甘蓝先期抽薹，应及时除去花薹，并浇水施肥，促进侧球的萌发、生长，降低损失。

（七）整地定植

结合整地亩施腐熟有机肥 5 000 千克、优质硫酸钾复合肥 50 千克，深耕整地。

外界气温稳定在 8℃ 以上、10 厘米地温稳定在 5℃ 以上时即可定植。

小拱棚栽培一般在 2 月底至 3 月初（惊蛰前后）定植，定植时要选择冷尾暖头无风的晴天进行。

（八）定植后生长期管理

（1）温度管理：秧苗恢复生长后，棚内气温达 25℃ 时破膜放风，用刀片把薄膜割成月牙形口子，白天风吹薄膜，膜口张开通风降温，棚内温度保持在 20 ~ 25℃ 为宜。夜间无风时，膜口自然关闭保温。当夜温稳定在 10℃ 左右（3 月底），撤除拱棚或改天膜为地膜。

（2）肥水管理：定植后浇一次缓苗水，为使莲座期叶片健壮而不过旺，并促进结球叶的分化，应注意蹲苗，不多浇水。（4 月中旬莲座后期）结球初期追肥浇水一次，亩施尿素 15 千克，之后小水勤浇至收获（5 月上旬）。

（3）当甘蓝一半以上结球如鸡蛋大小时，选晴天上午亩用赤霉素 1 克对水 15 千克喷洒一遍，间隔 8 ~ 10 天再喷施一次，对促包心，提早上市有特效。

（九）病虫害防治

（1）黑腐病可于发病初期及时拔出病株并喷洒50%代森铵1 000倍液、72%硫酸链霉素4 000倍液喷雾或14%络氨铜水剂350倍液、77%可杀得可湿性粉剂500倍液防治。7～10天一次，连续防治2～3次。

（2）黄条跳甲可用敌敌畏1 000倍液、辛硫磷1 000倍液喷雾防治。

（3）蚜虫可用50%抗蚜威可湿性粉剂2 000倍液防治。

（4）菜青虫、小菜蛾、甘蓝叶蛾、甜菜夜蛾：卵孵化盛期选用BT乳剂药液、5%抑太保乳油2 500倍液、5%锐劲特悬浮剂17～34毫升/亩喷雾，幼虫2龄前选用2.5%功夫乳油5 000倍液或40%辛硫磷1 000倍液、25%灭幼脲3号500倍液、氰马乳油防治。幼虫3龄前用52.5%农地乐1 000倍液喷雾，晴天傍晚用药，阴天可全天用药。

卵孵化盛期用5%抑太保2 500～3 000倍液或37.5%拉维因悬浮剂1500倍液或幼虫2龄前选用1.8阿维菌素3 000倍液喷雾。

斑潜蝇采用齐螨素防治。

二、夏秋甘蓝栽培

（一）品种选择

选择耐热、抗病、高产品种：中甘8号、中甘9号、晚丰、秋丰等。

夏季遮阴栽培：紫甘1号、日本紫甘蓝；秋季露地栽培：早红紫甘蓝、紫甘1号日本紫甘蓝。

（二）育苗

播期一般在6月中下旬，6～8片叶即可定植，苗龄30～40天。

一般定植后60～65天采收。

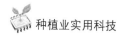

播种后为防降雨冲刷和暴晒，可加盖遮阳网保护。苗期小水勤浇，保持畦面湿润。

（三）定植

定植行距 50 厘米、株距 40 厘米。

可做东西向小高垄，垄距 50 厘米，选阴天或晴天下午定植。将秧苗栽在阴面的半坡上，2 700～3 000 株/亩。

（四）田间管理

定植后随即浇水，连浇 2～3 水保苗。

生长期根据天气情况 6～7 天一水，追肥可进行 2 次，一次在缓苗后，亩施尿素 5～8 千克，莲座期再追施尿素 20～30 千克。注意菜青虫的防治，并严防病毒病和黑腐病的发生。

夏甘蓝栽培处于高温多雨和菜青虫、甘蓝夜蛾等为害盛期，管理的关键是防雨涝和虫害。

第十九节　花椰菜

温度特性：花椰菜喜冷凉，属半耐寒性蔬菜，不耐炎热干旱，又不耐霜冻。

种子 25℃左右发育最快，幼苗期和莲座期生长适温 15～20℃，花球生长发育适温 15～18℃，8℃以下时生长缓慢，0℃以下低温，花球易受冻害。

（一）品种选择

春季栽培选用：荷兰春早、瑞士雪球、雪峰等品种。

秋季栽培选用：白峰、日本雪山、荷兰雪球、丰花 60 等品种。

青花菜可选：日本杂一代墨绿、日本杂一代绿岭、中青 1 号、中青 2 号。

亩用种 25～50 克。

（二）播种时间

早春塑料拱棚花椰菜 11 月中下旬、露地春花椰菜 12 月下旬至 1 月上旬，露地秋花椰菜 6 月中下旬（6 月 20～23 日）、秋延后花椰菜 7 月上中旬、日光温室花椰菜 8 月中旬至 12 月上旬。

苗龄：春作苗龄 60～70 天；秋作苗龄 25～30 天。

（三）种子处理

1. 浸种

将种子放入 55℃温水中浸种 20 分钟，并不停搅拌，之后在常温下浸种 3～4 小时，也可用 50％福美双可湿性粉剂拌种。

2. 催芽

将浸好的种子捞出洗净，稍加风干后用湿布包好，放在 20～25℃的条件下催芽，每天用清水冲洗 1 次，经 1～1.5 天，60％种子萌芽即可播种。

（四）营养土配制与消毒

1. 床土配制

选用近三年未种过十字花科蔬菜的田土 60％与充分腐熟的有机肥 40％混合均匀，每立方米加入硫酸钾三元复合肥 1 千克，过筛后铺入苗床 10～12 厘米。

2. 床土消毒

用 50％多菌灵可湿性粉剂与 50％福美双可湿性粉剂按 1∶1 混合；按每平方米用药 8～10 克与 10～20 千克过筛细土混合，播种时 1/3 铺在床面，2/3 盖在种子上。

（五）播种

浇足底水，水渗后撒一层细土，将种子均匀撒播于床面，每平方米撒种 2～3 克，覆盖细土 0.6～0.8 厘米。

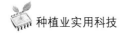

（六）苗期管理

1. 温度

播种至齐苗：白天 20~25℃；夜间 15~18℃。

齐苗至分苗：白天 16~20℃；夜间 8~12℃。

分苗至缓苗：白天 18~22℃；夜间 12~15℃。

缓苗后至定植前 10 天：白天 15~18℃；夜间 6~10℃。

定植前 10 天至定植：白天 5~8℃；夜间 4~6℃。

2. 间苗

出苗后间苗 1~2 次，苗距 2~3 厘米，去掉病苗、弱苗及杂苗，间苗后覆土一次。

3. 分苗

幼苗三叶一心时分苗，按 10 厘米行株距在分苗床上开沟、坐水栽苗或直接分苗于 10 厘米 ×10 厘米的营养钵内。

4. 分苗后管理

缓苗后锄划 2~3 次，床土不干不浇水，浇水宜浇小水或喷水，定植前 7 天浇透水，1~2 天后起苗囤苗，并进行低温炼苗。

＊露地夏、秋季育苗，气温太高，可采取浇水、搭荫棚遮阴等方法降温。要防止床土过干，同时防止暴雨冲刷苗床，及时排出苗床积水。分苗应选择阴天或下午温度低时进行，分苗后要适度遮阴，有条件可扣尼龙网防虫。

壮苗标准：株高 12 厘米、6~7 片叶、叶片肥厚、根系发达、无病虫害。

（七）整地施肥

选择前茬为非十字花科蔬菜的地块，在中等肥力条件下，结合整地亩施优质腐熟有机肥 5 000 千克、氮肥 4 千克、磷肥 9 千克、钾肥 6 千克。

露地栽培采用平畦；保护地亦可采用半高畦。

（八）定植（定植后 55 ~ 60 天收获）

1. 定植期

花椰菜应在当地气温稳定在 0 ~ 1℃以上，并无严霜时定植。

早春塑料拱棚 2 月中下旬至 3 月上旬；露地春茬 3 月下旬至 4 月上旬；露地秋茬 7 月下旬至 8 月上旬，秋延后假植的 8 月中下旬；日光温室 10 月中旬至 2 月上旬。

春茬定植宜在冷尾暖头的晴天上午进行；秋茬定植在傍晚或下午进行，也可在阴天定植。

2. 密度

早熟品种行距 50 ~ 60 厘米、株距 33 ~ 40 厘米，2 700 ~ 4 000 株/亩；中晚熟品种行距 60 ~ 70 厘米、株距 40 ~ 60 厘米，1 500 ~ 2 700 株/亩。

也可采取大垄双行栽培：大行距 100 厘米、小行距 50 厘米、株距 45 厘米，2 000 株/亩。

3. 定植

按行株距要求开沟或挖穴，坐水栽苗，也可培土后立即浇水。

（九）定植后生长期管理

1. 生长前期（缓苗至莲座期）

定植后 4 ~ 5 天浇缓苗水，随后中耕结合培土 2 ~ 3 次。保持土壤间干间湿，浇二水（可随水追施少量氮肥）后中耕、蹲苗 10 天左右。进入莲座期后亩施尿素 20 ~ 30 千克，浇水。

2. 生长后期（花球形成期）

浇水以保持土壤湿润为原则，当花球直径 3 ~ 4 厘米时结合浇水亩施氮肥 3 千克（折尿素 6.5 千克），中晚熟品种可增加追肥一次，当花球直径 8 ~ 10 厘米时，要束叶或折叶盖花，以保持花球洁白。

当花球长至 250 ~ 300 克时，停止追肥，但应经常保持土壤湿

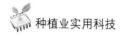

润。在花球旺盛生长期和花球膨大期决不可缺水干旱，一般 5 ~ 7 天浇一水，直至收获。

3. 叶面喷肥

花球现蕾初期，叶面喷施浓度 0.1% 的硼肥和 0.05% 的硫酸镁混合液，隔 6 ~ 7 天喷一次 0.1% 硼砂加 0.5% 尿素或 0.3% 磷酸二氢钾溶液。

4. 整枝

应及时摘除侧芽，以防止营养损耗，尤其是蹲苗期和莲座期侧枝生长旺盛，一般长至 1 ~ 2 厘米时就应及时去掉，留下 1 ~ 2 个健壮侧枝形成侧枝花球，继续收获。

棚室的适宜温度 15 ~ 20℃，秋延后栽培要根据天气变化及时扣棚覆膜或进行假植贮存。

（十）病虫害防治

（1）霜霉病：发现中心病株后用 72.2% 普力克水剂 600 ~ 800 倍液或百菌清可湿性粉剂 500 倍液喷雾，交替使用，7 ~ 10 天一次，连喷 2 ~ 3 次。

（2）黑斑病：发病初期用 75% 百菌清可湿性粉剂 500 ~ 600 倍液或 50% 扑海因可湿性粉剂 1 500 倍液喷雾，7 ~ 10 天一次，连喷 2 ~ 3 次。

（3）黑腐病：发病初期用 14% 络氨铜水剂 600 倍液、77% 可杀得可湿性粉剂 1 500 倍液或 72% 农用链霉素可湿性粉剂 4 000 倍液喷雾，7 ~ 10 天一次，连喷 2 ~ 3 次。

（4）黑胫病：发病初期用 60% 多福可湿性粉剂 600 倍液，或 70% 百菌清可湿性粉剂 600 倍液喷雾，隔 9 天一次，防 1 ~ 2 次。

（5）灰霉病：发病初期用 50% 速克灵可湿性粉剂 2 000 倍液或 50% 扑海因可湿性粉剂 1 500 倍液或 40% 多硫悬浮剂 600 倍液喷雾，隔 7 ~ 10 天一次，连喷 2 ~ 3 次。

（6）菜青虫：卵孵化盛期选用 BT 乳剂 200 倍液或 5% 抑太保

乳油 2 500 倍液喷雾，幼虫 2 龄前选用 2.5% 功夫乳油 5 000 倍液或 40% 辛硫磷 1 000 倍液防治。

（7）小菜蛾：卵孵化盛期选用 5% 锐劲特悬浮剂 17～34 毫升/亩，对水 50 千克喷雾，或用 5% 抑太保乳油 2 000 倍液或幼虫 2 龄前选用 1.8% 阿维菌素 3 000 倍液喷雾。

（8）甜菜叶蛾：卵孵化盛期用 5% 抑太保 2 500～3 000 倍液或 37.5% 拉维因悬浮剂 1 500 倍液或幼虫 3 龄前用 52.5% 农地乐 1 000倍液喷雾，晴天傍晚用药，阴天可全天用药。

（9）蚜虫：10% 吡虫啉可湿性粉剂 1 500 倍液喷雾，6～7 天一次连喷 2～3 次，用药时可加入适量展着剂。

防治过程中切忌使用氨基甲酸酯类杀虫剂，以免造成药害。

（十一）采收（定植至收获约 60 天左右）

花球出现半个月左右，花球充分长大紧实，表面平整，基枝略有松散时，应及时采收。采收宜在清凉的早晨进行，将花球下部带 4～5 片叶割下，削去下部大叶的叶柄，上部留 3～4 片小叶保护花球。

（十二）秋花椰菜贮藏技术

1. 窖藏

选择成熟度好、洁白无病、带 2～3 片好叶的花球，在阴凉处放 2～3 天后入窖。窖内用高粱秆等搭成层架，层间距 33 厘米左右，入窖时将菜花根朝下码放在层架上，贮藏温度 0～2℃，湿度 80%～90%。隔 10～15 天翻检一次，挑出坏的和欲散花球。

2. 假植贮藏

在背风阴凉处挖东西方向，宽 2 米、深 80 厘米左右、长 3～5 米的贮藏沟，沟底留 17 厘米深的松土并在沟沿上打 20 厘米左右厚的土帮，沟内四壁贴一层塑料薄膜，防治掉土污染花球。将未完全成熟的花球按大小分类，把大小一致的放在一个贮藏沟内进行假

植。方法是：

当外界平均气温下降到 1℃ 时，将小花球带 10 厘米见方土坨连根挖起，并保护叶片不受损伤，去掉病叶、枯叶，一株紧挨一株栽在沟内，栽植深度与土壤表面相平。全部栽完后浇水，水量以不淹没下部叶子为宜。入沟后，覆盖塑料薄膜，夜间加盖草苫防寒。并注意通风排湿，沟内温度保持 1～5℃，湿度 85%～95%。伴随放风进行检查，清除病株，当花球长至商品度时采收上市。

附：夏玉米、菜花间作模式

麦收后及时整地，采用 2.2 米一带，种植 2 行玉米，4 行菜花。菜花 6 月中旬育苗，7 月中旬定植，9 月中旬收获。

玉米双行种植，大行距 1.8 米、小行距 40 厘米，株距 20 厘米；菜花定植于玉米大行内，行距 43 厘米、株距 45 厘米，菜花距玉米行距 25 厘米。

第二十节　菠菜

（一）品种选择

可选用华菠 1 号、菠杂 10 号、内菠 1 号、唐山大叶菠菜等。亩用种 3～5 千克。

（二）适时播种

（1）秋播：8 月下旬至 9 月上旬，10 月底至 11 月初收获销售或冬贮。

（2）大棚菠菜：9 月上中旬播种，10 月中旬扣棚，11 月上旬收获。

（3）越冬菠菜：播种期掌握在冬季叶片停止生长时有 4～5 片

叶为宜，一般 10 月上中旬播种，翌春 3 月中下旬收获。

（三）施肥、整地、做畦、播种

播前亩施腐熟有机肥 1 500～2 000 千克、三元复合肥 40～50 千克，深耕整地、做畦。

菠菜种子发芽慢，播前先用 20℃左右温水浸种 12 小时，捞出稍晾后播种，撒播或条播。

撒播：每平方米畦面均匀撒种 8～10 克，用锄将畦面捣一遍，使种子入土 1～1.5 厘米，然后踩一遍，浇透水。

开沟条播：行距 10～15 厘米、沟深 3～4 厘米，撒种、覆土、浇水。

必要时再浇一次蒙头水以保全苗。

（四）肥水管理

播后 4～5 天出苗。2 片真叶期间苗一次，追施尿素 10 千克/亩，之后注意保持土壤湿润；3～4 叶期中耕除草、透气、促根深扎。

（1）秋播菠菜 5～6 叶期追肥，以水带肥，亩施尿素 10～15 千克。适时收获销售或冬贮。

（2）大棚菠菜 10 月中旬扣棚，扣棚前 2～3 天浇一水，扣棚后至采收前就不用浇水了。温度较高时白天揭开棚膜底脚放风，晚上放下。温度控制在 15～20℃左右。

（3）越冬菠菜在封冻前要浇一次冻水，掌握夜冻日消的日期浇灌。

返青后可选晴天浇一次返青水，具体时间掌握耕层已解冻，表土已干燥，菠菜叶片由绿转为浓绿，心叶明显生长时。并随水施尿素 15 千克/亩，为提早上市，除可架设风障外，还可采用小拱棚覆盖和铺地膜的方法，一般在大地解冻前 5～20 天（约在 1 月底至 2 月初）盖上，可提早上市 10～15 天。

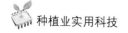
（五）病虫防治

主要病虫害：霜霉病、病毒病、蚜虫、潜夜蝇。

（1）霜霉病主要危害叶片，气温在10℃、相对湿度85%的低温高湿条件发病严重。防治方法：①及时拔除病株，减少初期侵染源。②发病初期用75%百菌清可湿性粉剂600倍液、40%乙磷铝可湿性粉剂200~300倍液或64%杀毒矾可湿性粉剂500倍液喷雾防治，每7~10天喷一次，连喷2~3次。

（2）病毒病防治上应及时防治蚜虫，发病初期用1.5%植病灵乳剂1 000倍液或20%病毒A可湿性粉剂500倍液喷雾防治，7~10天一次，连喷2~3次。

（3）蚜虫是病毒病的主要传播媒介，造成的危害远远大于蚜虫本身的危害，选用10%吡虫啉3 000倍液防治。

（4）潜夜蝇可用40%乐果1 000倍液、1.8%齐螨素3 000倍液防治。

（六）冬贮

准备贮藏的菠菜必须在收贮前半月控水，在土壤将冻结前收获，7~10千克一捆，叶朝下根朝上放在风障后平地上预贮。随外界气温继续下降，土地即将冻结时，将菠菜捆翻过来（叶朝上）码成两列，码紧后覆一薄层土（以盖严菠菜为度）。再过10~12天，大地封冻时，菠菜冻至腰口，再覆土一次，共厚20厘米左右（边帮厚30厘米左右），使菠菜保持冻结状态。高寒地区则要加厚土层或用草苫或高粱秆等覆盖，防止温度长期低于-5~-4℃，以免造成冻害。

食用前将菠菜放在0~2℃环境缓解3~4天，即可恢复新鲜状态。切忌缓解温度过高，缓解过急，造成萎蔫、腐烂。

第二十一节　芫荽

一、秋芫荽栽培

（一）选种

可选用京芫荽、莱阳芫荽、山东大叶芫荽等。

芫荽果实为双悬果圆球形，内含 2 粒种子，播种时必须搓开。

（二）播期

华北地区适宜播期在 7 月中下旬至 8 月上中旬，亩用种 2 ~ 3 千克。

（三）整地做畦

亩施腐熟有机肥 5 000 千克以上，深耕 20 ~ 25 厘米，精细整地，做宽 1 ~ 1.5 米、长 8 ~ 10 米的畦。

（四）播种

播种方法有条播和撒播两种方法：

（1）条播行距 10 ~ 15 厘米，沟深 2 厘米，播幅 5 ~ 8 厘米。均匀撒种，覆土后镇压浇水。

（2）撒播先将畦面表层土取出一些放在两侧以备盖种，然后搂平灌水，水渗后均匀撒种，覆土 2 厘米。

播后喷除草剂，亩用 40% 地乐胺 150 ~ 200 毫升或施田补 150 毫升对水 30 千克，均匀喷洒地表。

（五）田间管理

1. 间苗

幼苗出土后，要保持土壤湿润，浇水不宜过多。结合间苗拔草。第一次间苗株高 3 ~ 4 厘米，苗距 2 ~ 3 厘米；第二次间苗株高

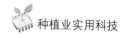

6~7厘米，株距4~5厘米。

2. 肥水管理

在株高10厘米左右，加强肥水管理，每隔5~6天浇水一次，保持土壤湿润。结合浇水追肥，第一次追肥在第二次间苗以后，亩追尿素10~15千克，以后追肥1~2次，亩施尿素8~10千克。

生长后期如果见芫荽叶片和叶柄开始变紫红色时，叶面喷施15~30毫克/千克赤霉素和1 000毫克/千克磷酸二氢钾混合液，每隔10~15天喷一次，连喷2~3次。

收获前15天停止浇水和追肥。

（六）病虫害防治

（1）立枯病：发病初期喷洒58%甲霜灵可湿性粉剂500~800倍液，或72%克露或克抗灵可湿性粉剂800~1 000倍液。

（2）叶斑病：喷洒75%百菌清可湿性粉剂600倍液。

（3）菌核病：喷洒50%速克灵或50%扑海因或50%农利灵可湿性粉剂1 000~1 500倍液。

（4）灰霉病：50%扑海因1 500倍液、2%武夷霉素水剂150倍液。

（5）白粉病：15%三唑酮可湿性粉剂1 500倍液。

（6）细菌疫病：60%琥乙磷铝（DTM）可湿性粉剂500倍液、72%农用链霉素4 000倍液、77%可杀得500倍液。

（七）收获与贮藏

秋芫荽于国庆节前收获，一般亩产2 000千克。

秋芫荽的简易冬藏：

（1）收刨：11月下旬夜冻日消时收刨芫荽，刨时带根、不伤叶，然后择除黄叶，捆成1~2千克的捆，根朝上，叶朝下，顶部盖些细土预冷。

（2）入窖：挖宽1米，深0.5米，长依贮量而定的沟，沟北沿竖风障。趁凉排芫荽，根朝下，棵向前稍斜，随排随盖一层微盖严菜叶的细土。

（3）管理：入窖初期，白天盖草苫，晚上打开降温，使覆土很快冻结，直至菜叶冻结。当气温降至 -10℃ 左右时，进行第二次覆土，覆土厚度 5 厘米。12 月中下旬进行最后一次覆土，土厚 15 厘米，并覆盖草苫和碎草。冬藏期间温度控制在上部叶片 -2 ~ 4℃，根部 0℃。

（4）醒窖：上市前 7 天，撤去覆盖物，覆盖塑料薄膜。每天下午除去上部解冻的覆土，夜间加盖草苫防冻，直至最后一层覆土解冻，不要去掉这层覆土，待芫荽完全缓慢解冻后，出窖上市。

二、春芫荽栽培

（一）小拱棚栽培

3 月 20 日前后播种，畦宽 1.4 米，长 8 ~ 10 米，每畦播种 0.1 ~ 0.12 千克。

播后插小拱棚，白天棚温高于 20℃ 时浇水，从顶部扎孔放风炼苗，温度高于 27℃ 时，两端揭膜通风，4 月 15 日前后撤棚，追肥浇水，4 月 20 日前后上市。

（二）陆地栽培

1. 播期

春芫荽一般 4 月上旬播种，亩用种 5 ~ 6 千克。

春芫荽最好浸种催芽后播种，方法是：

种子用清水浸泡 24 ~ 28 小时，捞出放在潮湿的麻袋上平铺，厚度 2 ~ 3 厘米，上面再盖潮湿麻袋。保持温度 20 ~ 25℃，每天翻动 1 ~ 2 次，经 4 ~ 5 天即可出芽播种。

2. 田间管理

苗期拔草 1 ~ 2 次，结合拔草疏除密集处秧苗。

春芫荽生长季节地温较低，原则是不旱不浇水，前期少浇，后期多浇。整个生长期追肥 1 ~ 2 次，亩施尿素 15 ~ 20 千克。

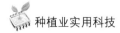

春芫荽从播种到收获大约 50 天左右，一般株高 12 ~ 15 厘米，亩产 1 500 千克。

三、夏芫荽栽培

（一）播期

一般 5 月下旬开始播种，亩用种量 3 ~ 4 千克。

（二）田间管理

夏芫荽管理的关键是浇水，此时天气炎热不能缺水，整个生长期需浇水 5 ~ 6 次。

一般播后 50 ~ 60 天收获。

四、大棚及日光温室栽培

（一）播期

播期在 9 月中旬至 10 月上旬。

采用撒播，亩用种 4 ~ 6 千克。

（二）管理

随着寒冷的到来，注意控制浇水和温度，温度控制在 18 ~ 22℃，最高不超过 25℃。畦面保持间干间湿，追肥 1 ~ 2 次，每次追施尿素 10 ~ 15 千克。

第二十二节　生姜

温度特性：生长期适宜温度 20 ~ 29℃。发芽适温为 22 ~ 24℃，幼苗期及发棵期以保持 25 ~ 28℃对茎叶生长较为适宜。当温度降至 15℃以下时姜苗停止生长。

土壤相对含水量 80%，遮光 60% 处理，比较适宜生姜生长。

一、选种

一般可选用莱芜大姜、莱芜片姜、山西故城黄姜、鲁山张良姜等优良品种。

选择离母姜较远、肥大、丰满、皮色光亮、肉质新鲜、不干缩、不腐烂、不受冻、质地硬、无病虫害的新生部分做种块。

亩用种姜 250 ~ 300 千克。

二、晒姜、困姜

于播前 25 ~ 30 天，北方多在 4 月上旬清明前后，选择晴朗天气，取出姜种（用清水洗去姜块上的泥土）平铺在草席或干净的地上晾晒 1 ~ 2 天。

注意事项：晒姜要适度，尤其是较嫩的姜种，切不可暴晒。中午若阳光强烈，可用席子遮阴，以免姜种失水过多，姜块干缩出苗细弱。

姜种晾晒 1 ~ 2 天后，即将其置于室内堆 2 ~ 3 天。姜堆上覆盖草帘，促进养分分解，称困姜。一般经 2 ~ 3 次晒姜、困姜便可开始催芽。

三、掰姜种、催芽

温度保持 20 ~ 25℃，大约 20 ~ 22 天后姜幼芽长至 1 厘米左右时即可播种。

（1）把姜掰成 50 ~ 75 克的姜块，在掰姜的同时严格剔除种芽基部发黑或断面发生褐变的姜块。也可先催芽，播种前掰姜种。

（2）一般采用土炕催芽：在炕上铺 10 ~ 15 厘米厚的事先晒过的麦秸，再铺上 3 ~ 4 层草纸。选晴暖天气在最后一次晒姜后趁姜体温度高，将种姜一层一层铺好，一般不超过 60 ~ 70 厘米，随放姜随在四周塞上 5 ~ 10 厘米厚的麦糠，（经 10 小时散热）上盖 7 ~ 10 厘米厚的麦秸，根据姜种的多少及姜炕的大小，在炕内竖几把

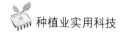

高粱、玉米等作物秸秆，以保持透气。通过烧火保持温度，温度开始保持在 18 ~ 20℃，5 ~ 6 天后逐渐升高到 22 ~ 25℃，促使姜芽迅速萌动。待种姜萌动后（约需 10 天左右），温度降到 20 ~ 21℃。再过 10 ~ 15 天左右，当种芽长到 0.5 ~ 2 厘米，粗 0.8 ~ 1 厘米，形态上黄色鲜亮、顶部钝圆，芽基部见根突起即可播种。

催芽过程中倒翻 1 ~ 2 次，使姜堆温度均匀，通风透气，防止腐烂。

*其他催芽方法：

将姜块翻晒数天，使姜皮变干发白，放入垫有稻草的箩筐内，使其头朝内，脚朝外，一层一层放好，再盖草苫或稻草，用绳子扎紧，放入温室或塑料大棚内，保持筐内湿度和 20 ~ 30℃ 温度，经过 20 余天，幼芽长 1 厘米左右取出，掰姜种、播种。

四、整地施肥

每生产 1 000 千克鲜姜吸收氮 10.4 千克，五氧化二磷 2.64 千克、氧化钾 13.58 千克、硼 3.76 克、锌 9.88 克，氮：五氧化二磷：氧化钾 = 3.9：1：5

亩施氮 40 千克、五氧化二磷 7.5 千克、氧化钾 40 千克产量最高。

（1）一般亩施优质有机肥 5 000 千克、过磷酸钙 30 ~ 50 千克，然后将地耙细整平。

（2）开姜沟施种肥：北方多采用沟栽方式。具体做法是在整平的地块上按东西向或南北向开沟。沟距 50 ~ 60 厘米，沟宽 25 厘米，沟深 15 厘米左右。为便于浇水，沟不宜太长，一般以 20 米以内为宜。

在开好的沟内南侧（东西向沟）或西侧（南北向沟）开一小沟，叫做施肥沟，再将粉碎的饼肥集中施入施肥沟内。一般肥料用量可亩施饼肥 75 ~ 100 千克，另施硫酸铵 15 千克、过磷酸钙 25 千克、硫酸钾 10 ~ 20 千克，或直接施入氮磷钾复合肥 25 千克。还应亩施锌肥 2 千克、硼肥 1～1.5 千克。

五、播种

1. 播期

需在终霜后、10 厘米地温稳定通过 15℃以上时播种。

从出苗至初霜适宜生姜生长的天数应在 135 天以上。

华北一带多在立夏至小满（4 月下旬至 5 月上旬）播种。地膜覆盖栽培可适当提早播种 15～30 天。

2. 掰姜

没有掰姜种的种姜下地前进行掰姜。

一般要求每块姜上只保留一个短壮芽，少数姜块可根据情况保留 2 个壮芽，其余幼芽全部除去。

掰姜时可按种块大小或幼芽强弱进行分级，种植时分区种植，便于管理。

3. 种块消毒及土壤消毒

采用多菌灵 800 倍液浸种 10 分钟或"绿宝 1 号"200 倍液浸种 20 分钟，捞起晾干播种，可防多种病害发生。

播种时亩用敌克松 1～1.6 千克拌细土 30 千克撒施，对土壤进行消毒处理。

4. 浇底水

浇底水一般在沟内施肥后，于播前 1～2 小时进行。浇水量不宜过大，以土壤湿润但又不把垄湿透为宜。

5. 播种方法

一般采用平播法，即将种姜水平放在沟内，使幼芽方向保持一致。东西向沟，姜芽一律向南，南北向沟，姜芽一律向西。放好姜块后，用手轻轻按入泥中，使姜芽与土面相平即可。而后随手扒下部分湿土，盖住姜芽，以防强光灼伤幼芽。

株距 18～20 厘米，亩密度 7 000～8 000 株左右。

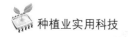

6. 覆土

种姜排好后，用锹或二尺钩将垄上的湿土扒入沟内盖住姜种，用铁耙搂平耙细，一般要求覆土厚度为 4 ~ 5 厘米。

7. 遮阴

遮光 60% 效果最好，产量最高。遮阴姜田，一般在立秋前后拔除遮阴物。

8. 化学除草

播种后 7 ~ 10 天，喷施除草剂封闭地面，可采用禾耐斯（乙草胺）60 ~ 70 毫升/亩。72% 都尔 120 ~ 150 毫升/亩。

生姜生长期，杂草 2 ~ 5 叶期。可选用 5% 盖草能 45 ~ 75 毫升、10.8% 高效盖草能 25 ~ 30 毫升喷雾。

六、合理浇水

1. 发芽期水分管理

通常在出苗达 70% 左右时开始浇第一水，一般应浇一小水，水分正好渗下为好。在浇第一水后的 2 ~ 3 天紧接着浇第二水，之后浅中耕保墒、除草。中耕不宜过深，一般以 10 厘米左右较为适宜。

2. 幼苗期水分管理

在幼苗生长前期，以浇小水为宜，浇水后趁土壤间干间湿时，进行中耕浅锄。

在幼苗生长后期，已进入夏季，天气干旱，蒸发量大，应适当增加浇水次数与浇水量，保持相对湿度在 70% 左右。夏季以早晨或傍晚浇水为好，不宜在中午浇水。

夏季暴雨之后，应以浇跑水的方式及时浇井水降温，俗称"涝浇园"，同时还应及时排水，以免姜田积水，引起姜块腐烂。

在整个幼苗期，要注意供水均匀。若供水不均匀，不仅姜苗生长不良，而且常发生新叶扭曲不展，影响姜苗生长。

3. 旺盛生长期水分管理

立秋以后，生姜进入旺盛生长期，根据天气情况，一般 4~6 天浇一次水，保持土壤相对湿度 75%~80%，至收获前 3~4 天再浇一次水，使收获时姜块带潮湿泥土，以利于入窖贮藏。

七、追肥与培土

一般进行 3 次追肥：

第一次追肥在幼苗期，通常在苗高 30 厘米，植株有 2~3 个分权时进行。这次追肥以氮素化肥为主，亩施硫酸铵 20 千克或亩施撒可富 40 千克。

第二次追肥在立秋前后，在姜苗北侧距植株基部 15 厘米处，开一条施肥沟，亩施复合肥 30~40 千克，或磷酸二铵 30 千克加硫酸钾 15~20 千克，将肥料撒入沟中并与土壤混均，然后覆土封沟即可。

第三次追肥在 8 月下旬至 9 月上旬。一般亩用复合肥 25~30 千克，或硫酸铵 25~30 千克加硫酸钾 10~15 千克。

据试验，在中等肥力条件下，每亩施氮 26~32 千克、五氧化二磷 8~12 千克、氧化钾 33~40 千克，分别在 3 次追肥中施入，可望获得较好的产量。

一般在立秋前后，结合姜田除草和追肥时进行第一次培土，把沟背上的土培在植株基部，变沟为垄，以后结合浇水进行第二、第三次培土。以不露出姜块为宜。

八、病虫害防治

（1）腐烂病：选用无病姜种，田间发现病株后，及时拔除，病穴撒石灰消毒。亦可用硫酸铜：生石灰：水 =1：1：100 的波尔多液，隔 10~15 天喷雾一次，喷 2 次即可。用 50% 多菌灵 500 倍液灌根，也有一定效果。华北地区一般 7 月份始发，8~9 月份发病最盛，10 月份停止发生，发病早晚轻重与当年的气温与降雨

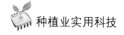

有关。

（2）软腐病：软腐病可结合腐烂病一起防治，用农用链霉素1 000倍液灌根会有一定效果。也可采用30%琥胶肥酸铜悬浮液500倍液、70%敌克松600倍液灌根防治。

（3）叶枯病：主要危害叶片，病斑黄白色，梭形或长圆形，斑点细小，长2～5毫米，严重时斑点密布叶片似星星点点状。发病初期用70%甲基托布津700倍液＋75%的百菌清600倍液喷雾防治。

（4）炭疽病：首先从叶尖及叶缘出现病斑，最初是水浸状褐色小斑，逐渐扩展成梭形或椭圆形病斑使叶片干枯。发病初期用70%甲基托布津700倍液＋75%的百菌清600倍液喷雾防治。

（5）玉米螟：6～7月份发现后用有机磷、菊酯1∶1复配防治。

（6）根结线虫病：俗称姜癞皮症，可用3%米乐尔颗粒剂5%克线磷颗粒剂，每亩用3～5千克有较好的防治效果。

九、收获与贮藏

1. 收获

一般在8月初即可采收嫩姜提早供应市场。

老姜采收一般在初霜来临之前（10月中下旬）及时收获，收获时整株刨出，轻轻抖落根茎上的泥土，然后将茎秆保留2厘米削去。摘除根，趁湿入窖。

2. 贮藏

（1）生姜收获后，立即将带着潮湿泥土的姜块放入窖内，由里及外将姜紧密排在一起，摆完一层在表面盖1厘米厚的细沙，再摆第二层，姜层顶端离窖顶不低于30厘米，上部盖5～10厘米的湿沙保湿。

（2）入窖后放置10～15天，暂时不封口，用草席把窖口稍加遮盖。之后用砖将窖口垒起来，留一个1～1.5平方米的小窗，以后随气温下降，封窖口，天气寒冷时，可在上面加盖柴草保温。

（3）姜窖内温度应控制在 15～20℃，相对湿度 60% 为宜。

十、玉米黄姜间作种植

栽培模式：玉米垄间距 120 厘米，两垄玉米间种植 4 行黄姜。玉米与黄姜行间距 30 厘米，黄姜与黄姜间距 20 厘米。

第四章　果树周年管理

第一节　桃树

（一）适合北方发展的优新品种

普通桃品种：早霞露（5月底成熟）、雪雨露（6月下旬成熟）、美硕（6月底成熟）、早熟有明（7月初成熟）、新川中岛（大果，7月底8月初成熟）、久保王（8月上旬成熟）、有明（8月中下旬成熟）、21世纪（8月下旬成熟，着色好、耐贮性好）。

油桃品种：金山早红（6月中旬成熟）。

蟠桃品种：早露蟠桃（6月上旬成熟）、早黄蟠桃（6月下旬成熟）、瑞蟠三号（7月底成熟）。

（二）设施栽培品种

华光、曙光、艳光；超红珠、丽春；雪雨露、美硕。

栽培密度：

普通栽培：行株距5米×4米；一般密植栽培：行株距6米×2.5米；

设施栽培：行距2~2.5米，株距1~2米。

● **十二月、一月、二月：冬季修剪**

（1）1~4年生幼树以轻剪扩大树冠，培养骨干枝为主。在距地面60~70厘米处剪截定干，在剪口下20厘米范围内，选择生长健壮、长势相近、方位分布均匀的三枝为三大主枝（骨干枝），任何一主枝均不要朝向正南。第二年在每个主枝上选出第一个侧枝，第三年选第二个侧枝，每年对主枝延长枝在最上部饱满芽处短截，（一般剪留 40～50 厘米）。四年生树在主侧枝上要培养一些结果枝组和结果枝。疏除密挤枝、竞争枝，结果枝适度轻剪长放，以能提高坐果率、保持骨干枝生长优势为原则。

（2）初结果期至盛果期树以调节主侧枝生长势的均衡，培养各种结果枝组为主，注意结果枝组和果枝更新。防止早衰和内膛空虚，延长结果年限。

主枝修剪：盛果初期延长枝应以壮枝带头，剪留长度 30 厘米左右。并利用副梢开张角度，减缓树势，盛果后期应选用角度小、生长势强的枝条抬高角度，增强其生长势，或回缩枝头刺激萌发壮枝。

侧枝修剪：对下部严重衰弱的侧枝，可以疏除或回缩成大型枝组，对有生长空间的外侧枝用壮枝带头。

结果枝组的修剪：以培养和更新为主，对细长弱枝组要更新，回缩并疏除基部过弱的小枝组，膛内大枝组出现过高或上强下弱时，轻度缩剪，降低高度，以结果枝当头。枝组生长势中庸时，只疏强枝。侧面和外围大中型枝组弱时缩，壮时放缩结合，维持结果空间，各枝组在树上均衡分布。3 年生枝组之间距离应在 20～30 厘米之间，4 年生枝组之间的距离为 30～50 厘米，5 年生为 50～60 厘米。

结果枝的修剪：依据品种的结果习性进行修剪。对于大果型但梗洼较深的品种以及无花粉的品种，如早凤王、砂子早生、八月脆等品种，以中短果枝结果为好，因此在冬季修剪时以轻剪为主，先疏去背上的直立枝以及过密枝，待坐果后根据坐果情况和枝条稀密再行复剪。对于有花粉和中、长果枝坐果率高的品种，可根据结果枝的长短、粗细进行短截。一般长果枝剪留 20～30 厘米，中果枝10～20 厘米，花芽起始节位低的留短些，反之留长些。要调整好

生长和结果的关系，通过单枝更新和双枝更新留足预备枝。

● 三月：花前管理

1. 刮除老翘皮

刮除老翘皮，流胶树刮除胶块，用 50% 退菌特可湿性粉剂 50 克加 50% 硫悬浮剂 250 克混合涂药或抹 3～5 度石硫合剂，用铁刷子刷枝干，消灭越冬桑白蚧雌成虫，清除枯枝、落叶、僵果等。

2. 施肥浇水

每生产 50 千克果实需：氮 500 克、五氧化二磷 250 克、氧化钾 500 克。氮、磷、钾之间的比例大致是 2：1：2。

未秋施基肥的果园：在株施有机肥 50～100 千克的基础上，株施尿素 0.5～1.0 千克、过磷酸钙 1.0～2.0 千克、硫酸钾 0.5～1.0 千克；或株施 25% 桃树专用肥 2.0～3.0 千克；或株施硝酸磷钾 1.5～3.0 千克；或株施 45% 优质硫酸钾复合肥 1.5～2.0 千克。

秋施基肥的果园：萌芽前可追肥一次，以速效氮肥为主。株施碳氨 1.5～2.5 千克或尿素 0.5～1.0 千克。

施肥后浇水，注意以后松土保墒。

黄叶病严重的土施硫酸亚铁、追施复合菌剂冲施肥或喷施康朴螯合铁。

3. 喷药

三月下旬，芽萌动后，喷 3～5 度石硫合剂，主治桃细菌性穿孔病、缩叶病、桑白蚧壳虫、红蜘蛛。

花蕾露红时喷药主治桃蚜，兼治桃小卷叶蛾、介壳虫。

参考配方：10% 吡虫啉 2 500 倍 + 4.5% 高效氯氰菊酯 1 500 倍 + 优桃 2008 1 200 倍 + 花果防冻素 1 000 倍。

● 四月：疏花，授粉，浇水，喷药

1. 疏花

对坐果率高的品种，如大久保，露瓣期开始疏花。先疏结果枝基部的花，留中上部的花；中上部则疏双花留单花，预备枝上的花全部疏掉。

2. 授粉

对自花不实或坐果率低的品种，采用人工辅助授粉，提高坐果率。

3. 追肥浇水

落花后马上浇水，开花量大的，追施速效氮肥、钾肥，提高坐果率，促使幼果发育。

4. 防治病虫害

谢花后十天内（延长枝新梢生长至 4 ~ 5 叶时），是桃蚜、苹小卷叶蛾、梨小食心虫、潜叶蛾的防治关键期；早春低温、潮湿注意防治桃缩叶病。

参考配方：

10%吡虫啉 3 000 倍 +30%氰马 2 000 倍 + 真高（25%苯醚甲环唑）6 000 倍 + 氨基酸 800 倍。

10%吡虫啉 3 000 倍 +25%灭幼脲三号 2 000 倍 +70%甲基托布津 1 000 倍 + 壮果精。

卷叶虫严重时混加 1.8%齐螨素 5 000 倍。

● **五月：疏果，喷药，定果，夏季修剪**

1. 疏果

坐果后能分出大小个即可进行，宜早不宜迟，硬核期前完成。

第一次疏果在 5 月上旬第一次生理落果后进行，留生长匀称的长型大果，疏掉总果量的 60% ~70%。第二次疏果称定果，5 月中下旬第二次生理落果之后进行，先疏早熟、大型果、坐果率高的品种。

大型果品种，长果枝一般留 2 ~ 3 个果，中果枝留 1 ~ 2 个果，短果枝留 1 个果，花束壮果枝一般不留果或留 1 个果，以促其复壮，骨干枝不留果。较小果实品种可适当多留。

选留向两侧发育良好的果，长果枝留中部果，中果枝和短果枝留顶部果。

果与果之间应保持 8 ~ 18 厘米的距离。

2. 套袋

在疏果3~4周后进行，在主要蛀果害虫蛀果前完成，套袋前喷一遍杀虫、杀菌剂。鲜食用果于采前3~4天将袋撕开促进着色。

3. 病虫害防治

主要病虫害：蚜虫、桑白蚧、桃小、梨小、绿盲蝽、红颈天牛、红蜘蛛；细菌性穿孔病、疮痂病、褐腐病等。

（1）5月上中旬重点防治桃蚜、蝽象。

5月上中旬药剂防治参考配方：

吡虫啉3 000倍+30%氰马2 000倍+优桃2008 1 200倍+钙中盖800倍。

啶虫咪5 000倍+杀灭菊酯2 000倍+乐斯本2 000倍+多锰锌800倍+氨基酸。

（2）5月下旬注意防治红蜘蛛，喷一遍长效杀螨剂：5%尼索朗1 500倍液、15%哒嗪酮3 000倍液、齐螨素5 000倍液（兼治潜叶蛾、梨小食心虫）混加有机磷农药或菊酯类农药兼治蚜虫和蝽象。混加杀菌剂防治病害。5月下旬至6月上旬是侵染性流胶病第一个发病高峰，采用多菌灵、猛杀生、福星防治。

5月下旬药剂防治参考配方：

6%阿维哒2 500倍+4.5%高效氯氰菊酯2 000倍+多菌灵1 000倍+叶面肥。

15%哒螨灵+90%万灵4 000倍（+10%吡虫啉3 000倍）+优桃1 200倍+叶面肥。

（3）剪除梨小食心虫为害的虫梢，重点剪除新为害的虫梢。

（4）红颈天牛的防治：此期红颈天牛已在枝干皮层或木质部蛀食危害，挖虫或向虫孔注射50倍敌敌畏药液或采用磷化铝熏蒸。

（5）桃小食心虫的防治：防治桃小食心虫的要点是加强树下地面防治，结合树上喷药。

地面防治：5月下旬至6月中旬，降雨10厘米以上或浇水后，2天后为幼虫出土盛期，在树干周围1米范围内喷洒辛硫磷100倍液，施后耙土。10～15 天再喷一遍，连续 3 次。

树上喷药：6 月底至 7 月上中旬，当卵果率 1%～2% 应喷药防治。可用 30% 桃小灵 2 000 倍、2.5% 功夫菊酯 2 500 倍、48% 乐斯本 2 000 倍、40% 万灵将 1 500 倍液防治。

（6）介壳虫的防治：桑白蚧第一代幼虫在 5 月上旬为孵化盛期，第二代在 8 月上旬。朝鲜球坚蚧以 5 月下旬至 6 月上旬为孵化盛期，日本球坚蚧 5 月下旬为孵化盛期。不同地区孵化期也不同，要注意观察，当看到小幼虫开始孵化时立即开始用药防治。间隔 3～5 天连喷 2 次，常用药剂：乐斯本 2 000 倍、菊酯 2 000 倍、蚧蚜空 1 500 倍。

（7）细菌性穿孔病的防治：细菌性穿孔病的发生与湿度有关，降雨多，湿度大时发生较重。防治该病，在 5～6 月发病初期喷施硫酸链霉素或新植霉素 200 毫克/升。

五月下旬可喷 1∶2∶200 硫酸锌石灰液一次，主治桃细菌性穿孔、桃黑斑病。

4. 喷多效唑

5 月中旬，4 年生以上的旺树在新梢长至 10 厘米时，叶面喷 15% 的多效唑 300 倍液，以后 20 天（6 月上旬）喷一次，共喷 2～3 次。

5. 追肥浇水

对坐果多的树适当补施一次速效氮肥、钾肥。

6. 夏剪

桃萌芽成枝力强，4 月底 5 月上旬疏果的同时，对三芽枝去二留一，双芽枝去一留一，过密新梢适当疏除一部分，15 厘米左右留一新梢。

5 月中下旬主要是调整主、侧枝的生长势，控制旺生长。根据需要进行摘心，促发二次枝和三次枝，形成较中庸的中短果枝，对于生长旺的主侧枝，可以剪主梢留副梢，缓和生长。内膛有生长空间时，对竞争枝、徒长枝可留 1～2 个副梢，培养成结果枝组。如

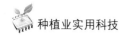

无副梢，在 20 厘米处短截，促发新梢。潜伏芽萌生的新梢，从基部疏除。

● 六月：治虫，肥水管理，顶吊枝，夏剪

1. 病虫害防治

本月重点防治红蜘蛛、蟥象、卷叶蛾、梨小、介壳虫、天牛、穿孔病、疮痂病、褐腐病。

（1）六月初，槐枝介壳虫孵化期，注意防治。

（2）6～7 月份时红颈天牛发生盛期，保护树干防治天牛，石灰食盐水涂白树干，防止天牛产卵，可有效控制为害。配方：生石灰 10 份 + 硫磺 1 份 + 食盐 0.2 份 + 水 40 份，再加少量植物油。

（3）麦收前或收麦期间为（苹果小）卷叶蛾一代幼虫、梨小食心虫二代小幼虫、桃蛀螟（产于幼果表面，粉红色）进入孵化盛期及时喷药防治。

（4）潜叶蛾 7～8 月为严重危害期，5～6 月份降雨多，湿度大，潜叶蛾发生就严重，于 6 月下旬喷施第二次药。

（5）6 月中下旬注意防止茶翅蝽。

（6）5～6 月份是多种病害（疮痂病、褐腐病、细菌性穿孔病）发病初期，要从麦收前开始喷药保护果面。

6 月药剂防治参考配方：

70% 代森锰锌 1 200 倍 + 功夫菊酯 2 000 倍 + 6% 阿维哒 2 500 倍 + 彭大素。

1.5% 多抗霉素 500 倍 + 25% 灭幼脲三号 2 000 倍 + 1.8% 齐螨素 4 000 倍 + 叶面肥。

2. 桃树结果期肥水管理

此期为早熟品种果实膨大期，中熟品种硬核期，需补足肥水。

（1）硬核期肥水管理：硬核期（5 月下旬至 6 月上中旬）营养不足会导致第二次生理落果增多，应特别重视在硬核期追肥，以磷肥、钾肥为主，配合氮肥。

（2）果实膨大期肥水管理：果实采收前 15～20 天追肥，可显

著增进果实品质和提高产量，这次追肥以速效钾肥为主，适量加入氮肥。参考施肥量，株施：硝酸磷钾 1 ~ 1.5 千克，或红日高氮追施型肥料（20 - 10 - 10）1 千克，或尿素 0.5 ~ 1.0 千克配合硫酸钾 0.5 ~ 1.0 千克，也可追施优质冲施肥 0.5 ~ 1.0 千克。

（3）果实采收后果树可适当追施氮肥（为主），配以少量磷钾肥。

3. 顶吊枝，防骨干枝劈裂

4. 夏剪

对内膛和上部过密的徒长枝疏去一部分，五月摘心后的枝有萌发 3 ~ 4 个副梢的，留基部两个副梢，去强留弱，解决内膛光照，有利成花和果实着色。及时调整外围枝头方向和角度。

● 七月：肥水，喷药，夏剪

1. 开张角度

对幼树和初结果树，角度小的骨干枝，拉枝开角 70 度为宜，有利于扩大树冠和花芽形成。

2. 追肥浇水

中熟品种进入果实膨大期，追肥浇水（参照上月）。

3. 病虫害防治

注意防治桃小食心虫、红蜘蛛、桑白蚧、桃小绿叶蝉、卷叶虫、茶翅蝽（7 ~ 8 月为茶翅蝽成虫为害期）、褐腐病、穿孔病等。

（1）6 月下旬至 7 月上中旬注意防治桃小食心虫（6 月 25 日前后、7 月 5 日前后及 7 月 20 日前后为孵化蛀果高峰期，注意及时防治）。

（2）7 月下旬至 8 月下旬喷药防治二代苹小卷叶蛾。

7 月药剂防治参考配方：

90% 万灵 5 000 倍 + 2% 齐螨素 3 000 倍 + 70% 代森锰锌 1 200 倍 + 彭大素。

1.8% 齐螨素 4 000 倍 + 5% 杀铃脲 4 000 倍 + 多菌灵 1 000 倍 + 壮果精。

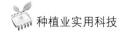

穿孔病严重的可喷 1：3：240 倍锌灰液。

4. 夏剪

疏除内膛直立枝，解决光照，外围竞争枝扭平，培养长放型结果枝组。

5. 摘除病果

7～8 月生产季及时摘除桃褐腐病病果。

● **八月：浇水，除草，芽接，诱虫**

1. 晚熟品种浇水除草

2. 芽接、嫁接、高接换头

3. 病虫害防治

（1）注意防治红蜘蛛、桑白蚧、桃小绿叶蝉及桃蛀螟二代幼虫（卵果率 2% 马上防治）、穿孔病、流胶病。

（2）8 月上旬至 9 月上旬侵染性流胶病第二个发病高峰。

（3）8 月下旬是红蜘蛛下树越冬时间，树干绑草把诱杀红蜘蛛。

（4）中晚熟桃注意防治细菌性穿孔病。

8 月药剂参考配方：

30% 氰马 1 500 倍 + 6% 阿维哒 1 200 倍 + 代森锰锌 1 200 倍 + 彭大素。

90% 万灵 5 000 倍 + 1.8% 齐螨素 4 000 倍 + 甲基托布津 1 000 倍 + 壮果精。

4. 控秋梢

8 月中旬可喷一遍 150～200 倍 PBO 一次，控制秋梢，促芽饱满。

● **九月：秋施基肥**

1. 防治桑白蚧

9 月上旬是桑白蚧越冬代交尾期，喷敌敌畏溶液，间隔 5～7 天喷 2 次。

2. 施基肥浇水

盛果期株施有机肥 25～50 千克，磷肥 1.5～3.5 千克（或专用肥 2～3 千克），适量加入微量元素肥料（硼砂、硫酸亚铁、硫酸锌、硫酸锰等）。恢复树势，充实花芽。可采用环状沟施、放射沟施、条施、全园普施，施肥深度 30 厘米左右，施肥位置为树冠投影外围，施后浇水。

● 十月、十一月

1. 土施多效唑

四年生以上的旺树，没叶面喷施多效唑时，此期可土施，株施多效唑 10～15 克。在投影下挖 15～30 厘米深的环状沟，然后将多效唑配成水溶液均匀浇入沟内，待药液渗后覆土。结合浇水效果更好。

2. 清园、冬灌

埋树叶，果园耕翻，冬灌。

3. 越冬保护

幼树作防寒土埂。树干涂白，涂白剂配方：生石灰 3～5 千克，食盐 0.5 千克，黏土 1 千克，石硫合剂或硫磺粉 0.5～1 千克，水 9～10 千克。

4. 防治介壳虫

对介壳虫严重的树体，可在冬天最冷时，用喷雾器往树上喷清水，在树枝上结一层薄冰，下午用木棍敲打或振动树枝，使介壳虫和冰一起振落。

如何防治桃树黄化病

这主要是土壤中缺乏有效性铁所至。

影响黄化因素：（1）土壤积水，土壤中空气减少，造成根系毒害，影响营养物质吸收，出现黄化。（2）在石灰性土壤、pH 值较高的土壤、黏性土壤及贫瘠土壤，较易发生缺铁黄化。（3）与品种也有关系。

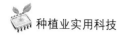

防治方法：应以控制盐碱为主，增施有机肥，改良土壤结构和理化性质，增加土壤的透气性为原则，再辅助其他方法，才能取得较好效果。（1）及时排除桃园积水，挖根晾晒，增加土壤孔隙度。（2）浇水后，及时中耕，减少盐分随毛细管水分蒸发上升地面；可用秸秆、杂草等进行覆盖。（3）增施有机肥，改良土壤结构降低土壤 pH 值。（4）施用有机铁，主要方法有几种：①硫酸亚铁与有机肥混合发酵后施入土壤，效果较好。②叶面喷施德国康朴螯合铁 2 000 倍，7~10 天喷一次，连喷 2~3 次，效果较明显。

如何防治桃树流胶病

桃树流胶病分为侵染性流胶病和非侵染性流胶病。

1. 侵染性流胶病

又称疣皮病，主要危害枝干，多年生枝干受害产生"水泡状"隆起，直径 1~2 厘米，并有树胶流出。一般在直立生长的枝干基部以上部位受害严重，侧生的枝干向地表的一面重于向上的部位，枝干分叉处易积水的地方受害重，肥水不足、负载量大均可诱发流胶病。

防治方法：（1）桃树开花前，刮去胶块，用 50% 退菌特 50 克 +50% 硫悬浮剂 250 克混合涂药。（2）桃树生长期喷洒 50% 多菌灵 800 倍液，或 70% 甲基硫菌灵 1 000 倍液，半月一次，共喷 3~4 次。（3）增施有机肥、磷、钾肥，控制负载量增强树势，提高抗病力。

2. 非侵染性流胶

又称生理流胶，主要危害主干和主枝桠杈处。霜害、冻害、病虫害及机械伤害造成伤口，引起流胶；施肥不当、修剪过重、结果过多、栽植过深、土壤黏重等，导致流胶病发生。

防治方法：（1）加强管理，增强树势。合理修剪，减少枝干伤口；防治枝干病虫害，冬春季树干涂白，预防冻害和日灼。（2）发芽前，刮除胶块，伤口涂 45% 晶体石硫合剂 30 倍或 5 度石硫合剂。（3）药剂防治同侵染性流胶病。

第二节　杏树

目前表现较好的品种：

早熟品种：宇宙红、菜籽黄、早红、红丰、金太阳。

中熟品种：凯特。

● 一月 ～ 二月：冬季修剪

（一）幼树修剪

整形上采用自然圆头形和疏散分层开心形。

1. 自然圆头形

在距地面70～90厘米高处定干，选留5～6个错落生长的主枝。其中一主枝可向树冠内延伸，其余主枝向外围延伸。主枝上，隔50～60厘米选留一侧枝，侧枝上再分生各类枝组。在整形期间，要将顶端的延长枝适度短截，使其中、下部分生小枝，以利提早结果。直立性较强的品种宜采用此种树形。

2. 疏散分层开心形

50～60厘米定干，有较明显的中心主枝，在主干和主枝上着生8～9个主枝，第一层主枝4～5个，距第一层主枝1米左右，选留第二层主枝，选留主枝2～3个，距第二层60～70厘米选留2个角度较小的枝条培养成第三层主枝，上部的中心领导枝头截除成小开心状。主枝上同样50～60厘米留一侧枝。树势强的品种和栽培在肥沃土壤上的植株，宜用这种树形。

（二）盛果期树修剪

（1）对各级骨干枝的延长枝适度短截（以剪去1/2～1/3为宜），使其抽出充实的新梢，维持树势。

（2）对结果后长势衰弱的枝组、细长枝、下垂大枝及时回缩，

197

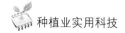

用背上或斜生旺枝当头，以抬高角度、增强长势。

（3）对内膛枝组应重剪，使之不断抽生健壮新梢，避免内膛光秃、结果部位外移。注意维持、更新结果枝组。

● 三月

1. 刮树皮

轻刮主干和主枝上的老翘皮，集中烧毁。消灭在树干裂缝处越冬的梨小食心虫、李小食心虫及杏星毛虫和秋千毛虫。

刮除流胶病病部，涂抹 5 度石硫合剂或 40% 福美砷 50 倍液。

2. 追肥

每生产 100 千克果实，应投入纯氮 1 100 克、五氧化二磷 750 克、氧化钾 1 013 克，氮磷钾之比大致为 1∶0.8∶1。

秋天未施基肥的杏园，补施基肥。以有机肥为主，大树每株 50～100 千克，幼树 25 千克。酌情施化肥，以二氨或优质三元复合肥为好。

秋施基肥的果园，3 月上中旬花芽膨大期追施尿素 0.25～0.5 千克。

3. 深翻土地

与施肥配合进行，挖好沟后将肥料施入沟内，深耕行间。

4. 灌水

2 月底至 3 月初，最迟不得晚于开花前 10 天，全园灌一次透水，可与施肥同时进行。间接推迟花期 3～5 天，既对避开花期晚霜冻害有利，也对提高授粉、增加坐果有利。

5. 拉枝复剪

对于未结果幼树中过于旺盛的直立枝和角度小的主枝，应适当开张角度。一般角度控制在 50～60 度。同时进行花前复剪，将过密的、瘦弱的、受病虫危害的短果枝和花束壮果枝疏去一部分。

6. 病虫防治

（1）在花芽萌动前后（3 月上旬末），喷一次 5 度石硫合剂，防治杏疔病、褐腐病、流胶病、细菌性穿孔病等。

（2）开花前喷施（3月中旬，花前一周）10%吡虫啉3 000倍 +4.5%高效氯氰菊酯2 000倍 + 花果防落素1 000~2 000倍。

（3）盛花期喷施10~30毫克/千克赤霉素 +300倍尿素 +300倍硼砂。

可明显提高坐果率和当年果重。喷时尽量使水滴呈雾状，水滴不可过大，水量也不可过多。

7. 人工辅助授粉

● **四月**

1. 追肥灌水

谢花后，幼果迅速膨大期，为减少生理落果，追肥一次，这次追肥以氮肥为主，补充磷钾肥。结果大树每株施入尿素0. 5千克，灌水。

2. 疏果

落花后半个月至硬核期以前进行，幼果已经发育到蚕豆大小，疏去果形不正、小果、病虫果、并生果等发育不良幼果，保持果间5~8厘米的距离，大型果应稀留，以求优质和连年丰产。

3. 病虫防治

（1）杏象甲：3月底4月初出蛰活动，利用幼虫假死性，振动危害的树枝，收集消灭。喷洒25%亚胺硫磷500倍液，也有防治效果。

（2）天幕毛虫：随时剪除有虫的小枝效果很好。

（3）杏星毛虫：早春利用成虫白天下树隐藏的习性，可在树干周围的地面上撒些2%杀螟松粉剂。或在树干上缚草把诱捕下树的幼虫于天黑前烧毁。杏树萌芽时喷洒马拉硫磷1 000倍液或辛硫磷2 000倍液，也有防治效果。

（4）防治杏疔病：展叶后再喷0. 3度石硫合剂。

4月病虫害防治参考药剂配方：

10%吡虫啉3 000倍 +30%桃小灵（氰马）1 500倍 + 真高（25%苯醚甲环唑）6 000倍 + 氨基酸。

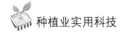

5% 啶虫脒 4 000 倍 + 48% 乐斯本 2 000 倍 + 70% 甲基托布津 1 000 倍 + 氨基酸叶面肥。

4. 药物抑制

4 月份株施 15% 多效唑 10 克，施后及时灌水。抑制作用可持续 2 ~ 3 年。或对幼旺树于 5 ~ 6 月份喷 500 倍多效唑，每隔 2 周喷一次，连喷 2 ~ 3 次。

5. 中耕除草

灌水及雨后及时中耕，疏松土壤，深度 5 ~ 10 厘米。

6. 修剪

及早选留方向合适的主、侧枝延长头，剪去背上直立的旺梢。

● **五月 ~ 六月**

1. 追肥、浇水

5 月上中旬在硬核期、果实肥大期结合灌水株施氮磷钾复合肥 1.5 千克。结合喷药叶面喷洒 0.2% ~ 0.3% 磷酸二氢钾。

麦收前后或高温干旱季节保证土壤不缺水是第二年丰产的关键。

2. 修剪

5 月中旬左右，适当疏除骨干枝背上的竞争枝、密生弱枝、交叉枝和轮生枝。

3. 病虫防治

（1）杏仁蜂：幼果期落花后，蛹陆续羽化成虫，4 月底 5 月初，杏果指头大小时，成虫大量出现。

（2）天幕毛虫：利用白天群集在网内的习性，人工捕杀。虫口密度较大时，可喷 50% 辛硫磷 1 000 倍液。

（3）桑白蚧第一代幼虫在 5 月上旬为孵化盛期，第二代在 8 月上旬；杏球坚蚧以 5 月下旬至 6 月初为孵化盛期（应于产卵盛期 5 月 15 ~ 20 号用药防治）。不同地区孵化期也不同，要注意观察，当看到小幼虫开始孵化时立即开始用药防，间隔 3 ~ 5 天连喷 2 次，常用药剂：乐斯本 2 000 倍、菊酯 2 000 倍、蚧蚜空 1 500 倍。

（4）杏疗病：雨季前及时剪除病枝，集中烧毁。

（5）此期红颈天牛以在枝干皮层蛀食危害，挖虫或注射50倍敌敌畏药液。

5～6月份病虫防治参考配方：

6%阿维哒2 500倍＋30%桃小灵2 000倍＋1%中生菌素1 200倍＋壮果精。

1.8%齐螨素5 000倍＋48%乐斯本2 500倍＋代森锰锌1 200倍＋彭大素。

● 七月 ～ 八月

1. 灭草除荒、雨后排水

2. 采果后施肥

7月上中旬果实采后追肥：株施尿素或氮磷钾复合肥1～2千克。

3. 防治病虫害

（1）红颈天牛：七月中旬左右为成虫发生期，在树干涂白可防止产卵（生石灰10份、硫磺1份、水40份）发现有虫粪的树干及时挖出幼虫或用药（敌敌畏）堵住虫孔。

（2）舟形毛虫：6～8月为成虫发生期，产卵在叶背。发现卵块及群集的小幼虫，摘除叶片灭除，也可喷敌敌畏100倍。

（3）根腐病：高温季节发病迅速，常有猝死现象。防治根腐病可向根部灌注300倍施纳宁或过氧乙酸150倍＋果友氨基酸100倍液，每株灌药液15～20千克；或株用100克硫酸铜对水20千克水灌根，追施生物菌肥也有作用。

4. 药物控制秋梢

8月中旬喷一遍150～200倍PBO，控制秋梢，促芽饱满。

5. 摘心

新梢长至40～50厘米时摘心，对副梢也如此，可使秋梢形成大量腋花芽，次年开花结果。

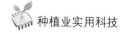

● 九月 ~ 十一月上旬

1. 喷施赤霉素

十月中下旬喷 50 毫克/升赤霉素可使第二年的坐果率大增。

2. 秋施基肥、深翻改土

施基肥的最好时期是 9 ~ 10 月份（白露、秋分、寒露）。秋施基肥：株施有机肥 25 ~ 50 千克、硼肥 300 ~ 500 克、磷酸铵 1 千克、硫酸钾 0.5 千克。施肥可以和秋季翻地配合进行，深翻杏园行间，深度 20 厘米左右，施基肥后灌水。此期土温适宜、墒情较好，肥料腐熟、转化快，易被根系吸收，也正值根系秋季生长高峰，断根伤口愈合快，并可长出新根，为最佳时期。

3. 防治病虫害

10 月中下旬为浮沉子成虫产卵盛期，大多为害幼树上的一年生枝条。产卵期喷敌敌畏 1 000 倍液。

4. 浇冻水

上冻前，浇足冻水。

● 十一月 ~ 十二月

1. 清理园地

清除枯枝、捡拾干枯杏核、收集树叶、杂物，集中烧毁。

2. 剪除病虫枝条

摘除灰白色"顶针"状的天幕毛虫卵环。介壳虫和桑白蚧发生严重的枝条应剪除。虫量少的可用硬毛刷刷掉枝条上越冬的若虫。

第三节　苹果

● 十二月 ~ 二月：休眠期

清除果园里的枯枝、落叶、烂果、僵果、杂草，剪除病虫枝烧掉或深埋。

1~2月搞好冬季修剪：

1. 幼树

一年生促干、二年生促枝、三年生促花、四年生结果的圆柱形或自由纺锤形的修剪技术措施。

2. 结果树

5~10年生树，骨干枝单轴延伸，树高控制在3米左右，培养和安排好各种类型的结果枝组。要使枝组的结构与骨干枝结构相适应，形成有利于光照的叶幕层，更新和维持结果枝组的结果能力。

● 三月：花芽萌动期

1. 刮树皮

刮除树干上的老翘皮，并集中烧毁。消灭越冬病虫。

2. 刮治腐烂病

刮治腐烂病、刮除枝干轮纹病、干腐病病残组织，以露红不露白为准。3~4月为果树腐烂病发病盛期，刮除病斑，涂抹2~3倍腐必清、843康复剂药液、杜邦福星300~400倍液、5度石硫合剂或9281药液或50倍菌毒清。半月后再消毒一次。刮治工具要专用，并随时消毒。同时做好清园工作。

3. 喷杀菌剂和叶面肥

（1）3月5日前后采用：40%福美双100倍＋害力平或45%施纳宁300~400倍，主要喷树干和大枝，喷前最好将老翘皮刮除，这遍药对腐烂病、轮纹病、炭疽病的病原有铲除作用。

（2）3月10日前后可喷0.5%硫酸锌＋1%尿素液＋0.3%磷酸二氢钾（或1%硫酸亚铁），主喷外围新枝，有效防止小叶病的发生。

4. 追肥浇水

每生产50千克果实，需氮0.4~0.5千克（尿素1.1千克），五氧化二磷0.125~0.6千克，氧化钾0.4~0.9千克，比例2：1：2。幼树磷肥的用量要比氮肥、钾肥多些。参考施肥量是：尿素10~20千克、过磷酸钙50~75千克、硫酸钾5千克。每株大树可同时

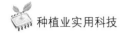

施入硼肥 150 ~ 250 克、硫酸锌 500 克。如秋施基肥时已加入磷肥，此次可施入适量氮肥。施肥后灌透水。

5. 喷药防治病虫害

花芽膨大期喷 3 ~ 5℃ 石硫合剂、多硫化钡或菌毒清药液。防治腐烂病、轮纹病、红蜘蛛等。

6. 花前复剪

回缩串花枝及细长结果枝，疏除密集枝、细弱枝。

3 月 15 日至 4 月 5 日主干、小主枝刻芽：在芽萌发前后一段时间刻芽是幼树定向生枝、迅速增加枝量、分散幼旺树长势最有效的措施。方法是用钢锯条在芽上方 1 毫米处割一横口，深达木质部。

7. 涂抹氨基酸

3 月中旬至开花前树干涂抹二次氨基酸，于树干光滑无伤疤处涂抹。盛果期树涂氨基酸原液，宽度 40 厘米；幼树稀释 1 ~ 2 倍，涂 20 厘米左右。

● **四月：花期**

1. 浇水

开花前及时浇一遍水，以利于开花整齐并改善空气湿度，利于受精坐果。

2. 病虫防治

（1）花序分离期以防治苹果棉蚜、毛虫类、螨类、金龟子、金纹细蛾（越冬代发生期 3 月下旬至 4 月中旬）、绿盲蝽、苹小卷叶蛾、霉心病、炭疽病、斑点落叶病、轮纹烂果病等。铲除根蘖苗，消灭金纹细蛾一代小幼虫。

参考药剂配方：

A. 40% 杜邦福星 6 000 倍 + 40% 万灵将 1 500 倍 + 氨基酸叶面肥；

B. 真高（25% 苯醚甲环唑）6 000 倍 + 1.8% 齐螨素 4 000 倍 + 48% 乐斯本 2 000 倍 + 氨基酸钙 800 倍。

从这次喷药开始，每次喷药加 0.2% ~ 0.3% 的尿素或磷酸二氢钾或其他优质叶面肥。

（2）花瓣落 85% 以上时，参考药剂配方：

A. 10% 吡虫啉 3 000 倍 + 25% 灭幼脲 3 号 1 500 倍 + 70% 甲基托布津 1 000 倍 + 壮果精；

B. 6% 阿维哒 2 500 倍 + 5% 氯氰菊酯 1 500 倍 + 猛杀生 1 000 倍 + 氨基酸。

（3）谢花后防治苹果白粉病可选用 20% 三唑酮 2 000 倍、12.5% 特普唑 3 000 倍，日落后日出前振树捕捉金龟子。苹果谢花后主要防治红蜘蛛、金纹细蛾、苹果瘤蚜、斑点落叶病，兼治轮纹病、小卷叶蛾、顶梢卷叶蛾、苦痘病等。

3. 疏花

单棵苹果树合理挂果量（单位：个）的计算方法是：干周（单位：厘米）的平方乘以 0.2（水肥条件好的可以为 0.23；水肥条件差的可以为 0.15）。留花量可以比留果量多 30% ~ 50%。

对于大年坐果率高的品种，花序分离期用间距法每枝从里向外疏花序，大型果按 25 ~ 30 厘米留一花序，中型果 20 ~ 25 厘米留一花序，疏花时保留叶片。注意留朝下生长的花序。

4. 促花坐果

盛花期喷 300 倍硼砂 + 300 倍尿素或 2 000 倍康扑叶硼以提高坐果率。

5. 人工授粉

开花日和次日为授粉最佳时间，以人工点授为主。

● 五月：生理落果期

1. 追肥浇水

谢花后追肥以氮肥为主，配合磷钾肥，初结果树每亩施尿素 10 千克，盛果期树 20 千克，灌透水。

2. 防治病虫害

（1）谢花后 2 ~ 4 周喷药。此期既是防治蚜虫、叶螨、绿盲

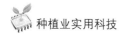

蝽、春步曲、金纹细蛾（一代发生期 5 月下旬至 6 月上旬）等害虫的重要时期，又是防止轮纹病、炭疽病、斑点落叶病等病害早期侵染的关键时期。在使用农药时可杀菌、杀虫、杀螨剂混用。

落花后 10 天左右，参考药剂配方：

A. 70% 纯品甲基托布津 ＋48% 乐斯本 2 000 倍 ＋6% 阿维哒 2 500 倍 ＋钙中盖 800 倍；

B. 75% 猛杀生 1 000 倍 ＋25% 灭幼脲 1 500 倍 ＋2% 齐螨素 6 000 倍 ＋硼钙宝 1 200 倍；

C. 杀菌剂自五月中旬选用 1∶2∶200 ～240 倍波尔多液、退菌特 600 倍、多菌灵 800 倍、甲基托布津、代森锰锌、大生、乙磷铝 7 ～20 天喷一次药。

5 月下旬开始采用 3% 多抗霉素 300 倍、10% 多氧霉素 1 000 倍液防治早期落叶病。

（2）5 月下旬至 6 月中旬绵蚜第一个发生高峰期。

5 月中下旬参考药剂配方：

A. 多菌灵 1 500 倍 ＋乙磷铝 800 倍 ＋15% 哒螨灵 3 000 倍 ＋功夫菊酯 2 500 倍 ＋锌硼钙 800 倍；

B. 70% 甲托 800 倍 ＋6% 阿维哒 2 500 倍 ＋48% 乐斯本 2 500 倍 ＋钙中盖 500 倍。

蚜虫严重时加 10% 吡虫啉 3 000 倍液或 5% 啶虫咪 4 500 倍液。

3. 疏果

花后半月幼果脱帽后进行疏果。亩产一般控制在 3 000 千克左右，最高不超过 3 500 千克。留中心果。选留果台副梢上、果梗粗长、果形端正的下垂果。大型果富士、乔纳金等 25 ～30 厘米留一果，亩留果 12 000 ～15 000 个，中型果 20 ～25 厘米留 1 果。

4. 夏季修剪

环剥、环刻，摘心、扭梢、拿枝软化、开张角度，促进花芽分化。

（1）环剥：5 月下旬至 6 月上旬是苹果环剥适期。环剥是促幼旺树花芽形成最有效的措施，此期对有短枝着生的辅养枝全部环剥，可促进这些短枝成花。对过旺树可进行主干环剥，过旺主枝也可环剥，但一年只能剥一次。环剥宽度为枝直径 1/8 ~ 1/10，最宽 1 厘米，最窄 3 毫米，刀口要齐。深达木质部（切忌伤木质部），将这圈树皮剥去，露出木质部和形成层。可用报纸条包扎保护伤口，以利愈合，严禁给伤口涂抹药物。

环剥在较大的辅养枝上进行，环剥部位应距基部 20 ~ 30 厘米。天气干燥时，环剥前果园先浇一次水。

（2）扭梢：5 月中旬至 6 月上旬，幼树、初结果树、辅养枝上的背上枝及竞争枝长到 20 ~ 30 厘米，半木质化时，可进行扭梢处理。距基部 5 厘米处用手扭转 180 度，使其下垂。

（3）摘心：在 5 月中下旬至 7 月上旬，骨干枝上的背上枝、竞争枝长到 20 厘米时，留基部 3 ~ 4 片叶进行重摘心。

（4）拉枝开张角度：在花芽分化前，5 月至 6 月上旬，要将主枝角度特别是腰角开张道 70 ~ 80 度。

5. 追肥浇水

此期为需肥高峰期，应加强肥水管理。

5 月下旬至 6 月上旬亩追尿素 20 ~ 30 千克、过磷酸钙 50 千克、硫酸钾 25 千克。

6. 喷促花素

小年苹果树及幼树 5 月下旬至 6 月上旬连续喷 2 次促花素，间隔 10 ~ 13 天。

● **六月：幼果膨大期**

1. 果实套袋

5 月底、6 月上旬完成定果，5 月底至 6 月上中旬进行套袋。

（1）红苹果较难着色的品种如富士，应选用高中档双层袋，外层袋不透水，外表宜为灰色，里表宜为黑色，内层袋宜为半透明蜡质红色。易着色品种新红星、新乔纳金和黄色或绿色品种可选用不透水的单层袋或塑膜袋。

（2）套塑膜袋一般在花后 10~30 天进行，早中熟品种可在花后 10~15 天进行，生理落果重的品种宜在生理落果后进行。晚熟品种可推迟到 5 月下旬至 6 月上旬，袋前喷一遍高效杀虫杀菌剂。按照先冠内后冠下再冠外的顺序套袋，套袋时把袋吹开，把下方的排水孔通开，将果套入袋内；套纸袋一般在花后 30~50 天，幼果横径 1~1.5 厘米，果柄半木质化时进行。套袋时先使袋受潮，减轻脆度，以利套袋操作和扎严袋口。套袋时先将纸袋用手膨起后，一手抓果柄，一手托纸袋，将幼果置于袋正中，再用细丝扎严袋口。

（3）杀菌剂采用安全、高效的纯正药剂，如多菌灵、甲基托布津、大生 M-45。尽量不用含硫磺粉的复方农药或铜制剂、砷制剂、增效剂、渗透剂及可能对幼果产生药害的不安全剂型。套袋前应喷钙肥（硝酸钙）2~3 次。

2. 病虫防治

防治红蜘蛛、金纹细蛾、潜叶蛾、蜡象、苹果绵蚜、康氏粉蚧、食心虫、炭疽病、轮纹病、早期落叶病。

（1）6 月中旬至 7 月中旬为红蜘蛛猖獗为害期。

（2）6 月下旬至 7 月中旬是绵蚜为害第二个高峰期。

（3）金纹细蛾二代发生期 6 月下旬至 7 月上旬。

（4）6 月上旬至 7 月中旬白星花金龟进入为害盛期，利用其趋光性傍晚点火堆或用黑光灯诱杀。

套袋前后参考药剂配方：

A. 75% 猛杀生 1 000 倍 +2% 齐螨素 4 000 倍 + 万灵将 1 500 倍 + 硼钙宝 1 200 倍；

B. 70% 甲托 1 200 倍 +6% 阿维哒 2 500 倍 +48% 乐斯本 2 000 倍 + 硼铁钙 800 倍；

C. 介壳虫严重的果园可选用蚧蚜空 30% 1 500 倍。

套袋后喷一次 1.8% 阿维菌素 4 000 倍 +10% 吡虫啉 2 000 倍，3 天后喷 1∶2~3∶200~240 倍波尔多液。

（5）桃小食心虫的防治

防治要点是加强树下地面防治，结合树上喷药。

地面防治：5月下旬至6月中旬，降雨10厘米以上或浇水后，2天后为幼虫出土盛期，在树干周围1米范围内喷洒辛硫磷100倍液，施后耙土。10~15天再喷一遍，连续3次。

树上喷药：7月上中旬、8月中下旬当卵果率1%~2%应喷药防治。可用30%桃小灵2 000倍、2.5%功夫菊酯2 500倍、48%乐斯本2 000倍液防治。

3. 覆草

用麦秸覆盖树盘。先浇水造墒，幼树株施尿素0.25千克，初结果树0.5千克，盛果期大树0.75千克，施肥后耙平，均匀盖15~20厘米厚麦秸，踩实并压上少量土。

4. 追肥

早熟品种采前1个月株施专用肥1~2千克。

● 七月：早熟品种采收期

1. 追肥浇水

晚熟品种视天气情况浇水。中熟品种采前1个月施肥浇水，可选用复合肥。

红富士苹果7月份以后多追施钾肥。

2. 防治病虫害

防治轮纹病、炭疽病、黑点病、红点病、兼治早期落叶病、红蜘蛛、桃小食心虫、棉铃虫、苹果绵蚜、金纹细蛾（三代发生期7月下旬至8月上旬）、卷叶虫及其他食叶害虫。

（1）7月下旬至8月为苹果早期落叶病发病盛期。

（2）7月中下旬炭疽病进入发病期。

参考药剂配方：

A. 2%齐螨素6 000倍 + 25%灭幼脲1 500倍（ + 功夫2 500倍） + 多抗霉素1 500倍 + 壮果精；

B. 6%阿维哒2 500倍 + 48%乐斯本2 000倍 + 70%代森锰锌

1 200 倍 + 果实膨大素。

（3）注意防治轮纹病，对果树枝干上发生的轮纹病要进行重刮皮，或轻刮皮后涂 50 倍的腐必清。

（4）防治舟形毛虫在幼龄期未分散前摘除虫叶，利用受振动后下垂落地的特性消灭幼虫。

◉ 八月：中熟品种采收期

1. 病虫害防治

晚熟品种防治斑点落叶病、轮纹病、炭疽病、红蜘蛛、金纹细蛾，喷保果药。

（1）8 月中下旬炭疽病进入发病盛期。

（2）8 ~ 9 月为腐烂病第二个发病盛期，刮治腐烂病，涂 843 或福美砷 50 倍液。

（3）金纹细蛾四代发生期 8 月下旬至 9 月上旬。

参考药剂配方：

1.8% 齐螨素 5 000 倍 + 48% 乐斯本 2 000 倍 + 甲托 1 000 倍 + 壮果精 800 倍。

2. 追肥

8 月上旬结果树追三元复合肥，5 ~ 6 年生株施 1 千克，8 ~ 10 年生 1.5 千克，10 年以上 2 千克，放射沟施，雨前施或灌小水。

3. 束草诱虫

8 月下旬用拧起来的草把或草绳捆扎 2 ~ 3 道于树干上部，诱集越冬的红蜘蛛、卷叶虫、食心虫等害虫，初冬时解下烧毁。

4. 剪秋梢

幼树剪秋梢促枝条粗壮，拉枝开角。

5. 秋剪成龄树

回缩上层枝，疏除密集枝，剪除徒长枝、竞争枝，解决光照。

6. 喷施 PBO

8 月中旬苹果旺树喷 200 倍 PBO，中庸树喷 300 倍，亩用量 0.5 ~ 1 千克，控制秋梢，增大果个，提高含糖量，促进果面光洁和着色。

● 九月：晚熟苹果着色期

1. 加强喷药

防治轮纹病、炭疽病、早期落叶病。9月上中旬绵蚜第三个发生高峰期。

2. 除袋

及时除袋，早熟、中熟品种宜在采收前15天左右，晚熟品种宜在采收前20~25天左右（红富士9月20日左右除袋），最好在阴天进行，将袋底撕开，先除外层袋，内袋撕成伞状。经3~5个晴天，再除内层。除内层袋时，宜在一天的中午前后先除树冠东、北两侧和内膛的果袋，下午3点以后再除冠西、南两侧的果袋。

除袋前天气干旱时，应将果园浇一次透水。

3. 贴字或图案

去袋后立即贴上，最好在1~3天贴完。

选择果形端正，较高桩的大果，先将苹果阳面贴字处的果粉轻轻擦去，再将印制好的不干胶字或图端正的贴好，要求平整不皱褶。

4. 喷施叶面肥、杀菌剂，促进着色、保护果面

（1）除袋后喷2次预防性和治疗性的生物杀菌剂和少量化学杀菌剂。

正常栽培的苹果采前一个月，套袋苹果摘袋后2~3天。喷一次68.75%易保1 500倍液或猛杀生1 000倍液以防果面感染斑点落叶病而形成的小红点。亦可喷10%宝丽安1 000倍、1.5%多抗霉素300倍液。

（2）喷1.5%磷酸二氢钾溶液可显著增加着色面积，喷硝酸稀土500~800毫升/千克可增加果实着色面，增红效果明显。或采前40天、30天、20天各喷一次2 000倍的增色剂1号溶液。

（3）喷500~800倍高脂膜或200倍石蜡乳剂以及巴姆兰等果面保护剂。

（4）对于采前落果较重的苹果，如元帅系，采果前 30 ~ 40 天对树冠周密喷一次纯萘乙酸 30 毫克/千克溶液，能在 12 天减少采前落果。

5. 摘叶、转果、铺反光膜

摘叶分两次进行，第一次可于除袋同时进行，摘除贴果叶、果台枝基部叶、适当摘除果实周围 5 ~ 10 厘米范围枝梢基部的遮光叶。第二次间隔 10 天，剪除树冠外围多余的枝梢枝头，冠内的徒长、密生枝梢，摘除部分中、长枝下部叶片。摘叶时可只摘除叶片，留下叶柄。两次摘叶总量不超过全树叶片的 10%。除叶后经 3 ~ 5 个晴天，果实阳面即着色鲜艳，就应转果，转果时，左手捏住果柄基部右手将果实阴面转道阳面。可用透明胶带加以牵引固定。有条件的地面铺银色反光膜促进着色。

6. 秋施基肥

在秋季根系生长高峰前 8 月底至 9 月底，或采收后，施基肥并结合施入全年的磷钾肥，全年氮肥的 50%。

在亩产 2 000 千克产量水平下，亩施有机肥 3 立方米以上，尿素 50 ~ 65 千克，磷肥 70 ~ 80 千克，硫酸钾 50 千克及微量元素。氮肥、钾肥 1/3 作基肥秋施，2/3 生长期追施。

成龄树株施有机肥 100 千克，过磷酸钙 4 ~ 5 千克或磷酸二铵 1.5 ~ 2 千克。

结合秋施基肥，果园耕翻，深度 20 厘米，施肥浇水。

● **十月：富士采收期**

红富士的最适采收期是 10 月下旬。采收后，除去贴字，擦净果面，用果蜡对苹果打蜡，配套包装。

● **十一月：落叶休眠期——清园**

1. 土施多效唑

普通苹果株施 20 ~ 30 克，短枝型 12 ~ 20 克，5 ~ 7 年生富士株施 20 ~ 25 克，8 年以上 15 ~ 20 克。

2. 浇冻水

3. 树干涂白

生石灰 10 千克、硫磺 1 千克、食盐 1 千克、植物油 0.1 千克、水 20 千克。

第四节　梨树

● 一月、二月：冬季修剪

1. 幼树

根据栽培密度确定树形，按形整树，以轻剪为主，适量短截，开好角度。利用辅养枝缓放成花，实现早丰产。

2. 初结果树

轻剪长放，缓和树势，尽量以果压冠。

3. 成龄树

小冠形树高在 2.5~3 米，中冠形树高在 3.5 米左右，精细修剪，改善光照条件。剪除病虫枝，回缩复壮结果枝组，疏除过密和细弱结果枝，亩留枝量 5 万~6 万个左右，结果枝占 80%。产量控制在 2 500~3 000 千克。

● 三月：花芽萌动期

1. 刮树皮、清园

刮除树干老翘皮，程度为去黑露红不露白，消灭越冬虫卵，减少病源。刮除梨树干腐病、轮纹病病斑，涂福星 300~400 倍液、腐必清 2~3 倍液、10 度石硫合剂或 9281。

2. 施肥浇水

每生产 50 千克果实，需纯氮 0.3 千克、五氧化二磷 0.3 千克、氧化钾 0.45 千克。

未秋施基肥的树，株施有机肥 100 千克、尿素 1.5~2.5 千克、过磷酸钙 2.5~4.5 千克、氯化钾 1~2.5 千克，或专用肥 2~3 千

克；或硝酸磷钾 1.5~2.5 千克；或 15 – 15 – 15 三元硫酸钾复合肥 1.5~2.5 千克配合尿素 0.5 千克。

已秋施基肥的树，亩施尿素 50 千克，施肥后浇水。

3. 树干涂纯品氨基酸

3 月中旬至开花前主干涂抹 2 次氨基酸。于树干光滑无伤疤处涂抹。盛果期树涂氨基酸原液，宽度 40 厘米；幼树稀释 1~2 倍，涂 20 厘米左右。可有效补充开花坐果对树体养分的大量消耗。

4. 病虫防治

（1）3 月中下旬，梨芽萌动初期，全园喷一次 3~5 度石硫合剂，或 30 倍晶体石硫合剂，可防治多种梨园病虫害（梨锈壁虱、梨木虱的卵、红蜘蛛的卵、黑星病、轮纹病）。

（2）防治梨木虱：盛花期前半个月，3 月中下旬（21~26 号，鸭梨花芽鳞片露白期，为梨木虱越冬代成虫产卵盛期）梨木虱集中产卵于短果枝叶痕、芽缝处，是防治关键期，采用氯氰菊酯 1 500 倍 + 敌敌畏 800 倍。阿维菌素也可，于上午 10 时至下午 4 时喷药，成片连喷效果更好，上年梨木虱发生重时，5 天后再喷一次。

（3）花序分离期以防治梨蚜、黄粉虫若虫、梨实蜂、梨步曲为主。

花序分离期至大球期为黄粉虫卵孵化盛期。

参考药剂配方：

A. 40% 福星 6 000 倍 + 40% 万灵将 1 500 倍 + 氨基酸液肥；

B. 猛杀生 1 200 倍 + 10% 吡虫啉 3 000 倍 + 1.8% 齐螨素 5 000 倍。

● 四月：花期

1. 防冻

（1）对梨树开花易发生霜冻的果园，在邻近开花期灌一次透水，延迟开花，避开霜害。

（2）花期熏烟防冻要点：在梨树开花前，准备好放烟材料：

如树枝、落叶、杂草等。开花后密切注意天气预报，遇有 2℃ 以下气温预报时，要做好熏烟防冻工作，熏烟时，选上风头，在地边空地上每隔 20 米堆一堆熏烟材料，每个烟堆重 15～25 千克，材料过干可适当喷水以利出烟。于梨园放温度计，午夜 1 点后，密切注意气温变化，气温 2℃ 以下时就应点火熏烟，以冒浓烟为好。凌晨 5 点以后气温回升，可灭火停烟。

（3）花前树干涂白配方：水：生石灰：硫磺渣为 30：5：1。

2. 疏花

花序分蕾期，开始疏花。第一次疏花序，按照留果量、果距疏除花序，留花序间距，大型果为 15～20 厘米，小型果可小些。坐果率低的品种应少疏，疏除整个花序时，必须留下叶簇。第二步疏花朵，花序开放后选留 2～3 个边花然后把中心花去掉。

3. 授粉

自初花期开始，人工授粉。

（1）鸭梨适宜的授粉品种：鸭广梨、秋白梨、胎黄梨、早酥、脆梨。

黄冠适宜的授粉品种：冀密、绿宝石等球形果。

黄金梨、大果水晶适宜授粉的品种有：鸭梨、黄冠、圆黄、绿宝石、丰水、华山。

雪花梨不是好的授粉品种，生产上不用雪花梨花粉授粉。

（2）花粉采集：将授粉品种大蕾期花朵或当天初开的花朵采下，用粗筛搓碎花朵，分离出花药，在 25℃ 室内阴干，或用电热毯加热，上铺双层报纸，低档加热，控制纸面温度在 25℃ 以下，经 24 小时可散出花粉，用细罗分离出花粉，置瓶中密封，阴凉处存放。

（3）花粉配制：按容量比配制，一份花粉（最好采用混合粉）加入 5～8 份淀粉，用细箩重复筛 3～4 次，充分混合均匀，随配随用。

（4）授粉：花朵刚开放，柱头黏液多时及时授粉。上午 8 点～

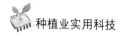

下午 6 点均可进行，间隔 20 厘米点一花序。每序点授边花两朵，在柱头上一抹即可。一般根据花朵开放程度整个花期点授 3 ~ 4 次为宜。

（5）花期喷 300 倍硼砂、花果防冻素、防冻授粉精等，有助于提高坐果率。

4. 早熟品种追肥浇水

绿宝石等早熟品种落花后亩追施尿素 20 ~ 25 千克，追肥后及时浇水。

5. 防治梨木虱、黑星病等病虫害

（1）4 月 15 号前后，梨残花期（梨花落花 80% 时，为梨木虱 1 代若虫盛发期），喷药防治梨木虱一代若虫、梨二叉蚜、圆尾蚜、兼治黄粉虫、黑星病、轮纹病、黑斑病。

参考药剂配方（梨残花期）：

A. 猛杀生 1 000 倍 + 1.8% 阿维菌素 4 500 倍 + 10% 吡虫林 3 000 倍 + 壮果精；

B. 70% 克霉净 1 000 倍 + 1.8% 阿维菌素 4 500 倍 + 48% 乐斯本 2 500 倍 + 氨基酸；

C. 黄冠、黄金应选用优质杀菌剂，如 70% 克霉净、70% 纯品甲基托布津等。

（2）4 月下旬（4 月 23 号前后），黑星病初发期施药防治，兼治套袋黑点病、轮纹病。

注意防治梨蚜、梨蟓象、梨木虱、黄粉虫、螨类、梨茎蜂。

参考配方（花后 7 ~ 10 天喷药）：

A. 80% 多菌灵 1 500 倍 + 90% 乙磷铝 800 倍 + 1.8% 齐螨素 5 000 倍 + 40% 万灵将 1 500 倍 + 硼铁钙 1 000 倍；

B. 70% 甲基托布津 1 000 倍 + 6% 阿维哒 2 500 倍 + 48% 乐斯本 2 500 倍 + 钙中盖 500 倍。

（3）防治黑星病常用药

保护性杀菌剂：

A. 大生 800～1 000 倍液；10% 胜波 800～1 000 倍液；80% 新锰生 1 200 倍液；

B. 1∶2∶240 倍波尔多液 +2 000 倍液体展着剂。

内吸性杀菌剂：

40% 新星 8 000～10 000 倍液；11.5% 烯唑醇 2 000 倍液；70% 甲基托布津 800～1 000 倍液；套袋果净、托生间隔 10～15 天，交替使用杀菌剂，注意新星不要与特普唑交替使用。

梨黑斑病的防治与黑星病同时进行，大发生时用下列药剂防治：

10% 世高 1 500 倍液；1.5% 多抗霉素 300 倍液；1% 中生菌素 +70% 克霉净 1 200 倍液等。

（4）4 月下旬至 5 月中旬，发现黑星病病梢，立即摘除深埋。

● **五月：幼果膨大期**

1. 疏果

（1）落花后 15～20 天，幼果脱去花萼时进行，选留 2～3 序位果，留果柄长、果实纵径长、无病虫、无枝磨叶扫的果。尽量选留结果枝两侧果。定果时间宜在 5 月 22 日前后完成。

（2）鸭梨控制亩产量 3 000 千克，平均单果重 200 克，每亩需果 15 000 个，增加 10% 留果约为 16 500 个。按此数量分配到单株上即为单株留果量。一般 20 厘米左右留 1 个果。

（3）黄冠、黄金梨控制亩产 3 000 千克，单果重 300 克，需果 10 000 个，增加 10% 留果，约为 11 000～13 000 个/亩。一般 25～30 厘米留 1 个果。

（4）绿宝石每亩 12 000 个左右；圆黄每亩 9 000 个左右。

2. 病虫防治

5 月上旬套袋前，防治黄粉虫、梨木虱、红蜘蛛、梨锈壁虱、梨茎蜂、康氏蚧、黑星病。

（1）5 月中旬正值黄粉虫若虫爬出树皮，向枝干爬行，是防治该虫的一个有利时机。

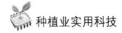

（2）5月份降雨多，湿度大，有利于黑星病的发生，应注意防治。

此时正值梨树套袋期，套袋前应细致地打一遍高效低刺激的优质杀虫、杀菌剂，喷一遍可套3～5天。

套袋前后用药参考配方：

A. 75%猛杀生1 000倍+80%多菌灵1 500倍+1.8齐螨素4 500倍+25%噻嗪异丙威（虮鸟）2 000倍+硼钙宝1 200倍；

B. 70%甲基托不津800倍+1.8齐螨素4 000倍+48%乐斯本2 000倍（10%吡虫啉3 000倍）+钙中盖800倍；

C. 套袋结束后全园喷一次药。

（3）梨茎蜂的防治：防治梨茎蜂一定要抓住5月上中旬（梨树新梢达6厘米以上时）成虫产卵的关键时期，打一遍菊酯类农药，提倡群防群治。发现梨茎蜂危害的枝条，要从折断处再剪下几厘米，并集中烧毁。

（4）康氏粉蚧的防治：康氏粉蚧若虫发生盛期分别在5月中下旬，7月中下旬、8月中下旬至9月上旬，可选药剂：

乐斯本1 500倍；杜邦万灵4 000倍；10%吡虫啉3 000倍。3%莫比朗乳油1 500倍；25%阿克泰水分散剂10 000倍；5%粉蚧杀无踪3 000倍。

（5）人工摘除黑星病梢，梨大食心虫危害的幼果，集中烧毁或深埋。

3. 梨果套袋，五月上旬定果后，进行果实套袋

梨袋的选择要求是：较好的强度，防水性和一定的防虫性。最好选择木浆纸袋，可将纸袋放入水中浸泡3～5分钟，然后用手搓拉，不易烂的为优质纸袋。

鸭梨选用外黄内黑双层袋，内层黑纸宜薄而光亮。

（1）套袋时间：黄冠5月底前套完；鸭梨5月中旬至6月初。

套小袋时间一般为谢花后10～15天，套大袋的时间如生产白皮梨宜早些，一般在套小袋后20～30天，生产绿皮梨套大袋时间为套小袋后 40 天进行。

外黄内白的双层袋套出的果是黄绿色，贮藏后好卖。

（2）为方便套袋，保证套袋质量。可用水浸法处理纸袋。套袋前，将纸袋分打，手持纸袋底部，抖松，将袋口插入水中 2 ~ 3 厘米，使每个袋口都沾上水，然后码放在隐蔽处存放 8 ~ 12 小时，即可使用。

（3）套袋时，首先把手伸进袋中使全袋膨起，使袋底两角的通气放水孔张开，将幼果放在袋中央，袋口套住果柄 2/3，将袋口从中间向两侧依次按折扇的方式折叠袋口，于袋口下方 2 厘米处将袋口缠严轧紧，扎口时切勿将袋口绑成喇叭口状，防止雨水进入。套好后用手脱纸袋，袋口不在果柄上滑动为宜。

（4）套袋后，药剂防虫、防病不可放松，特别是麦收前后防治蝽象、6 ~ 7 月防治黄粉虫以及康氏粉蚧、梨叶锈螨。经常解袋调查，根据病虫发生情况综合防治。

4. 追肥浇水

5 月下旬至 6 月上旬花芽分化及果实膨大期亩施尿素 40 千克、磷酸二铵 30 千克、硫酸钾 25 千克。

● **六月：生理落果期**

1. 追肥浇水

成龄树 50 千克果追施氮肥 0.2 千克，浇水、松土、除草。

2. 防治病虫害

6 月份防治黑星病、黑斑病、黄粉虫、蝽象、梨木虱、红蜘蛛、康氏粉蚧。

（1）黑星病 5 月下旬至 6 月上旬为发病期。

（2）麦收前（小麦由绿变黄时），为二代梨木虱低龄幼虫期，是第二个重要防治期。麦收前，摘除梨大食心虫为害果——吊死鬼。

（3）6 月上旬喷药防止黄粉虫向果上转移，6 月中下旬黄粉虫上果危害高峰期，为防治关键期，争取将黄粉虫消灭在入袋之前。

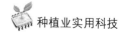

（4）5月下旬至6月下旬注意防治二斑叶螨。

（5）6月上旬为茶翅蝽孵化高峰期。防治蝽象要采取联防联治的原则。

6月份参考药剂配方：

A. 1.8%齐螨素4 000倍 + 乐斯本2 000倍（5%啶虫脒4 000倍）+ 甲基托布津800倍；

B. 1.8%齐螨素4 000倍 + 40%万灵将1 500倍 + 10%吡虫啉3 000倍 + 70%代森锰锌1 200倍。

黄粉虫严重的园适当增加喷药次数。

● 七月：花芽分化期

1. 搞好夏剪

剪除树上徒长枝、竞争枝、密挤枝。

2. 病虫防治

7月防治绣线菊蚜、黑星病、轮纹病、黑星病、黄粉虫、梨木虱、康氏粉蚧。

（1）7～8月份为梨黑星病发病盛期，降雨多、天气凉爽，有利于发病。要在7月中下旬至8月上中旬连喷3～4次药。以保护性杀菌剂效果较好。

（2）套袋梨要检查黄粉虫、康氏粉蚧。7～8月份为黄粉虫猖獗危害期，7月上旬多集中在萼洼处或入袋危害繁殖。7月中下旬康氏粉蚧发生盛期。

（3）7月上中旬注意防治桃小食心虫、梨大食心虫。

（4）7月下旬到9月上旬，尤其注意8月中下旬到9月上旬是梨小产卵蛀果盛期，在卵孵化率达20%时喷药防治。

7月常用药剂配方：

A. 6%阿维哒2 500倍 + 5%啶虫咪3 500倍 + 70%克霉净1 200倍 + 果实膨大素；

B. 15%哒螨灵3 000倍 + 乐斯本1 500倍 + 50%多菌灵1 000倍 + 硼铁钙800倍。

喷药要细致，重点喷袋口和果实，将袋口周围的黄粉虫杀死。

袋内有黄粉虫时：10%吡虫啉5 000倍+80%敌敌畏800倍。

用手持喷雾器专喷果梗或袋口效果更好。

3. 果实迅速膨大期科学增施肥水

采果前1个月增施钾肥（硫酸钾）、氮肥，或株施专用肥1～2千克，树下开环状沟或放射沟，沟深15～20厘米，追肥后及时灌水。

早熟品种绿宝石等停止追施化肥以减轻裂果发生。

八月：果树速长期

1. 病虫害防治

8月上旬防治黄粉虫、黑星病、轮纹病、红蜘蛛、梨小食心虫、蟓象等。

（1）8月中旬主治轮纹病、黑星病，兼治黄粉虫、蟓象、梨木虱。

（2）8月下旬至9月上旬为康氏粉蚧发生盛期。

（3）裸梨注意防治梨小食心虫，可选桃小灵。

（4）黑星病严重发生时，喷1～2遍40%福星悬浮剂8 000倍液，控制病情发展。在病芽梢发生期连喷2～3次效果较好。

8月份参考配方：

A. 48%乐斯本2 000倍+6%阿维哒2 500倍+70%甲基托布津+壮果精；

B. 10%吡虫啉3 000倍+30%氰马1 500倍+70%克霉净1 200倍+果实膨大素。

2. 控水、叶面喷肥

晚熟品种采收前1个月增施钾肥，不偏施氮肥，或株施专用肥1～2千克，追肥后及时浇水，之后应控水以提高果实品质，叶面喷300倍磷酸二氢钾。

3. 8～9月份为果树芽接最佳时间

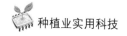

4. 绑草诱虫

8月中下旬在树干上部绑草环诱集梨小食心虫、康氏粉蚧等越冬害虫，落叶前解下烧毁。

防治梨园蚧：敌杀死 2 000 倍。

● 九月 ～ 十月：采收果实，施基肥

1. 病虫害防治

采收后至落叶前防治康氏粉蚧、黄粉虫。

硫悬浮剂 600 倍液 + 万灵将 3 000 倍液。

落叶前，防治梨木虱，可使越冬梨木虱减少 70%。

敌敌畏 800 倍 + 菊酯 2 000 倍。

2. 9～10 月份施入基肥为宜

初结果树按每生产 1 千克梨施 1.5～2 千克优质有机肥为宜，未结果幼树施肥减量，幼树采用环状沟施。沟深 40～60 厘米。

盛果期梨树亩施腐熟优质有机肥 4 000～5 000 千克以上或生物有机肥 600～750 千克。施基肥时每亩结合施入过磷酸钙 130～150 千克、尿素 30～40 千克、硫酸钾 50 千克、硼砂 5～8 千克黄金梨还应施入硫酸锌 5～10 千克、硫酸亚铁 5～10 千克；或施入果树专用肥 100～150 千克；或施磷酸二铵 50 千克、硫酸钾 40～50 千克（钾肥也可部分底施，其余在 5～6 月份追施）。可采用地面撒施、放射沟施或行间、株间沟施，沟宽 20～40 厘米，沟深 30～50 厘米。

基肥施后及时灌水。

● 十一月 ～ 十二月

1. 清洁果园

梨树落叶后，结合冬季修剪，将落叶、病虫果、病虫枝、杂草等清扫干净，烧毁或深埋。

2. 灌冻水

11 月中旬，上冻前浇冻水。

附1　梨丰灵的使用方法

（1）作用：果实增大、增加含糖量，成熟期提前 10 ~ 20 天。

（2）用药时间：在盛花后 30 ~ 40 天（5 月 10 日前），疏果后套袋前用药。

（3）使用方法：用手或毛刷将药膏均匀的涂于梨果柄上，每果用药 20 毫克，每克药剂可涂 50 个果，每袋可涂 5 000 个。

附2　黄金梨管理要点

1. 整形修剪

黄金梨整形修剪的效果应使果实悬垂与枝叶不相摩擦，枝量适中，通风透光，但果实又不暴露在阳光的直射下为宜。

应采用开心形和自然改良形或纺锤形，以打开光路。在修剪上，疏除过密的骨干枝和背上背下枝，多留两侧斜生枝疏剪外围枝，抑前促后防止内膛光秃，均衡树势。

6 月上旬要将新生枝条拉枝为 70 度，使用网架拉枝最好，这时拉枝花芽饱满，来年果实质量高。

冬季修剪时除需培养的侧枝、延长枝外，所有外围枝短截或轻微破头，千万不可枝枝短截，形成堆堆扫帚状。

第二年冬剪要以嫁接条为枝轴培养结果枝组，前端弯曲部分剪除，顺枝轴方向培养延长枝，延长枝周围竞争枝枝轴上长果枝、徒长枝剪除利用中短枝结果。对于过密的枝组，不要贴树干疏除，应留 5 厘米，将来培养预备枝。连续结果几年后的枝组应注意回缩，但要注意回缩处的枝条与枝轴方向一致。

2. 搞好病虫害防治

科学选用药剂：特别是在幼果期，无论杀虫剂、杀菌剂最好选用微乳剂、粉剂或水剂，慎用乳油剂和铜制剂以及对果面有刺激的药剂。喷药浓度不要过浓，雾滴要细，喷头不要离果实太近，一般喷头离果实 50 厘米左右。

套袋前除去幼果花萼，使用内吸杀菌剂 2 天后用保护剂保护，

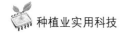

一定要注意萼洼附近要喷布周到。抓好梨木虱、黄粉虫、康氏粉蚧、梨实蜂、绿盲蝽象、害螨的防治，控制害虫入袋机会。防治梨黑斑病和黑点病。

3. 防止发生虎皮梨

枝叶磨伤——整形修剪、作业时尽量不摇动枝叶。

膨大素药膏伤害——药膏不要抹到果面上。

各种虫害——搞好梨木虱、黄粉虫、康氏粉蚧的防治。

内袋质地过硬——内袋可使用小蜡纸袋。

冻伤——坐果后注意天气变化，临近零度要用烟雾防寒。

4. 防止发生水锈

果园湿度要适度，7~8月份结合压绿肥将草清除干净后，全园统一锄划，降低园内湿度，正确扎袋口，减少水分进入袋内。

5. 防止发生深色黄皮梨

加强肥水管理，合理修剪，减少负载量，行间适当种植固氮类草，改善土壤条件和小气候。

6. 肥水管理

以有机肥为主，保证每亩 2 500 千克有机肥。梨发芽前适量施氮肥，7月后重点使用磷钾肥，不是严重干旱少浇水或不浇水。

第五节　葡萄

一、栽培形式

以南北行向，架面由西向东栽培为宜（东西行向时，架面由北向南）。

二、合理密植

可采取密株不密蔓的栽培方法。无论什么架式，主蔓的距离至少保持 60 厘米左右，行距、篱架不应小于 2 米。

三、严格控制产量

合理负载，单株产量尽量控制均匀，早熟品种亩产量控制在 1 250 ~ 1 500 千克；中晚熟品种，亩产控制在 1 500 ~ 1 750 千克，最多不超过 2 000 千克。

● 三月 ~ 四月

（一）撒防寒土

3 月中下旬（杏花吐红时）撒防寒土，较冷地区可分两次撒土，撒土时不要碰伤枝芽。

（二）复剪、上架

葡萄刚出土时枝条柔软，放 3 ~ 4 天发芽后再上架，以防果枝上移。上架前复剪，将老、死、病及机械损伤严重的枝蔓剪除，按树形要求绑好枝蔓。上架前要将枝蔓分布均匀，一般强枝、大枝、长枝角度要大，间隔 40 ~ 60 厘米，弱枝、小枝角度要小。上架应在芽眼萌发前完成。

上架后将地面整成外低内高的畦面，以防雨后积水。

（三）施肥浇水

3 月下旬至 4 月初上架后发芽前浇一次透水，结合浇水，亩施尿素 10 ~ 15 千克。如春旱 4 月下旬再浇一水，浇水后及时中耕，深度 8 ~ 10 厘米。

（四）病虫防治

（1）当芽的鳞片裂开、芽呈绒球状时，喷 3 ~ 5 度石硫合剂 + 五氯酚钠 200 倍，或 21% 克菌星 400 ~ 500 倍。防治黑痘病、毛毡病（锈壁虱）、白腐病、霜霉病及红蜘蛛、介壳虫、冬态叶蝉及斑衣蜡蝉等病虫害，喷药要细致，枝和芽都要喷上药。

地面施药杀菌：用福美双（每亩约用 0.5 千克）、硫磺粉、白

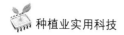

灰粉按1∶3∶5的比例混合后，均匀撒在地面。

（2）新梢3～5厘米（4～5片叶）时喷布一次铲除剂，消灭初侵染病害。该期主治蓟马、绿盲蝽、金龟子、蔓枯病、白腐病、黑痘病及灰霉病。

参考药剂配方：

A. 4.5%高效氯氰菊酯1 500倍+40%辛硫磷1 500倍+70%甲基托布津1 000倍；

B. 万灵3 000倍+福星8 000倍。

也可采用200倍倍量式波尔多液。

（3）4月下旬防治穗轴褐枯病、蔓枯病、炭疽病、绿盲蝽、螨类、介壳虫。

穗轴褐枯病：5月上旬至6月上旬若低温多雨有利于病菌的侵染蔓延，防治的关键期为从穗轴抽生到果实加速膨大以前。

参考药剂配方：

A. 40%葡康丰1 000倍+6%阿维哒2 500倍+10%吡虫啉3 000倍+氨基酸1 000倍；

B. 70%甲基托布津800倍+48%乐斯本2 500倍+氨基酸800倍。

（五）抹芽

一般从芽萌发到新梢长到10厘米时，抹二次芽。老蔓上萌发的隐芽、结果母枝基部萌发的弱枝、副芽萌发枝除留作更新外的、地面发出的萌蘖枝，都全部去除。留芽量掌握多出定梢量的1/3为宜；幼树枝蔓未布满架面，结果母枝上双芽枝如都有花序，可全保留，以后作不同的摘心处理。

（六）地膜覆盖（可减轻病虫害发生，防葡萄裂果）

葡萄出土后，施足肥，浇完促芽水，喷除草剂，在植株两侧覆地膜：除草剂选用氟乐灵200倍，亩用药350克，边喷药、边锄划、边盖膜，一次完成。

● 五月

（一）绑梢定枝

新梢长到10厘米、30厘米分两次定梢，一般主蔓每隔25～30厘米留一个枝蔓。新梢长到40厘米左右时要绑缚。绑时要把新梢均匀排开，不可交叉，以利通透和以后管理。结合这次绑梢进行定枝，调整到预定的留梢枝。结合绑梢随手摘除卷须。以后根据新梢生长随时绑缚。

（二）追肥浇水

花前肥。2年生的树喷1～2次磷酸二氢钾或尿素。3年以上的树株施硫铵或硝铵100～150克、硫酸钾100～200克（或亩施硫酸钾复合肥15千克）。穴施，施肥后浇透水，中耕除草。

（三）结果枝摘心和副梢处理

对易落花落果的品种，如巨峰、玫瑰香等应在花前摘心，同时对副梢进行处理，一般在花前4～7天进行。果穗紧密品种落花后再摘心。在果穗以上7～9片叶处摘心，只在顶端留下1～2个副梢，其余副梢全部去掉，同时摘去卷须。对留双果枝的留一个好的；另一个枝在果穗上留3～4片叶摘心并去掉全部副梢。

（四）疏穗

开花前7～15天疏花穗。

主蔓顶端壮果枝留2个花穗，下部壮果枝或中庸果枝留一个花穗，其余花穗剪除。以京秀为例：亩栽300～330株。2～3年生树每株留2～3穗，4年生树每株留7～8穗，5年生树每株留12～13穗，每个结果母枝留1穗果，结果枝和营养枝的比例为3～4∶1，每15片叶子以上保留1穗果，多余的花序应在第一次展现期疏除。

（五）花序管理

果穗以圆锥形为标准，合理负载为原则，逐枝逐穗整理。

可在花前3～7天进行，去掉副穗和上端的1～4个果穗分枝及

227

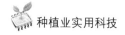

部分穗尖,(掐去花序末端 1/4 ~ 1/5)。每个花穗留 12 ~ 14 个分枝就够了。

(六)病虫防治

注意防治穗轴褐枯病、灰霉病(开花前后)、黑痘病(5 月中下旬至 6 月上旬是第一个发病期,花前半月是一个防治关键期)、白腐病(5 月下旬防治关键期)、炭疽病、绿盲蝽、红蜘蛛、斑衣蜡蝉、葡萄透翅蛾、蓟马、黄茶螨。

(1) 5 月上中旬开花前,尤其是花序全部展开后喷一次强力杀菌剂。可杀灭花期病虫,如穗轴褐枯病、灰霉病等。

(2) 花前 3 ~ 5 天喷 0.2% 硼砂 + 0.2% ~ 0.4% 尿素溶液。

花前参考配方:

万灵 3 000 倍 + 易保 1 200 倍 + 福星 800 ~ 1 000 倍 + 氨基酸。

真高(25% 苯醚甲环唑)6 000 倍 + 功夫 2 500 倍 + 2.8% 齐螨素 3 000 倍 + 氨基酸。

(3) 开花后喷施 50 毫克/千克的赤霉素溶液,可防止落花落果。

● 六月 ~ 七月

(一)追肥浇水:追施果实膨大肥

落花后 10 天左右株施复合肥 0.5 ~ 1 千克(或亩施尿素 20 千克,促果实膨大。10 ~ 15 天再亩施复合肥 25 千克)。为防止裂果可在此期土施硝酸钙 0.1 ~ 0.2 千克/株,浇水、中耕除草。土壤板结的可株施 200 ~ 250 克硫酸亚铁预防黄叶病。

有旺长趋势的壮树,花后一周喷施一次 1 000 毫克/千克的多效唑。

(二)疏果:花后 10 ~ 15 天进行

疏果在落花后果粒绿豆粒大小时进行,首先(用剪刀)将授粉不良的小粒和畸形果及影响果穗美观的果粒疏掉,然后将穗内小分枝上较密的粒疏掉一些，使穗粒整齐松紧适度。

亩产量控制在 1 500 千克以下，根据品种不同一般亩留5 000～7 000 穗。

（三）药剂处理

已修整好的果穗于花后 15 天用大果剂 100 倍液或 10～20 毫克/升的 CPPU 浸蘸。

或于花后 20 天左右用葡萄专用膨大剂吡效隆 100 倍液喷施或浸穗一次。

（四）果实套袋

采用报纸袋、白色葡萄专用袋，规格 200 毫米×300 毫米。

定穗后，采用杜邦易保 1 200 倍＋福星 8 000 倍或 70% 的甲基托布津 600～800 倍液或 75% 的百菌清 600～1 000 倍液喷施或浸蘸果穗待药液干后，及时套袋。

（五）病虫防治

白腐病（6 月份开始侵染，7～8 月份发病盛期）、黑痘病（6 月上旬开始发病，7 月上旬发病盛期，花落 80% 时是第二个防治关键期，花后半月是第三个防治关键期）、霜霉病、炭疽病、水罐子病、褐斑病（6 月上中旬是防治最佳时期）、叶蝉、绿盲蝽、螨类。

（1）落花后 10 天左右是防病关键期，落花后喷一次 1∶0.7∶250 的波尔多液，隔 7～10 天再喷一次 50% 退菌特 800～1 000 倍液，防治穗腐病。

套袋前后杀菌剂可采用 40% 福星 6 000 倍、万兴 2 000 倍、克露 2 000 倍、甲霜灵、甲基托布津 1 000 倍、退菌特 800 倍。铜高尚 400～800 倍液。杀菌剂还可采用咪鲜胺、百菌清、氟硅唑、速克灵、福美双、烯唑醇、戊唑醇等。

药剂参考配方：

A. 猛杀生 800 倍＋福星 8 000 倍＋万灵 3 000 倍＋菊酯 2 000 倍＋狮马绿；

B. 68.75%杜邦易保 + 48%乐斯本 2 500 倍 + 6%阿维哒 2 500 倍 + 康尔壮。

（2）7 月中旬喷药防治白腐病、粒枯病、黑痘病、炭疽病、霜霉病、褐斑病、绿盲蝽、螨类。

前期可喷施 1∶0.5～0.7∶200 波尔多液 2～3 次，此期雨水较少，施用波尔多液可有效降低成本。雨季到来前和雨季是施用易保的关键期，从 7 月中旬至 8 月中旬间隔 12 天左右连喷易保 1 200 倍液 3 次，可有效防治葡萄叶片和果穗的各种病害。

（3）霜霉病一般于 7 月中下旬开始发病，应于 6 月中下旬喷药预防，7 月底、8 月份是防治关键期。雨前一天树体喷布 1∶0.7∶200 倍波尔多液，重点喷叶背面和果穗周围，7～10 天喷一次，形成一层药膜可阻止病菌侵染。发病后则以化学药剂加以治疗：58%瑞毒锰锌 600～800 倍液；90%疫霜灵 600 倍液；杜邦抑快净粉剂 2 500 倍液；69% 安克锰锌水分散剂 800 倍液；64% 外尔 1 000～2 000 倍液。

两点经验：

A. 发病初期可采用克露防治，发病后则不宜采用。因为克露具有优良的保护和治疗作用，无剪除作用；

B. 整个生长期，根据天气情况，每隔 10～15 天左右打一次药，可用一般杀菌剂和波尔多液交替使用。

杀虫剂可采用有机磷、菊酯复配制剂 + 齐螨素或齐螨素复配制剂。

（4）地面撒施福美双 0.5 千克、硫磺 0.5 千克、生石灰 1 千克，三者搅拌均匀，亩用 1～2 千克。每半月撒施一次，可有效抑制病菌再侵染。

（5）如遇暴雨或冰雹及时使用福星 8 000 倍液或万兴 2 000 倍液喷雾，防止白腐病大流行。

（六）摘心

6 月中旬新梢和副梢生长旺盛，对花前摘心保留的副梢应及时摘心。发育枝留 12 ~ 15 片叶摘心，下部副梢从基部除去，顶部两个副梢可留 2 片叶反复摘心，保留的萌蘖枝也按此法进行。摘心同时去卷须和绑缚。

（七）追肥浇水

6 月中下旬如果雨水少，应浇水，浇水后及时中耕除草。

果实膨大期（采前 1 个月）开浅沟追施磷、钾肥 10 ~ 15 千克。或撒可富 + 硫酸钾（1 ： 1 混合），株施 0.5 千克。或株施硫酸钾 200 克、尿素 50 克。

（八）防日烧

6 月中旬至 7 月上旬未套袋葡萄可喷 27% 高脂膜乳剂 800 ~ 1 000 倍液或 0.1% 硫酸铜溶液，增强抗热性，防日烧。

（九）除草

7 月上中旬至 8 月份不进行中耕松土，以免土温升高，但要及时拔草。

（十）摘心

7 月下旬对发育枝、预备枝、所留的萌蘖枝都进行摘心，一般可剪枝 30 厘米左右。对副梢留 1 ~ 2 片叶进行摘心。多雨时及幼龄树可适当晚摘心。

● 八月 ~ 九月

（一）病虫防治

防治霜霉病、白腐病、炭疽病、褐斑病、白粉病、灰霉病（第二个发病时期在果实着色至成熟期）及二星叶蝉、浮沉子、葡萄天蛾幼虫、金龟子、斑衣腊蝉。

参考配方：

A. 40% 疫霜灵 300 倍（或 25% 瑞毒霉 800 倍）＋40% 乐果 1 500 倍（或 80% 敌敌畏 1 000 倍）；

B. 80% 大生 800 倍 +48% 乐斯本 1 500 倍。

阴雨多的特殊年份，果实采收前须打药，为保果面清洁，可喷：

1：0.5：250 倍波尔多液（澄清液）、多菌灵、福星、易保或福美双、戊唑醇等。

（二）去袋、摘老叶、喷着色剂

采果前 15 天左右去袋，去袋时间一般选在下午，边去袋边打药，采用万兴 2 000 倍液喷果穗。

果实开始着色后，将贴近果穗遮光的老叶摘去一些。

着色初期喷施葡萄着色剂（上海产）150 倍或葡萄增糖着色防裂剂 1 000 ~ 1 200 倍。

（三）采收

已着色的果穗再待 7 ~ 10 天左右，70% ~ 80% 的果粒具有该品种的特征色，是采摘上市的最佳时期。

采收后及时喷 1：1 ~ 1.5：200 的波尔多液、代森锰锌、乙磷铝或多菌灵等防治叶部病害，保护叶片。

（四）施秋肥

9 月中旬果实采收后，为恢复树势，高产园区应施秋肥。

9 月中下旬至 10 月上中旬施基肥。

亩施农家肥 5 立方米或鸡粪 1.5 ~ 2 立方米、磷酸二铵 20 ~ 25 千克、尿素 15 ~ 20 千克、硫酸钾 10 ~ 15 千克、硼砂 2 ~ 3 千克、硫酸亚铁 5 ~ 10 千克；也可追施以速效氮肥为主的复合肥，亩施 40 千克（100 ~ 150 克/株）左右。

在距植株 30 ~ 50 厘米处开沟，深、宽各 30 ~ 40 厘米，填入肥料覆土、浇透水。

● 十月 ~ 十一月

（一）冬季修剪

要求在 10 月下旬至 11 月上旬埋土防寒前完成。

幼树根据架式确定相应的整枝方式。使枝蔓提早均匀的分布于架面上，为丰产打下基础。

大树修剪根据品种特性、枝条生长情况和着生部位、整枝形式等解决好结果母枝的长度和数量问题，使植株保持健壮生长和高度的结果能力。

（二）清园、刮皮、喷杀菌剂

清除园内杂草、剪下的病梢、病叶、病果、枯枝及杂物，6年以上的老树，刮除老翘皮，集中烧毁。或深埋。

清园后，全园地面、枝干及架面全面细致喷一次 3~5 度石硫合剂。

（三）浇冻水

在埋防寒土前 7 天，浇一次冻水，减少冻害。

（四）下架防寒

下架后，将枝蔓顺势捆好。在距根部 1.2 米取土，分两次埋土（埋土宜用湿土），第一次埋土厚度 10 厘米，封冻前埋第二次，厚度 15 厘米左右，用土要碎，埋后拍实。

附1　综防葡萄裂果

1. 裂果原因

（1）白粉病或黑痘病危害后的病害裂果。

（2）红蜘蛛危害的虫害裂果。

（3）土壤含水量骤变引起的生理裂果。

（4）果实排列过密所致的挤压裂果。

2. 综合防治

（1）及时防治病虫害：生长期内黑痘病及时喷布 1：0.5~0.7：200 的波尔多液或 75% 百菌清 500~600 倍，连喷 3~4 次；7~8 月份是白粉病的危害盛期，可喷 25% 粉锈宁可湿性粉剂

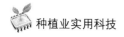

2 000 倍。

（2）生长早期遇旱应早浇水，坐果后，10 天左右浇一水，使果粒正常膨大。

（3）着色期不需水分过高，可将根部培高，行间覆盖地膜，遇雨排水。

（4）果实套袋，严格控制产量。

（5）后期雨水大裂果后，及时去裂果，打杀菌剂。

附2 围种玉米，葡萄受益（果农经验）

春季及早在葡萄园周围种几行玉米，选高秆品种，可保护葡萄免受除草剂危害、引诱病虫转移到玉米上为害。可减少葡萄园喷药次数，使葡萄大受裨益。

第五章 农 药

第一节 农药概论

一、农药的定义与分类

(一) 农药的定义

根据《农药管理条例》,目前我国所称的农药主要是指用于预防、消灭或者控制危害农业、林业的病、虫、草和其他有害生物以及有目的地调节植物、昆虫生长的化学合成或者来源于生物、其他天然物质的一种物质或者几种物质的混合物及其制剂。

(二) 农药的分类

1. 农药按防治对象分类

(1) 杀虫剂:用来防治有害昆虫的化学物质;

(2) 杀菌剂:用来防治植物病原微生物的化学物质;

(3) 除草剂:用以防除农田杂草的化学物质;

(4) 杀螨剂:用来防治蛛形纲中有害种类的化学物质;

(5) 杀鼠剂:用来防治害鼠的化学物质;

(6) 杀线虫剂:用来防治植物病原线虫的化学物质;

(7) 植物生长调节剂:用来促进或抑制农林作物生长发育的化学物质;

(8) 杀软体动物剂:用来防治有害软体动物的化学物质。

2. 杀虫剂按原料来源分类

（1）无机杀虫剂；

（2）有机杀虫剂；

（3）生物或植物源杀虫剂。

3. 有机杀虫剂根据化学组成不同，分为以下几类

（1）有机磷杀虫剂，如敌敌畏、氧化乐果等；

（2）拟除虫菊酯类杀虫剂，如氯氰菊酯、功夫菊酯等；

（3）氨基甲酸酯类杀虫剂，如万灵、呋喃丹等；

（4）苯甲酰基脲类杀虫剂，如灭幼脲、定虫隆等；

（5）生物类杀虫剂，如爱力螨克、苦参碱等；

（6）其他类杀虫剂，如吡虫啉、锐劲特。

4. 杀菌剂按作用原理分类

（1）保护剂：如波尔多液、代森锰锌；

（2）治疗剂：如多菌灵、托布津等。

杀菌剂根据植物的吸收情况还可分为：

（1）内吸性杀菌剂：内吸杀菌剂多具治疗及保护作用，如甲基托布津、百菌清。

（2）非内吸性杀菌剂：非内吸性杀菌剂多只具有保护作用，如波尔多液。

5. 除草剂根据选择性分类

（1）选择性除草剂：使用这类除草剂的作物必须对该品种不敏感，如威霸、高效盖草能等用于双子叶作物，而巨星只能用于单子叶作物。

（2）灭生性除草剂：如草甘磷、克无踪等，在杀杂草的同时对作物不安全，使用时只能在播后苗前，移栽前或播种前进行灭生性处理，如果作物已出苗或长成植株并需用之，则必须采用保护性措施进行定向喷雾，否则会使作物发生严重药害。如克无踪用于分散产区棉田行间除草。

二、农药对农作物的影响

（一）农药对作物的药害

植物药害的症状有急性药害和慢性药害。

1. 急性药害

急性药害在喷药后短期内即可产生，甚至在喷药数小时后即可显现。症状一般是叶面产生各种斑点、穿孔，甚至灼焦枯萎、黄化、落叶等。果实上的药害主要是产生种种斑点或锈斑，影响果品的品质。

2. 慢性药害

慢性药害出现较慢，常要经过较长时间或多次施药后才能出现。症状一般为叶片增厚、硬化发脆，容易穿孔破裂；叶片、果实畸形；植株矮化；根部肥大粗短等。药害有时还会表现为使产品有不良气味，品质降低。

（二）对植物生长发育的刺激作用

烟草制剂对水稻有促进生长的作用；鱼藤制剂可促进菜苗发根；波尔多液可使多种作物叶色浓绿、生长旺盛。似乎药剂在低剂量使用时，一般都对植物有一定的刺激生长作用。不过这种刺激生长的良好作用，需要经过严密的比较研究才能确认。

第二节　有机杀虫剂

一、常用有机磷杀虫剂

敌百虫

1. 作用特点

对害虫有很强的胃毒作用，兼有触杀作用；对植物具有渗透作

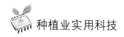

用，但无内吸传导作用。在昆虫体内，本剂分解缓慢，且有一部分转化为敌敌畏，因而表现毒力强。

2. 防治对象

可用于防治棉铃虫、造桥虫、食心虫、小菜蛾、甘蓝叶蛾、黄条跳甲、叶蝉、蓟马等害虫。亩用量 80% 敌百虫 100～150 克。还可采用 1 000 倍液灌根防治葱蛆、萝卜蛆、白菜蛆。

对蚜虫、红蜘蛛防效很差。

3. 注意事项

对高粱、玉米、瓜类和豆类的幼苗易产生药害。

敌敌畏

1. 作用特点

敌敌畏是广谱杀虫杀螨剂，对害虫具有触杀、胃毒和熏蒸作用。对害虫击倒力强杀虫速度快，但迟效期短，大田作物只有1～2天。如与药效期长的杀虫剂混用，效果更好。

对咀嚼式口器和刺吸式口器害虫都有效，由于迟效期短，对钻蛀性害虫如棉铃虫等防治效果较差。

2. 防治对象

广泛用于防治蔬菜、林果、棉花、烟草、水稻等作物害虫。如苹果卷叶蛾、梨星毛虫、梨网蝽象、蚜虫、红蜘蛛、锈壁虱、棉蚜、棉红蜘蛛等，一般采用 80% 敌敌畏 1 500～2 000 倍液喷雾。

3. 注意事项

对高粱易产生药害，不能使用。对玉米、高粱、豆类、瓜类的幼苗也易产生药害，使用应注意。

乐果与氧化乐果

1. 作用特点

对害虫和螨类具有很强的触杀作用和一定的胃毒作用，对蚜、螨、叶蝉、蓟马等具有内吸作用，并能杀死果实内的果实蝇和蛾类幼虫。

2. 防治对象

蚜虫、红蜘蛛、叶蝉、蓟马、盲蝽象、潜叶蝇、食心虫、粘虫、介壳虫、锈壁虱等，亩用40%乐果50～80毫升加水1 200倍液喷雾。

3. 注意事项

在高粱、烟草、枣树、桃、杏、梅、柑橘及苹果的某些品种上使用，易发生药害，加水倍数不得少于1 200倍。

乙酰甲胺磷

1. 作用特点

乙酰甲胺磷是广谱杀虫、杀螨剂，对害虫以触杀为主、兼有胃毒、内吸和一定的熏蒸作用，并有杀卵作用。

2. 防治对象：

菜青虫、食心虫、红蜘蛛、蚜虫、蓟马粘虫等，亩用30%乳油150～300毫升加水喷雾。

3. 注意事项

因为我国和国际上一些国家禁止该药用于农作物，所以该药在蔬菜和一般农作物上不宜使用。

辛硫磷（倍腈磷）

1. 作用特点

辛硫磷是高效、低毒、低残留的杀虫剂，对害虫具有胃毒和触杀作用，也有一定的熏蒸作用。由于易光解失效，一般持效期只有2～3天，但在黑暗条件下则稳定，故在土壤中持效期可达1～2个月。

2. 防治对象

小菜蛾、菜青虫、蚜虫、棉铃虫、烟青虫、红蜘蛛、亩用50%乳油100毫升加水喷雾。

防治地下害虫可用亩用500～1 000毫升对水浇灌。

毒死蜱（乐斯本）

1. 作用特点

毒死蜱对害虫具有触杀、胃毒和熏蒸作用，在植物体表面残留期短，在土壤中残留期长，故对地下害虫防效好。

2. 防治对象

防治粘虫、蚜虫、红蜘蛛、棉铃虫、红铃虫、菜青虫、食心虫、斜纹夜蛾、小菜蛾、飞虱、叶蝉、蓟马等粮棉、果树害虫。亩用100毫升对水1 000～2 000倍喷雾。

防治蛴螬、地蛆等地下害虫，可亩用毒死蜱500毫升随水浇灌。

马拉硫磷（马拉松）

1. 性能与特点

马拉硫磷是一种高效、低毒、广谱杀虫剂。具有触杀和胃毒作用，也有一定的熏蒸和渗透作用，对害虫击倒力强，但其药效受温度影响较大，高温时效果好。对人、畜低毒，对作物安全，对鱼类有中毒，对天敌和蜜蜂高毒。残效期短。

2. 防治对象和使用方法

50%马拉硫磷乳油1 000倍液喷雾，防治苹果、梨、桃树上的蚜虫、叶螨、叶蝉、木虱、刺蛾、卷叶蛾、食心虫、介壳虫、毛虫等害虫，对叶蝉有特效。

3. 注意事项

不能与碱性农药混用。对高粱、瓜豆类和梨、葡萄、樱桃等一些品种易发生药害，应慎用。本品易燃，在贮存过程中严禁烟火，采果前10天停用。

喹硫磷（爱卡士）

1. 性能与特点

广谱杀螨、杀虫剂，具有胃毒和触杀作用，具有一定的杀卵作用，在植物上有良好的渗透性，毒性中等。

2. 防治对象和方法

蚜虫、蓟马、棉铃虫、红铃虫、红蜘蛛、菜青虫、粘虫等亩用25%乳油130～160毫升加水喷雾。

伏杀硫磷

1. 性能与特性

广谱杀虫杀螨剂，对害虫以触杀和胃毒作用为主，对作物有渗透作用，但无内吸传导性。药效发挥的速度较慢，持效期约14天。

2. 防治对象和方法

防治棉蚜、棉铃虫、盲蝽象、红蜘蛛、粘虫、菜青虫、小菜蛾、潜叶蛾、毛虫、小绿叶蝉、食心虫等粮棉、果树害虫。亩用35%乳油100～150毫升，对水1 000～1 400倍喷雾。

三唑磷

1. 作用特点

三唑磷系新型高效，广谱性有机磷杀虫、杀螨剂，中等毒性杀虫剂，对害虫具有触杀、胃毒作用，对虫卵尤其是鳞翅目害虫卵有明显杀伤作用。药剂对作物有一定渗透作用，但没有内吸性。常用剂型为20%和40%乳油。

2. 使用方法

防治水稻二化螟、稻纵卷叶螟、蓟马，每亩用20%乳油100～150毫升对水喷雾。防治棉铃虫、红铃虫，每亩用20%乳油150～200毫升对水于盛发期喷雾。防治菜青虫、菜蚜，每亩用20%乳油100～125毫升对水喷雾。防治玉米螟，每亩用20%乳油75～100毫升拌细炉灰渣或细沙制成毒土，在玉米大喇叭口期施入心叶内，也可对水喷雾。

3. 注意事项

三唑磷对鱼、蜜蜂、家蚕均有毒性，使用时要避开水源、蜜源

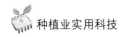

作物及蚕场等地。不能与碱性农药混用，以免失效。药剂应贮存在阴凉、干燥处。

倍硫磷（又名百治屠）

1. 作用特点

倍硫磷对害虫具有触杀和胃毒作用，对作物具有一定渗透性，但无内吸传导作用，杀虫广谱，作用迅速，中毒。对狗和家禽的毒性较大，对蜜蜂高毒，无慢性毒性。剂型50%倍硫磷乳油。

2. 适用范围

适用于防治水稻、棉花、果树、蔬菜、大豆上的多种害虫，对螨类也有效。在植物体内氧化成亚砜和砜，杀虫活性提高。

（1）棉花害虫的防治：棉铃虫、红铃虫每亩用50%乳油50～100毫升，对水75～100千克喷雾。此剂量可兼治棉蚜、棉红蜘蛛。

（2）蔬菜害虫的防治：菜青虫、菜蚜每亩用50%乳油50毫升，对水30～50千克喷雾。

（3）果树害虫的防治：桃小食心虫用50%乳油1 000～2 000倍液喷雾。

（4）大豆害虫的防治：大豆食心虫、大豆卷叶螟每亩用50%乳油50～150毫升，对水30～50千克喷雾。

3. 注意事项

（1）对十字花科蔬菜的幼苗及梨、桃、高粱、啤酒花易产生药害。

（2）不能与碱性物质混用。

（3）皮肤接触中毒可用清水或碱性溶液冲洗，忌用高锰酸钾液，误服治疗可用硫酸阿托品，但服用阿托品不宜太快、太早，维持时间一般应3～5天。

丙溴磷

1. 作用特点

丙溴磷具有触杀和胃毒作用，作用迅速，对其他有机磷、拟除虫菊酯产生抗性的棉花害虫仍有效，是防治抗性棉铃虫的有效药剂。丙溴磷为中等毒性杀虫剂，对鱼、鸟、蜜蜂有毒。剂型44%乳油。

2. 适用范围

适用于防治棉铃虫、棉蚜、红铃虫。

（1）棉铃虫的防治：每亩用44%乳油60～100毫升，对水60～100千克喷雾。

（2）棉蚜的防治：每亩用44%乳油30～60毫升，对水30～60千克喷雾。

（3）红铃虫的防治：每亩用44%乳油60～100毫升，对水60～100千克喷雾。

3. 注意事项

（1）严禁与碱性农药混合使用。

（2）丙溴磷与氯氰菊酯混用增效明显，商品多虫清是防治抗性棉铃虫的有效药剂。

（3）中毒者送医院治疗，治疗药剂为阿托品或解磷定。

（4）安全间隔期：14天。

（5）每季节最多使用次数：3次。

二嗪农（地亚农、大亚仙农）

1. 作用特点

二嗪农为广谱性有机磷杀虫杀螨剂，具有触杀、胃毒、熏蒸和一定的内吸作用，有一定杀螨活性及杀线虫活性。残效期较长。对高等动物较低毒。对鱼类低毒，对鸭、鹅高毒，对蜜蜂高毒，并可作家庭和畜类卫生用药。

2. 防治对象

主要以乳油对水喷雾用于水稻、棉花、果树、蔬菜、甘蔗、玉米、烟草、马铃薯等作物,防治刺吸式口器害虫和食叶害虫,如鳞翅目和双翅目幼虫、蚜虫、叶蝉、飞虱、蓟马、介壳虫、二十八星瓢虫、锯蜂等及叶螨,对虫卵、螨卵也有一定杀伤效果。小麦、玉米、高粱、花生等拌种,可防治蝼蛄、蛴螬等土壤害虫。颗粒剂灌心叶,可防治玉米螟。乳油对煤油喷雾,可防治蜚蠊、跳蚤、虱子、苍蝇、蚊子等卫生害虫。绵羊药液浸浴,可防治蝇、虱、蜱、蚤等体外寄生虫。一般使用下无药害,但一些品种的苹果和莴苣较敏感。收获前禁用期一般为 10 天。

亚胺硫磷

1. 作用特点

亚胺硫磷是一种广谱有机磷杀虫剂,具有触杀和胃毒作用,残效期长。中等毒性,在环境中和试验动物体内能迅速降解。剂型20%、25%亚胺硫磷乳油。

2. 防治对象和使用方法

适用于防治水稻、棉花、果树、蔬菜等多种作物害虫,并兼治叶螨。

(1)棉花害虫的防治 防治棉蚜每亩用25%乳油50毫升,对水 75 千克喷雾。棉铃虫、红铃虫、棉红蜘蛛,每亩用25%乳油100~125 毫升,对水 75 千克喷雾。

(2)水稻害虫的防治 防治稻纵卷叶螟、稻飞虱、稻蓟马,每亩用25%乳油150毫升,对水 50~75 千克喷雾。

(3)果树害虫的防治 苹果叶螨用25%乳油 1 000 倍喷雾。苹果卷叶蛾、天幕毛虫用25%乳油 600 倍喷雾。柑橘介壳虫用25%乳油 600 倍液喷雾。

(4)蔬菜害虫的防治 菜蚜每亩用25%乳油33毫升,对水 30~50 千克喷雾。地老虎用25%乳油250 倍药液灌根。

3. 注意事项

（1）对蜜蜂有毒，喷药后不能放蜂。

（2）不能与碱性农药混用。

（3）中毒后解毒药剂可选用阿托品、解磷定等。

二、氨基甲酸酯类杀虫剂

仲丁威（巴沙，扑杀威）

1. 作用特点

仲丁威具有强烈的触杀作用，并具有一定胃毒、熏蒸和杀卵作用，作用迅速，但残效期短。

2. 防治对象

仲丁威对飞虱、叶蝉有特效，对蚊、蝇幼虫也有一定防效。

灭多威（万灵）

1. 作用特点

灭多威是具有内吸性的接触杀虫剂，兼有胃毒和杀卵作用，药效迅速，喷药后 1 小时即可见效。

2. 防治对象

防治棉铃虫、烟青虫、粘虫、草地螟、地老虎、菜青虫、小菜蛾、叶蛾类、卷叶蛾、蚜虫、毛虫、蓟马、蟓象、食心虫等粮棉、果树害虫。

抗蚜威（辟蚜雾）

1. 作用特点

抗蚜威对害虫具有触杀和熏蒸作用，并能渗入叶片组织内，杀死叶背面的害虫。

2. 防治对象和方法

对蚜虫特效，能防治除棉蚜以外的各种作物的蚜虫。用 50%

可湿性粉剂 10 ~ 20 克。对水喷雾。

丁硫克百威

1. 作用特点

丁硫克百威为中等毒杀虫、杀螨剂。具有触杀、胃毒和内吸作用，杀虫广谱，持效期长。

2. 防治对象

杀虫谱广，对蚜虫、柑橘锈壁虱等均有很高的杀灭效果，见效快、持效期长，施药后 20 分钟即发挥作用，并有较长的持效期，同时本品还是一种植物生长调节剂，具有促进作物生长，提前成熟，促进幼芽生长等作用。丁硫克百威用途很广，可与适宜乳化剂、溶剂配制英赛丰（20%丁硫克百威乳油），同时可与多种杀虫剂（如吡虫啉）、杀菌剂混配，以提高杀虫效果和扩大应用范围。

硫双威（拉维因）

1. 作用和特点

硫双威主要是胃毒作用，几乎没有触杀作用，无熏蒸和内吸作用，有较强的选择性，在土壤中残效期很短。中等毒性，对鱼、鸟安全，对作物安全。剂型75%可湿性粉剂。

2. 适用范围

此品种对鳞翅目害虫有特效，并有杀卵作用，对棉蚜、叶蝉、蓟马和螨类无效，也可用于防治鞘翅目、双翅目及膜翅目害虫。

（1）棉铃虫、棉红铃虫于卵孵盛期进行防治，每亩用75%可湿性粉 50 ~ 100 克，对水 50 ~ 100 千克喷雾。

（2）二化螟、三化螟的防治每亩用75%可湿性粉 100 ~ 150 克，对水 100 ~ 150 千克喷雾。

3. 注意事项

（1）严禁与碱性农药混用。

（2）避光保存，不要接近火源。

（3）中毒后治疗用药为阿托品，不要使用解磷定及吗啡进行治疗。

异丙威（灭扑散、叶蝉散）

1. 作用特点

异丙威具有较强的触杀作用，击倒力强，药效迅速，但残效期较短。异丙威属中等毒性杀虫剂，对鱼、蜜蜂有毒。剂型2%、4%粉剂，20%乳油。

2. 适用范围

异丙威对稻飞虱、叶蝉科害虫具有特效。可兼治蓟马和蚜螨，对飞虱天敌、蜘蛛类安全。

（1）水稻害虫的防治　防治飞虱、叶蝉，每亩用2%粉剂2～2.5千克，直接喷粉或混细土15千克，均匀撒施。

（2）甘蔗害虫的防治　防治甘蔗飞虱，每亩用2%粉剂2.0～2.5千克，混细沙土20千克，撒施于甘蔗心叶及叶鞘间，防治效果良好。

（3）水稻害虫的防治　用20%乳剂150～200毫升，对水75～100千克，均匀喷雾。

（4）柑橘害虫的防治　防治柑橘潜叶蛾，用20%乳油对水500～800倍喷雾。

3. 注意事项

（1）本品对薯类有药害，不宜在薯类作物上使用。

（2）施用本品前后10天不可使用敌稗。

（3）如药液溅入眼中，用大量清水冲洗。如吸入中毒，应将中毒者移到通风处躺下休息。如误服中毒，要给中毒者喝温食盐水催吐。中毒严重者，可服用或注射阿托品，严禁使用吗啡或解磷定。

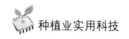
速灭威

1. 作用特点

速灭威具有触杀和熏蒸作用，击倒力强，持效期较短。速灭威为中等毒性杀虫剂。对鱼有毒，对蜜蜂高毒。剂型25%速灭威可湿性粉剂，2%、4%速灭威粉剂。

2. 防治对象和使用方法

速灭威对稻飞虱、稻叶蝉、稻蓟马有特效。对稻田蚂蟥有良好杀伤作用。

（1）水稻害虫的防治：每亩用20%乳油125～250毫升，或25%可湿性粉剂125～200克，对水300～400千克泼浇，或对水100～150千克喷雾，3%粉剂每亩用2.5～3千克直接喷粉。

（2）棉花害虫的防治：棉蚜、棉铃虫每亩用25%可湿性粉剂200～300倍液喷雾。棉叶蝉每亩用3%粉剂2.5～3千克直接喷粉。

（3）茶树害虫的防治：使用25%可湿性粉剂600～800倍液喷雾。

（4）柑橘害虫的防治：防治柑橘锈壁虱用20%乳油或25%可湿性粉剂400倍液喷雾。

3. 注意事项

（1）不能与碱性农药混用。

（2）某些水稻品种如农工73、农虎3号对速灭威敏感，使用时应小心。

（3）下雨前不宜施药，食用作物在收获前10天停止使用。

三、菊酯类杀虫剂

氰戊菊酯（杀灭菊酯、速灭杀丁）

1. 作用特点

对害虫主要是触杀作用，也有胃毒和杀卵作用，但无熏蒸和内吸作用。气温低比气温高时药效好，因此，以午后、傍晚施药为宜。

2. 防治对象和使用方法

防治棉铃虫、红铃虫、玉米螟、盲蝽象、卷叶虫、造桥虫、小菜蛾、食心虫、木虱等亩用20%乳油50～70毫升对水1 500倍液喷雾。

3. 注意事项

本品无内吸和熏蒸作用。喷药要周到，蚜虫、棉铃虫等极易产生抗药性，尽可能轮用、混用。

顺式氰戊菊酯（来福灵）、溴氰聚酯（敌杀死）、高效氯氰菊酯

三种药品与氰戊菊酯性质基本相同。

5%顺式氰戊菊酯与20%氰戊菊酯效果相当。

溴氰聚酯使用时亩用2.5%乳油20～40毫升对水2 000倍液喷雾。

高效氯氰菊酯使用时亩用5%乳油20～40毫升对水2 000倍液喷雾。

氟氯氰菊酯（百树菊酯）、三氟氯氰菊酯（功夫）甲氰菊酯、联苯菊酯（天王星、虫螨灵）

四种药品与氰戊菊酯性质基本相同。且兼治螨类。

氟氯氰菊酯亩用5.7%乳油20～50毫升对水2 000～3 000倍喷雾。

三氟氯氰菊酯亩用2.5%乳油40～60毫升对水1 000～2 000倍喷雾。

甲氰菊酯亩用20%乳油30～40毫升对水2 000～3 000倍喷雾。

联苯菊酯亩用10%乳油35～50毫升对水3 000倍喷雾，低气温条件下更能发挥药效，故在春秋两季使用更好。

氟胺氰菊酯（马扑力克）

与氰戊菊酯基本相同。还具有杀螨和灭卵的作用。亩用20%乳油15～30毫升对水2 000～3 000倍液喷雾。

醚菊酯（多来宝）

1. 作用特点

类似于拟除虫菊酯又具有醚结构的杀虫剂，杀虫谱广，击倒速度快，持效期长，对蔬菜作物安全等多种优点。

2. 防治对象

防治甜菜叶蛾、小菜蛾、菜青虫、蚜虫蓟马、白粉虱等采用800～1 000倍液喷雾。

四、生物类杀虫剂

爱力螨克（爱福丁、齐螨素、阿维菌素等）

1. 作用特点

是一种抗生素类生物杀螨、杀虫剂，对害虫和害螨有触杀和胃毒作用，对作物有渗透作用。

2. 防治对象

红蜘蛛、黄茶螨、美洲斑潜蝇、潜夜蝇、梨木虱、小菜蛾等，常用1.8%齐螨素3 000~4 000倍液喷雾防治。

甲氨基阿维菌素苯甲酸盐（简称甲维盐）

1. 作用特点

甲氨基阿维菌素苯甲酸盐（简称甲维盐），是一种超高效、绿色环保型杀虫剂、杀螨剂，具有广谱、无残留、高选择的特性。原药为中等毒，其制剂产品为低毒。作用方式以胃毒为主兼具触杀作用，对作物无内吸性能，但能有效渗入施用作物表皮组织，因而具有较长残效期。

2. 防治对象

对防治棉铃虫、小菜蛾、鳞翅目、螨类、鞘翅目及同翅目害虫有极高活性，可与大部分农药混用，碱性农药除外。

苏云金杆菌

1. 作用特点

简称BT，它是包括许多变种的一类产晶体芽孢杆菌的细菌性杀虫剂。以胃毒作用为主。

2. 防治对象

小菜蛾、菜青虫、棉铃虫等害虫，常用100亿活芽孢/克苏云金杆菌的可湿性粉剂800~1 000倍液，对鳞翅目1~2龄幼虫发生初期进行均匀喷雾。

3. 注意事项

喷雾应均匀周到，不可与内吸性有机磷杀虫剂或杀菌剂混用，以免降低药效。

棉铃虫核型多角体病毒

本产品为可湿性粉剂，有效成分NPV≥10亿PIB/克，具有持续传染、循环往复发生作用之功效，能有效触杀棉铃虫，烟青虫、菜青虫、蚜虫等害虫。

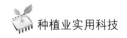

甜菜夜蛾核型多角体病毒

甜菜夜蛾核型多角体病毒是一种纯天然新型的昆虫病毒杀虫剂。是一种针对甜菜夜蛾的专一性病毒类生物农药，对其他生物安全。该产品具有针对性强、用量低、使用简便、无毒无残留、后效作用显著等特点，对抗药性、顽固性害虫作用突出。喷施到作物上被甜菜夜蛾取食后，SeNPV 开始在虫体内大量复制增殖，病毒粒子不断吞噬消耗虫体组织，最终导致害虫全身化水而亡。病毒可以通过死虫的体液、粪便继续传染下一代害虫，造成害虫病毒病的田间大流行，从而达到长期持续控制甜菜夜蛾的目的。

鱼藤酮

1. 作用特点

杀虫谱广的植物性杀虫剂，具有触杀和胃毒作用，但无内吸性，见光易分解。

2. 防治对象

防治蚜虫等害虫用 2.5% 乳油对水 400 ~ 500 倍液喷雾。

苦参碱

1. 作用特点

是一种植物性杀虫兼杀螨剂，具有胃毒和触杀作用。

2. 防治对象

防治菜青虫、蚜虫、红蜘蛛、黄茶螨，采用 1% 醇溶液对水 500 ~ 1 000 倍喷雾。

防治韭菜蛆在危害初期采用 1.1% 苦参碱粉剂 500 倍液浇灌韭菜根茎基部，灌根后及时覆土。

印楝素

从化学结构上看，印楝素类化合物与昆虫体内的类固醇和甾类化合物等激素类物质非常相似，因而害虫不易区分它们是体内固有的还是外界强加的，所以它们既能够进入害虫体内干扰害虫的生命过程，从而杀死害虫，又不易引起害虫产生抗药性。这类化合物与脊椎动物的激素类质的结构差异很大，所以它们对人畜几乎是无害的。是目前世界公认的广谱、高效、低毒、易降解、无残留的杀虫剂且没有抗药性，对几乎所有植物害虫都具有驱杀效果。试验证明，印楝对防治10目400多种农林、仓储和卫生害虫，特别是对鳞翅目、鞘翅目等害虫有特效。

苦皮藤素

苦皮藤素的杀虫活性成分从苦皮藤中分离、鉴定出具有拒食活性的化合物 Celangulin，可以认为是该植物杀虫化学成分研究的一个里程碑。在此之前，都认为卫矛科植物杀虫活性成分是生物碱，Celangulin 是第一个从苦皮藤中分离的非生物碱活性化合物。以后的研究成果也表明，其杀虫有效成分基本上是以二氢沉香呋喃为骨架的多元醇酯化合物。近年来研究发现，苦皮藤的杀虫活性成分具有麻醉、拒食和胃毒、触杀作用，并且不产生抗药性、不杀伤天敌、理化性质稳定等特点，苦皮藤素 I 对害虫具有拒食作用，苦皮藤素 II、III 对小地虎、甘蓝夜蛾、棉小造桥虫等昆虫有胃毒毒杀作用，苦皮藤素 IV 对昆虫具有选择麻醉作用。

浏阳霉素

1. 作用特点

浏阳霉素为一触杀性杀虫剂，对螨类具有特效，对蚜虫也有较高的活性。属高毒但对天敌昆虫及蜜蜂比较安全。但该药剂对鱼毒性较高。

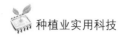

2. 防治对象

可用于棉花、果树、瓜类、豆类、蔬菜等作物防治螨类及蚜虫。使用浓度为 1 000 ~ 3 000 倍。多与有机磷、氨基甲酸酯类农药混配使用，以达到增效及扩大杀虫效果。

多杀霉素（多杀菌素、菜喜、催杀）

1. 作用特点

对害虫具有快速的触杀和胃毒作用，对叶片有较强的渗透作用，可杀死表皮下的害虫，残效期较长，对一些害虫具有一定的杀卵作用。无内吸作用。能有效的防治鳞翅目、双翅目和缨翅目害虫，也能很好的防治鞘翅目和直翅目中某些大量取食叶片的害虫种类，对刺吸式害虫和螨类的防治效果较差。对捕食性天敌昆虫比较安全，因杀虫作用机制独特，目前尚未发现与其他杀虫剂存在交互抗药性的报道。对植物安全无药害。适合于蔬菜、果树、园艺、农作物上使用。杀虫效果受下雨影响较小。是一种低毒、高效、广谱、低残留的生物杀虫剂。制剂：2.5%、48%悬浮剂，并有 BT 及部分化学农药与之复配的产品。

2. 使用方法

（1）蔬菜上防治小菜蛾，在低龄幼虫盛发期用 2.5%悬浮剂 1 000 ~ 1 500 倍液均匀喷雾，或每亩用 2.5%悬浮剂 33 ~ 50 毫升对水 20 ~ 50 千克喷雾。

（2）防治甜菜夜蛾，于低龄幼虫期，每亩用 2.5%悬浮剂 50 ~ 100 毫升对水喷雾，傍晚施药效果最好。

（3）防治蓟马，于发生期，每亩用 2.5%悬浮剂 33 ~ 50 毫升对水喷雾，或用 2.5%悬浮剂 1 000 ~ 1 500 倍液均匀喷雾，重点在幼嫩组织如花、幼果、顶尖及嫩梢等部位。

3. 注意事项

（1）可能对鱼或其他水生生物有毒，应避免污染水源和池塘等。

（2）药剂贮存在阴凉、干燥处。

（3）最后一次施药离收获的时间为 7 天。避免喷药后 24 小时内遇降雨。

（4）应注意个人的安全防护，如溅入眼睛，立即用大量清水冲洗。如接触皮肤或衣物，用大量清水或肥皂水清洗。如误服不要自行引吐，切勿给不清醒或发生痉挛患者灌喂任何东西或催吐，应立即将患者送医院治疗。

白僵菌

1. 作用特点

白僵菌是一种真菌微生物杀虫剂。菌落为白色粉状物，产品为白色或灰白色粉状物。菌体遇到较高的温度自然死亡而失效。其杀虫有效物质是白僵菌的活孢子。孢子接触害虫后，在适宜的温度条件下萌发，生长菌丝侵入虫体内，产生大量菌丝和分泌物，使害虫生病，约经 4~5 天后死亡。死亡的虫体白色僵硬，体表长满菌丝及白色粉状孢子。孢子可借风、昆虫等继续扩散，侵染其他害虫。

2. 防治对象及使用方法

白僵菌杀虫剂用于防治多种作物上的鳞翅目害虫，如菜青虫、小菜蛾、棉铃虫、玉米螟等，对松毛虫有特效。

（1）喷菌法。菌粉用水溶液稀释配成菌液，每毫升菌液含孢子 1 亿以上。用菌液在蔬菜上喷雾。

（2）喷粉。苗粉与 2.5% 敌百虫粉均匀混合，每克混合粉含活孢子 1 亿以上，在蔬菜上喷粉。

（3）将病死的僵尸虫收集研磨，配成每毫升含活孢子 1 亿以上（每 100 个虫尸加工后，对水 80~100 千克）即可在蔬菜上喷雾。

3. 注意事项

（1）家蚕养殖区不能使用。

（2）菌液要随配随用，存放时间不宜超过 2 小时，以免孢子

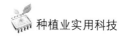

过早萌发而失去作用。与化学杀虫剂混用，也应随配随用，以免孢子受药害而失效。不能与杀菌剂混用。

（3）白僵菌会使部分人皮肤产生过敏，如出现低烧、皮肤刺痒等，使用时应注意保护皮肤。

五、苯甲酰脲类杀虫剂

除虫脲（灭幼脲1号）

1. 作用特点

对害虫主要是胃毒作用，触杀作用很小，兼有杀卵作用。各龄幼虫受药中毒后，不再取食危害，但一般在喷药后5天左右才会大量死亡。

2. 防治对象

防治粘虫、天幕毛虫、松毛虫、草地螟、美国白蛾、杨毒蛾、豆天蛾、枣步曲、菜青虫、豆荚螟、甜菜叶蛾、斜纹叶蛾亩用20%灭幼脲1号10～20毫升喷雾（但对棉铃虫效果不好）。

3. 注意事项

在低龄幼虫期喷药，对钻蛀性害虫宜在产卵高峰至孵卵盛期施药，效果才好。

灭幼脲3号

与除虫脲相同，亩用量25%灭幼脲3号30～40毫升对水喷雾。

定虫隆（拟太保、农梦特）

与除虫脲相同，但本药对棉铃虫和红铃虫也有效。亩用5%乳油100毫升对水1 000倍液喷雾。

噻嗪酮（扑虱灵、优乐得）

1. 作用特点

对害虫具有强烈触杀和胃毒作用，作用机理与灭幼脲相同，一般用药 3~7 天后才能见效。

2. 防治对象

防治叶蝉、白粉虱、蚜虫、飞虱、介壳虫采用 25% 可湿性粉剂 1 000~2 000 倍液喷雾。

3. 注意事项

喷药要均匀，白菜、萝卜接触药液后易出现褐斑及绿叶白化，不可使用。

氟虫脲

1. 作用特点

氟虫脲为广谱性杀虫、杀螨剂，具有触杀和胃毒作用。主要剂型为 5% 氟虫脲乳油，适用于防治蔬菜害虫。

2. 使用方法

防治菜青虫、斜纹夜蛾、甘蓝夜蛾等蔬菜害虫，在 2 龄幼虫盛发期，每亩用 5% 氟虫脲乳油 30~50 毫升加水 40~50 千克喷雾。防治小菜蛾，在 1~2 龄幼虫盛发期，每亩用 5% 氟虫脲乳油 50~60 毫升加水 40~50 千克喷雾。防治大豆食心虫、豆荚螟等大豆上的害虫，在幼虫盛发期，每亩用 5% 氟虫脲乳油 40~80 毫升加水 40~50 千克喷雾。

3. 注意事项

该药对蚕毒性高。在小白菜幼苗上超量施用易产生药害。

氟铃脲（盖虫散）

1. 特点与应用

本品属苯甲酰脲杀虫剂，是几丁质合成抑制剂，具有很高的杀

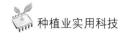

虫和杀卵活性，而且速效，尤其防治棉铃虫。用于棉花、马铃薯及果树防治多种鞘翅目、双翅目、同翅目和鳞翅目昆虫。

2. 使用方法

（1）防治枣树、苹果、梨等果树的金纹细蛾、桃潜蛾、卷叶蛾、刺蛾、桃蛀螟等多种害虫，可在卵孵化盛期或低龄幼虫期用1 000～2 000倍5%乳油喷洒，药效可维持20天以上。

（2）防治柑橘潜叶蛾，可在卵孵化盛期用1 000倍5%乳油液喷雾。

（3）防治枣树、苹果等果树的棉铃虫、食心虫等害虫，可在卵孵化盛期或初孵化幼虫入果之前用1 000倍5%乳油液喷雾。

3. 注意事项

（1）对食叶害虫应在低龄幼虫期施药。钻蛀性害虫应在产卵盛期、卵孵化盛期施药。该药剂无内吸性和渗透性，喷药要均匀、周密。

（2）不能与碱性农药混用。但可与其他杀虫剂混合使用，其防治效果更好。

（3）对鱼类、家蚕毒性大，要特别小心。

抑虫肼（米满、博星、阿赛卡、阿隆索）

1. 性质和作用

虫酰肼是非甾族新型昆虫生长调节剂，是最新研发的昆虫激素类杀虫剂。虫酰肼杀虫活性高，选择性强，对所有鳞翅目幼虫均有效，对抗性害虫棉铃虫、菜青虫、小菜蛾、甜菜夜蛾等有特效。并有极强的杀卵活性，对非靶标生物更安全。虫酰肼对眼睛和皮肤无刺激性，对高等动物无致畸、致癌、致突变作用，对哺乳动物、鸟类、天敌均十分安全。

2. 防治对象与使用方法

对水稻、果树、核桃类作物、蔬菜、攀爬植物、森林等的鳞翅目害虫有高度的选择性。推荐用量每公顷45～200克有效成分，剂型：20%乳油，20%、24%、30%悬浮剂。

（1）防治枣、苹果、梨、桃等果树卷叶虫、食心虫、各种刺蛾、各种毛虫、潜叶蛾、尺蠖等害虫，用 1 000~2 000 倍 20% 虫酰肼乳油喷雾。

（2）防治蔬菜、棉花、烟草、粮食等作物的抗性害虫棉铃虫、小菜蛾、菜青虫、甜菜夜蛾及其他鳞翅目害虫，用 1 000~2 500 倍 20% 虫酰肼乳油药液喷雾。

抑食肼（虫死净）

1. 作用特点

本品是昆虫生长调节剂，对鳞翅目、鞘翅目、双翅目幼虫具有抑制进食、加速蜕皮和减少产卵的作用。本品对害虫以胃毒作用为主，施药后 2~3 天见效，持效期长，无残留。属中等毒杀虫剂。在土壤中的半衰期为 27 天。

2. 防治对象

适用于蔬菜上多种害虫和菜青虫、斜纹夜蛾、小菜蛾等的防治，可用 20% 抑食肼可湿性粉剂 500~1 000 倍液于卵孵化盛期至低龄幼虫期喷雾防治。

对水稻稻纵卷叶螟、稻粘虫也有很好效果。

氟啶脲

1. 作用特点

氟啶脲为苯甲酰脲类氟代氮杂环杀虫剂，具有作用机理独特、高效、毒性极低、对环境友好等显著特点。

2. 防治对象

可用于蔬菜、棉花、果树、松树等，主要防治菜青虫、小菜蛾、棉铃虫、苹果桃小食心虫及松毛虫等，防治效果显著，特别是蔬菜害虫的防治，将成为取代现在所用高毒农药的主要品种之一，给绿色食品的生产提供了一个新的杀虫剂品种。

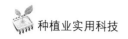

六、其他类杀虫剂

吡虫啉（蚜虱净、大功臣等）

1. 作用特点

是一种吡啶环杂环类杀虫剂，内吸性强、持效期长，低毒安全。

2. 防治对象

防治蚜虫、蓟马、白粉虱、叶蝉等刺吸式口器害虫有特效，选用10%吡虫啉可湿性粉剂1 000倍液喷雾防治。

3. 注意事项

应与其他高效低毒杀虫剂交替合理使用，有利于控防害虫抗药性的产生。

锐劲特（氟虫氰）

1. 作用特点

是一种全新的氨基吡唑类杀虫剂，具有胃毒、触杀和内吸传导作用。防治对于拟除虫菊酯类、有机磷类、氨基甲酸酯类农药已产生抗性的害虫效果好。

2. 防治对象

对蚜虫、叶蝉、飞虱、鳞翅目幼虫、蝇类和鞘翅目等重要害虫有很高的杀虫活性，对作物无药害。叶面喷洒时，对小菜蛾、菜青虫、棉铃虫、稻蓟马等均有高水平防效，且持效期长。可用5%锐劲特1 500～2 000倍液在害虫孵化盛期至低龄幼虫期喷雾防治。

3. 注意事项

本品对甲壳类生物剧毒，在水稻上的安全间隔期长达两个月，使用时应特别注意远离水源地使用，严禁污染水源。

七、混配杀虫剂

1. 有机磷间混配杀虫剂

敌马合剂：敌百虫与马拉硫磷的混合制剂，具有增效作用。并使用单剂防效更好。

2. 有机磷与氨基甲酸酯混配

速胺磷：10%甲胺磷 + 20%速灭威

3. 有机磷与拟除虫菊酯混配杀虫剂

（1）菊马：杀灭菊酯 + 马拉硫磷；

（2）氰马：杀灭菊酯 + 马拉硫磷；

（3）辛氰：4.5%杀灭菊酯 + 45.5%辛硫磷；

（4）氯氰辛：1.5%氯氰菊酯 + 18.5%辛硫磷；

（5）高效顺反氯马：高效氯氰菊酯 + 马拉硫磷；

（6）辛功：三氟氯氰菊酯 + 辛硫磷。

第三节　杀线虫剂

氯唑磷（米乐尔）

米乐尔又名氯唑磷，是一种高效广谱、中等毒性的有机磷杀虫、杀线虫剂，具有触杀、胃毒和内吸作用，无熏蒸作用，主要用于防治害虫和地下害虫，对刺吸式、咀嚼式口器害虫和钻蛀性害虫也有较好的防治效果，适用于水稻、玉米、甘蔗、花生、牧草、草坪、果树、蔬菜及观赏植物等，能有效地防治根结线虫、孢囊线虫、肾形线虫、半穿刺线虫、短体线虫、穿孔线虫、茎线虫、刺线虫、矮化线虫、盘旋线虫、螺旋线虫、纽带线虫、拟环线虫、剑线虫、长针线虫、针线虫、毛刺线虫等。中毒性。制剂为3%米乐尔颗粒剂。在播种前撒施并充分与土壤混合，避免与种子直接

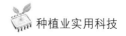

接触，用药剂量为每亩4~6千克。单独使用，不能与其他农药混合使用。

爱福丁（阿维菌素）、甲壳素

使用方法：每亩用1.8%爱福丁1毫升对水喷洒地面1平方米，喷后翻耕土壤，混入土壤0~9厘米，随整地随播种。亦可将甲壳素施入土壤后翻耕，与土混匀，可有效抑制线虫危害。

附：农药ZL—杀线威是美国杜邦公司七十年代开发的杀虫、杀线虫剂，主要用于防治柑橘、棉花、观赏作物、马铃薯、大豆、烟草、果树和蔬菜上的蚜科、叶蝉科、鳞翅目、斑潜蝇属、叶螨科、缨翅目、根疣线虫属、鳞翅目幼虫，如梨小食心虫、葡萄小卷蛾、甜菜夜蛾等害虫。本品持效期达2~3周。对鳞翅目害虫有特效。高效，亩用量0.7~6克（活性物）。用于果树、蔬菜、浆果、坚果、水稻、森林防护。

第四节　杀螨剂

螨克（双甲脒）

对害螨有强烈的触杀作用，并有一定的拒食、驱避、熏蒸作用。对成螨、卵和若螨都有效，气温高药效好。采用20%乳油1 000~1 500倍液喷雾。

噻螨酮（尼索朗）

有强烈的杀卵、杀幼、杀若螨特性，对成螨无效，持效期50天以上。亩用5%制剂60~100克或1 500倍液喷雾。无内吸作用，喷药要均匀，因其对成螨无效，施药期应比其他杀螨剂要早些。

四螨嗪（螨死净）

为杀螨卵剂，对幼、若螨有一定防效，持效期 50 天左右。用 20% 浓悬浮剂 3 000 倍液喷雾。

哒嗪酮（哒螨灵）

高效、广谱杀螨剂，无内吸性，对叶螨、全爪螨、小爪螨、合瘿螨等食植性害螨均具有明显防治效果，而且对卵、若螨、成螨均有效。适用于柑橘、苹果、梨、山楂、棉花、烟草、蔬菜（茄子除外）及观赏植物。如用于防治柑橘和苹果红蜘蛛、梨和山楂等锈壁虱时，在害螨发生期均可施用（为提高防治效果最好在平均每叶 2~3 头时使用），将 20% 可湿性粉剂或 15% 乳油对水稀释至 50~70 毫克/升（2 300~3 000 倍）喷雾。安全间隔期为 15 天，即在收获前 15 天停止用药。

齐螨素

（参见爱力螨克）

炔螨特（克螨特、丙炔螨特）

1. 特点与应用

广谱有机硫杀螨剂，本品低毒。对成螨和若螨有特效，可用于防治棉花、蔬菜、苹果、柑橘、茶、花卉等作物各种害螨，对多数天敌安全。

炔螨特效果广泛，能杀灭多种害螨，还可杀灭对其他杀虫剂已产生抗药性的害螨，不论杀成螨、若螨、幼螨及螨卵效果均较好，在世界上被使用了三十多年，至今未见抗药性的问题。

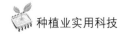

2. 防治对象及使用方法（见下表）

适用作物	不同浓变商品的稀释倍数			
	25%	40%	57%	73%
柑橘螨类	800~1 000	1 500~2 000	2 000~2 500	2 500~3 000
甜橙螨类	800~1 000	1 500~2 000	2 000~2 500	2 500~3 000
苹果叶螨	800~1 000	1 500~2 000	2 000~2 500	2 500~3 000
棉花螨类	800~1 000	1 500~2 000	2 000~2 500	2 500~3 000

3. 注意事项

（1）炔螨特的持效期随着单位面积使用剂量的增加而延长。

（2）在炎热潮湿的天气下，幼嫩作物喷洒高浓度炔螨特（克螨特）可能会有轻微的药害，使叶片皱曲或有斑点，但对于作物的生长没有影响。对25厘米以下嫩梢期的柑橘、甜橙和苹果，不应低于2 000倍的浓度。

（3）本产品除不能与波尔多液及强碱农药混合使用外，可与一般农药混用。

（4）炔螨特为触杀性农药，无组织渗透作用，故需均匀喷洒作物叶片的两面及果实表面。

苯丁锡（有托尔克）

1. 作用特点

杀螨活性较高，主要起触杀作用，对幼螨和成、若螨杀伤力较强，对螨卵的杀伤力不大，对有机磷、有机氯杀虫剂有抗药性的害螨无交互抗药性。属感温型杀螨剂，气温在22℃以上时药效增加，22℃以下时活性降低，15℃以下时药效较差，不宜在冬季使用。施药后药效作用发挥较慢，3天后活性开始增强，14天可达高峰，残效期较长，可达2~5个月。对高等动物低毒，对鱼类等水生生物高毒，对鸟类、蜜蜂低毒，对害螨天敌捕食螨、食虫瓢虫、草蛉等较安全。

2. 防治对象

加工成可湿性粉剂和胶悬剂等剂型使用，可用于果树、茶树、花卉等作物，防治柑橘叶螨、柑橘锈螨、苹果叶螨、茶橙瘿螨、茶短须螨、菊花叶螨、玫瑰叶螨等。喷雾要均匀，因药效作用发挥较慢，须根据虫情预测预报提前用药。

三唑锡（倍尔霸，三唑环锡）

1. 作用特点

三唑锡为触杀作用强的广谱杀螨剂，可杀灭若螨、成螨和夏卵，对冬卵无效。对光稳定，残效期长，对作物安全。剂型25%可湿性粉剂。

2. 适用范围使用方法

适用于防治果树、蔬菜上多种害螨。属中等毒性杀螨剂，对鱼毒性高，对蜜蜂毒性低。

（1）柑橘红蜘蛛、柑橘锈壁虱：用25%可湿性粉剂1 000～2 000倍液均匀喷雾。

（2）苹果叶螨：用25%可湿性粉1 000～1 500倍液喷雾。

（3）葡萄叶螨：用25%可湿性粉1 000～1 500倍液喷雾。

（4）茄子红蜘蛛：用25%可湿性粉1 000倍液喷雾。

第五节 常用除草剂

一、选择性播后苗前土壤处理除草剂

氟乐灵（茄科宁）、地乐胺

1. 适用作物

棉花、大豆、花生、油菜、向日葵、胡萝卜、马铃薯、番茄、

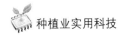

韭菜、瓜类等。

2. 防治对象

一年生种子繁殖的禾本科杂草及部分双子叶杂草。

3. 使用方法

氟乐灵亩用有效成分 33 ~ 72 克，沙土地可用低限，喷药后应立即与表土混拌，以免受光照及挥发而减效。土壤有机质含量大于10% 时不宜用本剂。

地乐胺旱田亩用有效成分 110 ~ 150 克。使用方法与氟乐灵类似。

乙草胺、丁草胺、异丙草胺

选择性芽前土壤处理（表面喷药）用的除草剂。

1. 适用作物

玉米、大豆、棉花、蔬菜等旱田作物。

2. 防治对象

一年生禾本科杂草及部分双子叶杂草。

3. 使用方法

乙草胺在作物播后出苗前进行土壤表面喷雾，亩用 50% 乳油100 ~ 150 毫升。

丁草胺亩用 60% 乳油 80 ~ 160 克播后苗前土表喷雾。

都尔（杜尔、异丙甲草胺、杜耳）

选择性播后苗前除草剂。

1. 防除对象及适用作物

都尔可防除稗、马唐、狗尾草、画眉草等一年生杂草及马齿苋、苋、藜等阔叶性杂草。适用于大豆、玉米、棉花、花生、马铃薯、十字花科、西瓜和茄科蔬菜等菜田和果园、苗圃使用。

2. 使用方法

（1）直播甜椒、甘蓝、大萝卜、小萝卜、大白菜、小白菜、油菜、西瓜、育苗花椰菜等菜田除草，于播种后至出苗前，亩用72%乳油100克，对水喷雾处理土壤。

（2）移栽蔬菜田，如甘蓝、花椰菜、甜（辣）椒等，于移栽缓苗后，亩用72%乳油100克，对水定向喷雾，处理土壤。

3. 注意事项

（1）瓜类、茄果类蔬菜使用浓度偏高时易产生药害，施药时要慎重。

（2）药效易受气温和土壤肥力条件的影响。温度偏高时和沙质土壤用药量宜低；反之，气温较低时和黏质土壤用药量可适当偏高。

除草通（杀草通、胺硝草、施田补、二甲戊乐灵）

选择性播种后至出苗前土壤处理除草剂。

1. 药剂特性

除草通为二硝基甲苯胺类除草剂。对人畜低毒，对鱼类有毒。除草通主要是通过抑制植物茎与根部的分生组织而起杀死作用，不影响杂草的萌发。在有机质或黏土含量高时吸附力强，施用量应相对提高，在长期处于干燥土壤条件下施用，除草效果下降。药剂在土壤中残留的时间较长。

主要剂型33%乳油，5%、3%颗粒剂。

2. 适用作物与防除对象

适于菜豆、马铃薯、豌豆、胡萝卜、直播韭菜、十字花科蔬菜、茄科蔬菜等菜田施用。可防除马唐草、画眉草、看麦娘、苋、藜、蓼、鸭舌草等一年生禾本科杂草。

3. 使用方法

（1）小白菜、小油菜、茴香、芫荽、小葱、韭菜、花椰菜、结球甘蓝、胡萝卜等直播蔬菜，于播种后每亩用33%乳油100~150毫升，对水喷雾，施药后浇水。持效期可长达45天左右。生长期较长的直播蔬菜，如韭菜、甘蓝等，可在第1次施药后40天

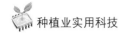

再施第 2 次药。

（2）蕃茄、茄子、甜（辣）椒、花椰菜等移栽菜田，可在移栽前或移栽缓苗后，每亩用 33% 乳油 100～120 毫升，对水喷雾。

4. 注意事项

（1）除草通防除单子叶杂草比双子叶杂草效果好。双子叶杂草较多的地块可改用其他除草剂。

（2）施药时尽量避免种子直接与药剂接触。

（3）药剂可燃烧，运输、使用、贮藏过程中要远离火源，并注意防火。

敌草胺（草萘胺）

选择性播种后至出苗前土壤处理除草剂。

1. 药剂特性

敌草胺为酰胺类除草剂。对人、畜、鱼低毒。敌草胺能降低杂草组织的呼吸作用，抑制细胞分裂和蛋白质合成，使根生长受抑制，心叶卷曲最后死亡。可杀死萌芽期杂草。主要剂型：20% 乳油。

2. 适用作物

胡萝卜、蕃茄、马铃薯、辣椒、茄子、大蒜、卷心菜、西瓜、菜豆等菜田除草。

3. 防除对象及使用方法

敌草胺可防除灰灰菜、鸭舌草、稗草、马唐等，主要用于直播蔬菜在播种后至出苗前施药；移栽蔬菜在移栽前 12～24 小时施药。一般亩用 20% 敌草胺乳油 125～250 克，对水 30～40 千克喷雾于土壤表面。

4. 注意事项

（1）在土壤干燥的条件下用药，防除效果差，如土壤干旱应进行灌溉。

（2）芹菜、胡萝卜菜田不宜使用。

（3）杂草出土后用药。如在杂草 1 叶期左右施药效果最佳。

莠去津（阿特拉津）

选择性内吸传导型土壤处理兼茎叶处理除草剂。

1. 适用作物

玉米、高粱、马铃薯、谷子等作物、果园、苗圃等。

2. 防治对象

一年生单、双子叶杂草，部分多年生杂草。

3. 使用方法

亩用有效成分 66～100 克，用于作物播后出苗前土壤处理或苗后 2 叶期茎叶兼土壤处理。

二、选择性内吸传导茎叶处理除草剂

禾草克

选择性内吸传导茎叶处理除草剂。

1. 适用作物

豆、棉、甜菜、果园、烟草等阔叶作物。

2. 防治对象

一年生、多年生禾本科杂草。

3. 使用方法

防治一年生禾草 3～5 叶期幼苗，每亩用 3～10 克有效成分。

精稳杀得（精吡氟禾草灵）

选择性内吸传导茎叶处理除草剂。

1. 适用作物

棉花、花生等阔叶作物。

2. 防治对象

稗草、野燕麦、狗尾草、金色狗尾草、牛筋草、看麦娘、千金

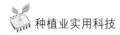

子、画眉草、雀麦、大麦属、黑麦属、稷属、早熟禾、狗牙根、双穗雀稗、假高粱、芦苇、白茅、匍匐冰草等一年生和多年生禾本科杂草。

3. 使用技术与注意事项

春季禾本科杂草出苗后 3～5 叶期。亩用量 40～80 毫升。

在土壤水分、空气相对湿度、温度较高时有利于杂草对精稳杀得的吸收和传导。长期干旱无雨、低温和空气相对湿度低于 65% 时不宜施药。一般选早晚施药，上午 10 时至下午 3 时不应施药。施药前要注意天气预报，施药后应 2 小时内无雨。长期干旱如近期有雨，待雨过后田间土壤水分和湿度改善后再施药，或有灌水条件的在灌水后施药，虽然施药时间拖后，但药效比雨前或灌水前施药好。

盖草能（吡氟氯禾灵）

选择性内吸传导茎叶处理除草剂。

1. 适用作物

本品是脂肪酸合成抑制剂。芽后施于阔叶作物田。

2. 防除对象

可有效防除葡萄冰草、野燕麦、旱雀麦、狗牙根等。可加工成乳剂。以能喷湿整株杂草各分生组织为要点。

巨星（阔叶净、苯黄隆）

选择性内吸传导性除草剂。

1. 适用作物

小麦、大麦、燕麦。

2. 防除对象

防除播娘蒿、藜、麦瓶草等 1 年生和多年生阔叶杂草。

3. 使用方法

亩用有效成分 0.6～2.3 克在麦类作物 2 叶期至孕穗前杂草出

苗后至开花前喷施。

乙羧氟草醚（阔锄）

触杀型苗后选择性广谱阔叶杂草除草剂。

1. 适用作物

大豆、花生、棉花（定向喷雾）。

2. 防治对象

在阔叶杂草 2 ~ 5 叶期时，亩用商品量（10％ 乳油）15 ~ 25 毫升（华北夏大豆、花生）或 40 ~ 60 毫升（东北春大豆）对水 30 ~ 50 千克均匀喷雾。

三、灭生性除草剂

克无踪（百草枯）

触杀型的灭生性除草剂。

1. 适用作物

果园、玉米、高粱等高秆作物的行间针对性保护喷雾。

2. 防除对象

各种单、双子叶杂草。

亩用有效成分 20 ~ 60 克，以草高 15 ~ 20 厘米时喷药为好。亩用水量 20 ~ 60 升。

草甘膦（镇草宁、农达）

1. 作用特点

草甘膦为内吸传导型慢性广谱灭生性除草剂，草甘膦是通过茎叶吸收后传导到植物各部位的，可防除单子叶和双子叶、一年生和多年生、草本和灌木等 40 多科的植物。草甘膦对土壤中潜藏的种子和土壤微生物无不良影响。草甘膦属低毒除草剂，对鱼低毒。

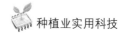

2. 使用方法

（1）果园、桑园等除草：防除 1 年生杂草每亩用 10% 水剂 0.5~1 千克，防除多年生杂草每亩用 10% 水剂 1~1.5 千克。对水 20~30 千克，对杂草茎叶定向喷雾。

一般阔叶杂草在萌芽早期或开花期，禾本科在拔节晚期或抽穗早期每亩用药量对水 20~30 千克喷雾。防除多年生杂草时，一次药量分 2 次，间隔 5 天施用能提高防效。

（2）农田除草：农田倒茬播种前防除田间已生长杂草，用药量可参照果园除草。棉花生长期用药，需采用带罩定向喷雾。每亩用 10% 水剂 0.5~0.75 千克，对水 20~30 千克。

（3）休闲地、田边、路边除草：于杂草 4~6 叶期，每亩用 10% 水剂 0.5~1 千克，加柴油 100 毫升，对水 20~30 千克，对杂草喷雾。

3. 注意事项

（1）草甘膦为灭生性除草剂，施药时切忌污染作物，以免造成药害。

（2）对多年生恶性杂草，如白茅、香附子等，在第一次用药后 1 个月再施 1 次药，才能达到理想防治效果。

（3）在药液中加适量柴油或洗衣粉，可提高药效。

（4）在晴天，高温时用药效果好，喷药后 4~6 小时内遇雨应补喷。

（5）草甘膦具有酸性，贮存与使用时应尽量用塑料容器。

（6）喷药器具要反复清洗干净。

第六节　植物生长调节剂

植物生长调节剂是仿照植物激素的化学结构人工合成的具有植物激素活性的物质。

一、植物生长调节剂的分类

按其生理效应划分为以下几类：

（1）生长素类：代表物有萘乙酸、防落素、增产灵和复硝铵（多效丰产灵）等。

（2）赤霉素类：GA_3。

（3）细胞分裂素类：如激动素、玉米素、苄基嘌呤（6-BA）、Zip 和 PBA 等。

（4）乙烯类：乙烯利。

（5）脱落酸类：脱落酸（ABA），以前称为休眠素或脱落素。

（6）植物生长抑制物质：代表品种有矮壮素（CCC）、比久（B_9）、缩节胺（调节啶）、多效唑（PP333）等。

二、植物生长调节剂常用品种

（一）生长素类

萘乙酸

1. 作用

促进生根、防止落花落果、抑制薯块萌芽、形成无籽果实等作用。

2. 使用方法

＊＊＊防止落花落果：

苹果采前 7～20 天，喷 5～20 毫克/千克浓度药液。

棉花从盛花期开始每隔 10 天左右喷一次 10～20 毫克/千克浓度药液，共喷 2～3 次。

＊＊＊抑制萌芽：

马铃薯收获前喷 150 毫克/千克药液。

洋葱、大蒜收获前喷 3 000 毫克/千克药液。

3. 注意事项

严格控制使用浓度，防止出现药害。

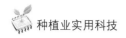

对氯苯氧乙酸，又叫防落素

对氯苯氧乙酸系一种具生长素活性的苯氧类植物生长调节剂，主要用于防止落花、落果，抑制豆类生根，促进坐果，诱导无核果，并有催熟增长作用。

复硝酚－钠（爱多收）

1. 作用

对植物发根、生长、开花结实及果实增重等都有不同程度的促进作用。

2. 使用方法

多数蔬菜种子用 300 毫克/千克药液浸种 8～24 小时，阴干后播种，可提早生根发芽。番茄、茄子、黄瓜等，在生长期、花蕾期喷 250～300 毫克/千克药液。

3. 注意事项

应严格控制使用浓度，否则会抑制种子发芽生长，并引起畸形或空心果。与适量尿素混用可提高药效。

（二）赤霉素类：赤霉素（九二〇）

1. 作用特点

打破块茎、种子及落叶木本植物枝条的休眠；促使长日照植物开花；促进茎叶伸长生长（解除药害）和诱导单性结实等。

2. 使用方法

棉花在盛花期到幼铃期喷 10～20 毫克/千克药液，着重喷花和铃，可减少落铃。

菠菜在收获前 20 天喷 10～25 毫克/千克药液，叶片肥大，产量高。

黄瓜花期喷 50～100 毫克/千克药液，茄子花期喷 10～50 毫克/千克药液促进坐果。

梨花期或幼果期喷 10～20 毫克/千克药液提高坐果率。

3. 注意事项

赤霉素水溶液易分解，应现配现用；使用赤霉素后要充分供应肥水，才能增产；与尿素混用增产作用更好。

（三）细胞分裂素类：5406 细胞分裂素

1. 作用特点

促进植物细胞分裂，抑制或延缓叶片组织衰老，提高作物产量和品质，还能增强作物的抗逆性。

2. 使用方法

番茄从 4 叶期开始喷施 400～500 倍液，至少喷 3 次。

茄子定植后 1 个月喷 600 倍液 1～3 次。

西瓜生长期蔓长达 7～8 节时喷 600～800 倍液。

3. 注意事项

避免中午烈日下施药，以早晨和傍晚施药较好。

（四）乙烯类：乙烯利（一试灵）

1. 作用特点

乙烯利是一种广谱性的激素类植物生长调节剂，易被植物吸收，促进植物成熟。亦可矮化、健壮、改变雌雄花比率，诱导作物雄性不育。具有增加雌花、催熟与增产作用。

2. 使用方法

40% 乙烯利水剂 2 000～4 000 倍液，作物 3～4 叶期全株喷洒一次，黄瓜、西葫芦、南瓜增加雌花结瓜率。

棉花于晚霜前 15～20 天，亩用 40% 乙烯利 150～200 毫升喷雾，是棉铃早吐絮，减少霜后花。

（五）植物生长抑制剂和延缓剂

多效唑

1. 作用特点

本品是广谱性植物生长延缓剂，其生物活性表现在矮化、促生

分枝和生根，提高叶绿素含量和净光合率，延缓叶片衰老，调节成花和坐果数，增强作物抗逆性等。并对不少真菌性病害的病原菌有较强的抑制活性。

2. 使用方法

秋大豆盛花期亩喷 150～200 毫克/千克药液 50 升，可使株型紧凑，增加有效分枝数和荚数。

小麦拔节前，亩喷 100 毫克/千克药液 50 升，使麦秆粗壮，抗倒伏。

棉花初花期至盛花期，亩喷 150 毫克/千克药液 50 升控制株高增加铃数，减少霜后花。

果树可土施或喷施，使新梢生长速度减慢，副梢发生少，开花、坐果明显提高，果体大小都有增加。

3. 注意事项

如对作物生长抑制过高，可用赤霉素解害。

缩节安（甲哌啶、助壮素）

1. 作用特点

本品是植物生长延缓剂，其作用特点是协调营养生长和生殖生长，使茎秆矮壮、叶色浓绿，减少脱落。

2. 使用方法

有旺长趋势的棉田，在花期苗株高达 50～60 厘米时，喷 60～100 毫克/千克药液，可促进开花、减少落铃和霜后花。

3. 注意事项

肥水不足、植株生长不旺的，不宜使用本品。

青鲜素（抑芽丹、马拉酰肼）

1. 作用特点

青鲜素是一种选择性除草剂和植物生长抑制剂。

2. 使用方法

圆葱、大蒜、马铃薯收获前 14 天左右，用 25% 青鲜素水剂 100 倍液对植株进行均匀喷雾，可延长休眠期，抑制贮存期发芽。

大白菜在收获前 4 天，用 25% 青鲜素 80～100 倍液均匀喷洒植株可延长保鲜保质时间。

（六）其他植物生长调节剂

芸苔素内酯（油菜素内酯）

1. 作用特点

本品在很低的浓度下（0.000 01～0.1 毫克/千克即可表现出类似植物生长素、赤霉素及细胞分裂素等的生物活性。它在低温等不利环境条件下容易表现促进生育的作用。与植物生物素并用时能发挥增效作用。

2. 使用方法

番茄花期喷 0.1 毫克/千克药液，可提高抗低温能力，增加果重，增加疫病危害。

小麦孕穗期喷 0.01～0.05 毫克/千克药液，可增加穗粒数、穗重和千粒重。

第七节　杀菌剂

一、杀菌剂的分类

（一）植物病害化学防治

1. 化学保护

化学保护是指病原菌侵入寄主植物之前用药把病菌杀死或阻止其侵入，使植物避免受害而得到保护。

2. 化学治疗

植物被侵染发病后也可以用化学药剂控制病害的发展，这种方法称为化学治疗。

（二）保护性杀菌剂与内吸性杀菌剂

1. 保护性杀菌剂

（1）铜制剂：波尔多液、可杀得、铜高尚、双效灵、琥胶肥酸铜；

（2）以硫磺为主的无机硫杀菌剂：硫磺、石硫合剂；

（3）有机硫杀菌剂：代森锰锌、福美双、克菌丹；

（4）芳烃类、取代苯类：百菌清；

（5）二甲酰亚胺类杀菌剂：乙烯菌核利（灰富利）。

2. 内吸性杀菌剂

（1）有机磷类杀菌剂主要有三类

A. 硫代磷酸酯类　如稻瘟净、异稻瘟净、甲基立枯灵和克瘟散。

B. 磷酰胺类有机磷杀菌剂　如三唑磷胺。

C. 金属有机磷化合物　如乙磷铝。

（2）我国常用的苯并咪唑类和托布津类杀菌剂品种

多菌灵、噻菌灵、甲基托布津。

（3）羧酰替苯胺类

这类药剂又名为恶噻英类，是最早出现的内吸性杀菌剂。主要品种有萎莠灵和氧化萎莠灵。

（4）甾醇抑制剂

代表品种：抑霉力、咪唑霉、粉锈宁和速保利。

（5）苯基酰胺类

代表品种：甲霜灵、杀毒矾。

（6）氨基甲酸酯类，代表品种：胺乙威、胺丙威和乙霉威。

（7）异恶唑类，代表品种：恶霉灵。

（8）取代脲类，代表品种：克绝。

二、常用杀菌剂

（一）具有保护（预防）作用的杀菌剂：应在发病前和发病初期使用

石硫合剂

1. 作用特点

是一种无机硫杀菌兼杀螨、杀虫剂。

常用配料比，生石灰 1 份、硫磺 2 份、水 10 份，熬制而成。

2. 防治对象

0.4~0.5 波美度药液可防治麦类锈病、白粉病（兼治麦蜘蛛）、谷子锈病、花生叶斑病。4~5 度石硫合剂广泛用于多种果树芽前防治白粉病、轮纹病、褐腐病、炭疽病、葡萄毛毡病及红蜘蛛、介壳虫等。

3. 注意事项

要根据作物种类、病害对象以及喷药当时的气候条件（温度）来确定使用浓度，避免产生药害。

代森锰锌

1. 作用特点

本品属有机硫（二硫代氨基甲酸盐类）广谱、保护性杀菌剂。

2. 防治对象

多种蔬菜的早疫病、晚疫病、霜霉病、灰霉病、炭疽病、叶霉病、果树炭疽病、花生叶斑病、甜菜褐斑病、棉花铃疫病、玉米大斑病等，采用 70% 代森锰锌 400~500 倍液，喷药间隔 7~10 天。

3. 注意事项

着重在作物生育前期、中期施药，不能与石硫合剂、波尔多液等混用。

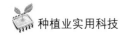

福美双（秋兰姆、赛欧散、阿锐生）

1. 作用特点

一种广谱保护性的有机硫（福美系）杀菌剂。属低毒杀菌剂。对鱼有毒。对人皮肤黏膜有刺激性。高剂量对田间老鼠有一定驱避作用。

2. 使用方法

对多种作物霜霉病、疫病、炭疽病、禾谷类黑穗病、苗期黄枯病有较好的防治。

（1）棉花苗期病害的防治：50%可湿性粉剂300克拌棉籽100千克，加适量水充分摇匀并立即播种。

（2）烟草和甜菜根腐病、番茄和甘蓝黑肿病、瓜类猝倒病、黄枯病的防治：用50%可湿性粉剂100克，处理土壤500千克，做温室苗床处理。

（3）苹果黑点病、梨黑星病的防治：用50%可湿性粉剂500克，对水250~400千克，均匀喷雾。

（4）麦类黑穗病、玉米、高粱黑穗病的防治：每100千克种子用50%可湿性粉剂0.5千克拌种。

3. 注意事项

不能与铜、汞及碱性农药混用或前后紧连使用。

拌过药的种子有残毒，不能再食用。对皮肤和黏膜有刺激作用，喷药时注意防护。

克菌丹

1. 药剂特性

克菌丹为广谱性有机硫杀菌剂，兼有保护和治疗作用。对人畜低毒，对人皮肤有刺激性，对鱼类有毒。主要剂型50%可湿性粉剂。

2. 防治对象及使用方法

可用作叶面喷雾和种子处理。对铜较敏感的作物，如白菜等，使用克菌丹尤为适宜。

（1）防治多种蔬菜的霜霉病、白粉病、炭疽病，西红柿和马铃薯早疫病、晚疫病，用 500～800 倍液喷雾，于发病初期开始每隔 6～8 天喷 1 次，连喷 2～3 次。

（2）防治多种蔬菜的苗期立枯病、猝倒病，按每亩苗床用药粉 0.5 千克，对干细土 15～25 千克制成药土，均匀与土壤表面土掺拌。

（3）防治菜豆和蚕豆炭疽病、立枯病、根腐病，用 400～600 倍液喷雾，于发病初期每隔 7～8 天喷 1 次，连喷 2～3 次。

3. 注意事项

（1）不能与碱性药剂混用。

（2）拌药的种子勿作饲料或食用。

（3）药剂放置于阴凉干燥处。

波尔多液

1. 作用特点

波尔多液是一种广谱无机（铜）杀菌剂，采用硫酸铜水溶液和石灰乳混合配成天蓝色胶状悬液。有多种配合式：如 1∶1 等量式，0.5∶1 半量式、2∶1 倍量式和少量式、多量式等。

2. 防治对象

防治马铃薯晚疫病采用 1∶1 等量式或 0.5∶1 半量式；防治葡萄黑痘病、炭疽病、瓜类炭疽病半量式；防治梨树黑星病、苹果炭疽病、轮纹病、早期落叶病，在苹果幼果期用倍量式，以后可用等量式。

可杀得

1. 作用特点

本品的有效成分为氢氧化铜，是一种新型铜基杀菌剂。是一种

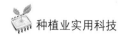

广谱预防保护作用的杀菌剂。

2. 防治对象

适用于防治蔬菜、果树多种真菌及细菌性病害。如：番茄早疫病、晚疫病、甜椒疫病、炭疽病、黄瓜疫病、霜霉病、炭疽病、细菌性角斑病等，常采用 77% 可湿性粉剂 500 ~ 800 倍液喷雾防治。

铜高尚

1. 作用特点

有效成分为三元基铜离子小于 1 微米占 90%，这种超微粒子易被病原菌吸入细胞内而发挥杀菌作用。

2. 防治对象

防治瓜类霜霉病、炭疽病、细菌性角斑病、豆角锈病、番茄早疫病、晚疫病、茄子绵疫病及大葱紫斑病，白菜黑斑病等多种真菌性病害及细菌性斑点病，在蔬菜苗期或发病初期使用 27.12% 铜高尚 400 ~ 600 倍液均匀喷药一次。

双效灵

1. 作用特点

本药为混合氨基酸铜络合物杀菌剂，含 17 种氨基酸铜。稀释液可作叶面喷雾，也可做灌根处理，用于防治多种蔬菜枯萎病、根腐病。

2. 使用方法

防治番茄晚疫病、茄子绵疫病、甜椒疫病、豇豆锈病、麦类白粉病以及蔬菜霜霉病等可用 10% 双效灵水剂 300 ~ 400 倍液于发病初期喷雾一次；防治瓜类枯萎病及根腐病在瓜苗定植和开始发病时，用 10% 双效灵 300 ~ 400 倍液灌根，200 ~ 400 毫升/株，7 天后再灌一次。

3. 注意事项

双效灵不要与酸、碱性农药混用。

混合二元铜（琥胶肥酸铜、DT 混剂）

1. 作用特点

本品属有机铜类，具有保护作用的广谱性杀菌剂，兼有治疗作用。

2. 使用方法

防治细菌性角斑病、甜椒细菌性斑点病等多种细菌性病害，采用 500~600 倍液喷雾；防治黄瓜疫病、番茄和马铃薯晚疫病，发病前喷 30% 悬浮剂 300~400 倍液；防治棉花、茄子黄萎病及其他蔬菜青枯病，在定植缓苗后至发病初期，用 30% 琥胶肥酸铜 350~500 倍液灌根处理，株灌药液 300~400 毫升，及时盖土封穴，15 天后再灌一次。

百菌清

1. 作用特点

本品属取代苯类光谱保护性杀菌剂。

2. 防治对象

多种蔬菜霜霉病、晚疫病、早疫病、炭疽病、灰霉病、豇豆锈病、白菜白斑病、黑斑病、花生叶斑病、甜菜褐斑病等采用 600~800 倍液喷雾。

乙烯菌核利（农利灵、灰霉利）

1. 作用特点

属二甲酰亚胺类杀菌剂。是一种广谱的保护性和触杀性杀菌剂，对葡萄等果树、蔬菜、观赏植物等植物上由灰葡萄孢属、核盘菌属、链核盘菌属等病原真菌引致的病害具有显著的预防和治疗作用。

2. 适用范围与使用方法

对果树、蔬菜上的灰霉、褐斑、菌核病有良好防效。乙烯菌核

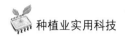

利是一种专用于防治灰霉病、菌核病的杀菌剂。

（1）防治油菜菌核菌、白菜黑斑病、花卉、茄子、黄瓜灰霉病。在发病初期，每次每亩用 50% 可湿性粉剂 75～100 克，对水喷雾，间隔 7～10 天再喷 1 次，共 3～4 次。

（2）番茄灰霉病、早疫病的防治参照上一条。

3. 注意事项

可与多种杀虫、杀菌剂混用。施药植物要在 4～6 片叶以后，移栽苗要在缓苗以后才能使用。低湿、干旱时要慎用。

速克灵（腐霉利）

1. 药剂特性

速克灵属二羧酰亚胺类杀菌剂，为低毒、高效杀菌剂。除碱性物质外，可与其他大多数农药混用，对皮肤、眼睛有刺激作用。主要剂型 50% 可湿性粉剂。

2. 防治对象及使用方法

速克灵能使病菌菌体破裂死亡，防止早期病斑形成，起保护和治疗作用。主要用于防治黄瓜、西红柿、菜豆、韭菜等多种蔬菜的灰霉病、菌核病等，一般于发病初开始用药，间隔 7～10 天喷雾 1 次，共喷 1～2 次。

（1）防治黄瓜菌核病，用 50% 速克灵 1 000～1 500 倍液喷雾。

（2）防治韭菜灰霉病，于苗高 50 厘米左右，叶片出现白点形症状时，开始喷洒 1 500 倍液。

（3）防治黄瓜、菜豆、西红柿灰霉病，用 50% 可湿性粉剂 1 500～3 000 倍液喷雾。

（4）防治油菜菌核病，用 50% 可湿性粉剂 2 000～3 000 倍液喷雾，轻病田在开花盛期喷药 1 次，使用浓度可低些；重病田在初花期和盛花期各喷药 1 次，使用浓度宜高。

3. 注意事项

（1）不能与碱性药剂和有机磷药剂混用。

（2）要随配随用，不宜长时间放置。

（3）幼苗、弱苗或高温条件下施用时浓度不宜偏高，在白菜、萝卜上施用时也应慎重。

（4）病菌易对其产生抗药性，要及时的换用其他类型的杀菌剂。

噻菌酮（龙克菌）

主要防治植物细菌性病害，已经试验示范推广登记的作物病害包括水稻白叶枯病、细菌性条斑病、柑橘溃疡病、柑橘疮痂病、白菜软腐病、黄瓜细菌性角斑病、西瓜枯萎病、香蕉叶斑病、茄科青枯病。低毒，对人、畜、鱼、鸟、蜜蜂、青蛙、有益生物、天敌和农作物安全，对环境无污染。

（1）蔬菜：番茄溃疡病、番茄青枯病、茄子褐纹病、茄子黄萎病、豇豆枯萎病、大葱软腐病、大蒜紫斑病、白菜类软腐病、大白菜细菌性角斑病、大白菜细菌性叶斑病、甘蓝类细菌性黑斑病。

（2）瓜类：冬瓜疫病、冬瓜枯萎病、南瓜白粉病、南瓜斑点病、黄瓜立枯病、黄瓜猝倒病、黄瓜霜霉病、黄瓜叶枯病、黄瓜黑星病、黄瓜细菌性角斑病、黄瓜细菌性叶枯病、甜瓜黑星病、甜瓜叶枯病、苦瓜枯萎病、西瓜细菌性角斑病、西瓜枯萎病、西瓜蔓枯病。

（3）水稻：细菌性基腐病等。

（4）果树：苹果斑点落叶病、桃树流胶病等。

（二）具有内吸治疗性的杀菌剂

乙磷铝（疫霜灵）

1. 作用特点

属有机磷内吸杀菌剂。它的内吸传导作用是双向的（向顶型和向基型），兼具保护、治疗作用。

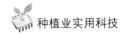

2. 防治对象及使用方法

对真菌中的霜霉菌、疫霉菌有良好的防效。用于各种蔬菜、果树的霜霉病、疫病，采用 400～800 倍液喷雾，喷药间隔 10 天左右。

多菌灵

1. 作用特点

属苯并咪唑类。有内吸保护和治疗作用。内吸传导主要是向顶型。

2. 防治对象及使用方法

杀菌谱广，对真菌中多数的子囊菌、半知菌和担子菌引起的病害有防治效果。一般用作喷雾，也可用作种苗处理和土壤处理。

防治麦类赤霉病、花生叶斑病、黄瓜灰霉病、炭疽病、白粉病、番茄叶霉病、菜豆炭疽病、白菜白斑病、黑斑病；果树白粉病、炭疽病、轮纹病、梨黑星病、轮纹病；葡萄白粉病、炭疽病、黑痘病等，喷 50% 多菌灵 500～1 000 倍液。

多菌灵拌种、浸种可防治多种作物病害。

3. 注意事项

不宜与碱性药剂或含铜药剂混用。

甲基硫菌灵（甲基托布津）

1. 作用特点

属硫脲基甲酸酯类杀菌剂。内吸性比多菌灵强，为向顶型传导，兼具保护和治疗作用。药液进入植物体后会转化成多菌灵。

2. 防治对象与注意事项

与多菌灵相似。

三唑酮（粉锈宁）

1. 作用特点

是三唑类高效内吸杀菌剂，为向顶型传导。具有保护和治疗作用并有一定的熏蒸、铲除作用。

2. 防治对象

多种作物锈病、白粉病，采用15%可湿性粉剂1 000倍液喷雾。

拌种可防治麦类、玉米黑穗病。

3. 注意事项

严格按推荐剂量使用（尤其是拌种时），以防发生药害。

腈菌唑

1. 作用特点

本品属三唑类杀菌剂，是甾醇脱甲基化抑制剂。有较强的内吸性，药效高，对作物安全，持效期长等特点。具有预防和治疗作用。杀菌谱广，可防治麦类白粉病、锈病、散黑穗病、网腥黑穗病、枯颖病及由镰刀菌、核腔菌引起的病害，果树白粉病、黑星病、黑斑病等。

2. 使用方法

（1）防治小麦白粉病 每亩每次用25%腈菌唑乳油8~16克（折有效成分2~4克/亩），一般加水75~100千克，相当于6 000~9 000倍液，混合均匀后喷雾。于小麦基部第一片叶开始发病即发病初期开始喷雾，共施药两次，两次间隔10~15天。持效期可达20天。

还可用拌种方法防治小麦黑穗病、网腥黑穗病等土壤传播的病害，100千克种子拌药25~40毫升。

（2）防治梨树、苹果树黑星病、白粉病、褐斑病、灰斑病可用6 000~10 000倍液均匀喷雾，喷液量视树势大小而定。

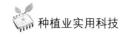

3. 注意事项

本品易燃，应贮存于阴凉、干燥、通风处。放置在儿童接触不到的地方，不可与食物、饲料、种子混放或运输。

氟硅唑（福星、克菌星）

1. 作用特点

氟硅唑为三唑类杀菌剂，该内吸型杀菌剂具预防、治疗、铲除三效功能。是甾醇脱甲基化抑制剂，它对子囊菌纲、担子菌纲和半知菌类真菌有效，对卵菌无效。

2. 防治对象

推荐用于防治黑星病菌、白粉病菌、禾谷类的麦类核腔菌、壳针孢属菌、葡萄钩丝壳菌、葡萄球座菌，以及甜菜上的各种病原菌。田间实验证明，可防治谷类眼点病、小麦叶锈病和条锈病，谷类白粉病，小麦颖枯病和大麦叶斑病，苹果黑星病和白粉病，葡萄白粉病，花生叶斑病。

3. 注意事项

酥梨类品种在幼果期对本品敏感。

速保利（烯唑醇）

1. 作用特点

属三唑类杀菌剂，是麦角甾醇生物合成抑制剂。内吸传导为向顶型，具有保护、治疗、铲除作用的广谱性杀菌剂。适用范围对子囊菌和担子菌引起的多种作物白粉病、黑粉病、锈病、黑星病等有特效。属于中等毒性杀菌剂。剂型12.5%可湿性粉剂。

2. 防治对象与使用方法

拌种防治玉米、小麦黑穗病，喷雾防治小麦白粉病、锈病、叶枯病；花生褐斑病、黑斑病及果树病害。

（1）梨黑腥病：在发病初期，用12.5%可湿性粉剂3 360~4 000倍液喷雾。

（2）花生黑斑、褐斑病：在发病初期，每亩用 16～48 克的 12.5% 可湿性粉剂对水喷雾。

（3）白粉病和条锈病等：100 公斤麦种可用 120～160 克的 12.5% 可湿性粉剂拌种，或 12～32 克/亩对水常规喷雾；叶枯病、云纹病也可用 12～32 克/亩可湿性粉剂对水常规喷雾。

3. 注意事项

避免药剂沾染皮肤，若不小心沾药应及时用肥皂水冲洗。应放在阴凉干燥处。

氟菌唑（特富灵）

1. 作用特点

属咪唑类杀菌剂，该药为麦角甾醇生物合成抑制剂。具有预防、治疗、铲除效果，内吸作用传导性好，抗雨水冲刷，可防多种作物病害。适用于麦类、果树、蔬菜等白粉病、锈病、桃褐腐病的防治。属于低毒性杀菌剂。对鱼类有一定毒性，对蜜蜂无毒。

2. 使用方法

（1）苹果黑星病、白粉病用 30% 可湿性粉剂 2 000～3 000 倍液喷雾。

（2）麦类白粉病、黑穗病、条斑病每 100 千克种子用 30% 可湿性粉剂 1 500 克拌种或每亩用 30% 可湿性粉剂 200～300 克对水喷雾，间隔 7～10 天。施药 2～3 次。

3. 注意事项

（1）该药对鱼类有一定毒性，防止污染池塘。

（2）该药剂放置在远离食物和饲料的阴暗处。

（3）安全间隔期仅为 1 天。

咪鲜胺

1. 性能特点

咪鲜胺为咪唑类杀菌剂，本品为高效、广谱、低毒型杀菌剂，

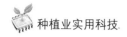

具有内吸传导、预防保护治疗等多重作用，通过抑制甾醇的生物合成而起作用，对于子囊菌和半知菌引起的多种病害防效极佳。采用基因诱导技术，激活植物抗病基因表达，内吸性强，速效性好，持效期长。对大田作物、水果蔬菜、草皮及观赏植物上的多种病害具有治疗和铲除作用。

2. 使用说明

常规使用防治瓜果蔬菜炭疽病、叶斑病。还可防治水稻恶苗病、稻瘟病等。

柑橘炭疽病、蒂腐病、青霉病、绿霉病，香蕉炭疽病、叶斑病，芒果炭疽病，花生叶斑病，辣椒、茄子、甜瓜、番茄等蔬菜炭疽病，草莓炭疽病，水稻恶苗病、稻瘟病，油菜菌核病、叶斑病，蘑菇褐斑病，苹果炭疽病，梨黑星病等。将本品稀释 1 500 倍叶面喷雾，使植物充分着药又不滴液为宜，间隔 10 ~ 15 天，连喷 3 次可获最佳防效。

3. 注意事项

（1）本品为环保型水悬浮剂，无公害产品，使用前应先摇匀再稀释，即配即用。

（2）可与多种农药杀菌剂、杀虫剂、除草剂混用，但不宜与强酸、强碱性农药混用。

（3）施药时不可污染鱼塘、河道、水沟。药物置于阴凉干燥避光处保存。

甲霜灵（瑞毒霉）

1. 作用特点

本品属苯基酰胺类，为向顶和向基的双向传导杀菌剂，有预防和治疗作用。对真菌中的霜霉菌、疫霉菌、腐霉菌有特效。

2. 防治对象及使用方法

用作叶面喷雾、种子处理或土壤处理。

防治多种作物疫病、霜霉病等采用 500 ~ 800 倍液喷雾，喷药间隔 15 ~ 20 天。防治谷子白粉病用甲霜灵可湿性粉剂按种子量 0.3% 拌种。

霜脲氰

1. 作用特点

具有接触和局部内吸作用。抗菌性与甲霜灵相似，主要对霜霉目真菌，如疫霉属、霜霉属、单轴霉属有效。该药与保护性杀菌剂复配，有明显的增效作用，并延长持效期。主要用于防治蔬菜、葡萄霜霉病、疫病。制剂为 10% 霜脲氰可湿性粉剂。

2. 防治对象

防治黄瓜、大白菜霜霉病，番茄晚疫病，于发病初期用 10% 可湿性粉剂以 100 ~ 200 倍液喷雾，每周喷一次，共 3 ~ 4 次；防治葡萄霜霉病，于病害发生初期，以 300 ~ 400 倍液，隔 7 ~ 10 天喷一次，连喷 3 ~ 4 次。

3. 注意事项

多用在与其他杀菌剂混用提高防效。避免与碱性物质接触。

烯酰吗啉（安克）

1. 作用特点

属酰胺类杀菌剂，是专一杀卵菌纲真菌杀菌剂，具内吸活性。其作用特点是破坏细胞壁膜的形成，对卵菌生活史的各个阶段都有作用，在孢子囊梗和卵孢子的形成阶段尤为敏感，在极低浓度下（< 0.25 微克/毫升）即受到抑制。与苯基酰胺类药剂无交互抗性。

主要剂型：50% 烯酰吗啉可湿性粉剂、69% 烯酰吗啉 - 锰锌可湿性粉剂、55% 烯酰吗啉 - 福可湿性粉剂。

2. 防治对象

广泛用于蔬菜霜霉病、疫病、苗期猝倒病、烟草黑胫病等由鞭毛菌亚门卵菌纲真菌引起的病害防治，在不考虑病原真菌抗药性的前提下，药效较目前广泛使用的甲霜灵、霜脲氰、乙磷铝、恶霜灵

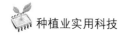

等为高。

单独使用有比较高的抗性风险，所以常与代森锰锌等保护性杀菌剂复配使用，以延缓抗性的产生。

氟吗啉（灭克）

属酰胺类农用杀菌剂。具有很好的保护、治疗、铲除、渗透、内吸活性，治疗活性显著，主要用于防治卵菌纲病原菌产生的病害如霜霉病、晚疫病、霜疫病等。具体的如黄瓜霜霉病、葡萄霜霉病、白菜霜霉病、番茄晚疫病、马铃薯晚疫病、辣椒疫病、荔枝霜疫霉病、大豆疫霉根腐病等。可与触杀性杀菌剂（二噻农、代森锰锌或铜化合物）混用。

主要用于茎叶喷雾。

乙霉威（硫菌霉威）

1. 作用特点

乙霉威属氨基甲酸酯类杀菌剂，是一种非常独特的内吸性杀菌剂，具保护和治疗作用，药效高，持效期长。用于防治由葡萄孢属病菌引起的葡萄及蔬菜病害，防治对苯并咪唑已产生抗性的葡萄和蔬菜灰霉病有效。兼治白粉病。属中等毒杀菌剂。

制剂有25%乙霉威可湿性粉剂、65%硫菌·霉威可湿性粉剂、50%多·霉威可湿性粉剂等。

2. 使用方法

25%乙霉威可湿性粉剂，防治黄瓜灰霉病，于发病初期用2 000倍液连续喷洒3~4次；防治梨和苹果黑星病，用1 000倍液喷施3~4次。

乙霉威更主要用途是制备成混剂，用以延缓和治理抗苯并咪唑类杀菌剂的病原菌。

3. 注意事项

（1）不能与铜制剂及酸碱性较强的农药混用。

（2）避免大量地、过度连用。

恶霉灵（土菌消、爱根、土菌克、力博、绿佳宝、康有力、绿佳）

1. 作用特点及防治对象

属唑类杀菌剂，是内吸性广谱杀菌剂，具有内吸和传导作用，同时又是一种土壤消毒剂，对各种植物土传病害：鞭毛菌、子囊菌、担子菌、半知菌亚门的腐霉菌、苗腐菌、镰刀菌、丝核菌、伏革菌、根壳菌、雪霉菌都有很好的治疗效果。施入土壤中后，能与土壤中的铁、铝离子结合，能抑制病菌孢子的萌发，能被植物的根系吸收并在根系中移动，在植株内代谢产生 2 种糖苷，有提高作物生理活性、促进根的分蘖、增加根毛数量和植株生长的功效。在土壤中的效力明显高于其他杀菌剂，是土传病害的克星。是安全、低毒、无残留的环保杀菌剂。恶霉灵可于多种杀虫剂、杀菌剂、除草剂混合使用，剂型：8%、15%、18%、30% 水剂，15%、70%、96% 可湿性粉剂。

2. 使用方法

（1）苗床消毒对蔬菜、棉花、烟草、花卉、林业苗木等的苗床，在播种前，用 3 000 ~ 6 000 倍 96% 恶霉灵药液细致喷洒苗床土壤，每平方米喷洒药液 3 克，可预防苗期猝倒病、立枯病、枯萎病、根腐病、茎腐病等多种病害的发生。

（2）蔬菜、粮食、花生、烟草、药材等作物幼苗定植时或秧苗生长期，用 3 000 ~ 6 000 倍 96% 恶霉灵（或 1 000 倍 30% 恶霉灵水剂）+600 倍壮苗灵药液喷洒，间隔 7 天再喷 1 次，不但可预防枯萎病、根腐病、茎腐病、疫病、黄萎病、纹枯病、稻瘟病等病害的发生，而且可促进秧苗根系发达，植株健壮，增强对低温、霜冻、干旱、涝渍、药害、肥害等多种自然灾害的抗御性能。

3. 注意事项

使用时须遵守农药使用防护规则。用于拌种时，要严格掌握药

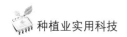

剂用量，拌后随即晾干，不可闷种，防止出现药害。

恶唑菌酮（易保）

恶唑菌酮属唑类杀菌剂，是新型高效、广谱杀菌剂。适宜作物如小麦、大麦、豌豆、甜菜、油菜、葡萄、马铃薯、瓜类、辣椒、番茄等。主要用于防治子囊菌纲、担子菌纲、卵菌亚纲中的重要病害如白粉病、锈病、颖枯病、网斑病、霜霉病、晚疫病等。与氟硅唑混用对防治小麦颖枯病、网斑病、白粉病、锈病效果更好。具有亲脂性，喷施作物叶片上后，易粘附，不被雨水冲刷的特点。

十三吗啉

1. 作用特点

十三吗啉又名克啉菌，是一种吗啉类杀菌剂。属于低毒、高效、强内吸和广谱性杀菌剂，具有保护和治疗作用。能被植物的根、茎、叶吸收，对担子菌、子囊菌和半知菌引起的多种植物病害有效，尤其对有些已经产生抗性的白粉病类有特效。主要是抑制病菌的麦角甾醇的生物合成。

2. 防治对象

主要用于防治谷类白粉病和香蕉叶斑病，瓜类的白粉病及花木的白粉病等具有良好的防效。

五氯硝基苯

1. 药剂特性

五氯硝基苯属有机氯保护性杀菌剂。化学性质稳定，不易挥发、氧化和分解，也不易受阳光和酸碱的影响，但在高温干燥的条件下会爆裂分解，降低药效。低毒，在土壤残效期长。

主要剂型40%、70%粉剂。

2. 防治对象及使用方法

主要用作土壤和种子处理。对多种蔬菜的苗期病害及土壤传染的病害有较好的防治效果。将五氯硝基苯与 50% 福美双可湿性粉剂，或 50% 多菌灵可湿性粉剂，或 50% 克菌丹可湿性粉剂按 1：1 混合后拌种或土壤处理，可以扩大防病种类，提高防治效果。

（1）防治蔬菜苗期病害，如立枯病、猝倒病、炭疽病，用 70% 粉剂每平方米 6~8 克，先用 20~30 倍细土配成药土，再均匀撒在苗床土上，然后播种。

（2）防治马铃薯疮痂病，蔬菜菌核病，菜豆猝倒病，十字花科蔬菜根肿病，用 40% 粉剂 1 千克，加 30~50 千克干细土拌均匀，将药土施入播种沟、穴或根际，并覆土，每亩用药土 10~15 千克。

3. 注意事项

（1）用作土壤处理时，遇重黏土壤，要适当增加药量，以保证药效。但番茄幼苗、洋葱、莴苣等对五氯硝基苯比较敏感，过量易引起药害，增加药量要慎重，苗床在施药后适当多喷（浇）水，防止产生药害。

（2）拌药的种子勿作饲料或食用。

霜霉威（普力克、霜灵、再生、菜霉双达、霜敏、扑霉特）

1. 特性和作用

霜霉威属脂肪族类杀菌剂，低毒、安全，具有较好的局部内吸作用，处理土壤后能很快被根系吸收并向上输送至整株植物，茎叶喷雾处理后，能被叶片迅速吸收起到保护作用。霜霉威是一种广谱杀菌剂，对藻类菌纲真菌特别有效，对丝束霉、盘梗霉、霜霉、疫霉、腐霉等真菌都有良好的杀灭作用，亦可作浸渍处理和种子保护剂。适用于黄瓜、番茄、甜椒、莴苣、马铃薯等蔬菜以及烟草、草莓、花卉、果树等多种作物。剂型：30% 高渗水剂、35%、66.5%、72.2% 水剂、50% 热雾剂。

2. 使用方法

（1）防治苗期猝倒病和疫病，在播种前或播种后、移栽前或

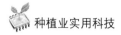

移栽后，每平方米用 500 倍 72.2% 普力克 + 600 倍天达 2 116 壮苗灵药液喷洒土壤或灌根。

（2）防治葫芦科、茄科霜霉病、疫病等病害，在发病前或发病初期，用 500 ~ 700 倍 72.2% 普力克 + 600 倍瓜茄果型 "天达 2116" 液喷雾，每隔 7 ~ 14 天喷药 1 次，与其他防病药交替使用，连续喷洒 2 ~ 3 次。

3. 注意事项

（1）为预防和延缓病菌抗病性，注意应与其他农药交替使用，每季喷洒次数最多 3 次。

（2）普力克在碱性条件下易分解，不可与碱性物质混用，以免失效。

敌克松

1. 作用特点

属氨基磺酸类选择性杀菌剂，具有保护和一定的内吸治疗作用。

2. 防治对象

主要采取种子和土壤处理的方法防治多种作物土壤带菌传播病害。也可喷施。

防治瓜类枯萎病、茄子黄萎病、豆类蔬菜根腐病用 95% 可湿性粉剂 500 ~ 700 倍液在发病初期喷灌根茎处，并立即用土覆盖。

3. 注意避光保存

松脂酸铜

1. 作用特点

松脂酸铜为有机铜类高效、广谱、低毒型杀菌剂。通过抑制甾醇的生物合成而使菌体死亡，兼具保护和治疗作用，对于子囊菌和半知菌引起的多种病害防效极佳。它采用基因诱导技术，激活植物抗病基因，内吸性强，速效性好，持效期长。

2. 防治对象

对大田作物、果树、蔬菜、草皮及观赏植物上的多种真菌、细菌病害，如霜霉病、疫病、炭疽病、枯萎病、细菌性角斑病、叶斑病、黑腐病、软腐病、幼苗猝倒病或立枯病具有治疗和铲除作用，对病毒病效果也比较显著。

安全间隔期 7~10 天。该药贮存于阴凉干燥通风处，喷雾过程中要安全操作，以防对人伤害。

菌毒清

1. 性能与特点

菌毒清是一种氨基酸类内吸性杀菌剂，杀菌机理是凝固病菌蛋白质，破坏病菌细胞膜，抑制病菌呼吸，使病菌酶系统变性，从而杀死病菌。具有高效、低毒、无残留等特点，并有较好的渗透性，对侵入树皮内的潜伏病菌有一定的铲除作用，可用来防治多种真菌、细菌和病毒引起的病害。

2. 防治对象和使用方法

（1）防治番茄、辣椒病毒病，可用 5% 菌毒清水剂 200~300 倍液在病害始发期及时喷雾 1 次，再轮换使用其他病毒抑制剂，可有效预防病毒病发生。

（2）防治苹果树腐烂病等枝干病害，用 5% 菌毒清水剂 30~50 倍液，在刮治后的病斑上涂抹 2 次（间隔 7~10 天），效果较好，并有强烈的刺激生长作用，能促进伤口愈合，其愈合效果优于福美胂，病疤复发率较低，和福美胂相当。亦可在早春果树发芽前用 5% 菌毒清水剂 100~200 倍液，喷洒树体枝干，药液用量控制在滴水程度，可铲除苹果树腐烂病、苹果干腐病、轮纹病、桃流胶病侵入枝干内的病菌。

（3）防治葡萄黑痘病，用 5% 菌毒清水剂 1 000 倍液，在葡萄展叶至幼果期连续喷药 7 次（间隔 15~20 天）亦有良好的防效。

防治葡萄霜霉病、白腐病、炭疽病，在发病初期用 500~600

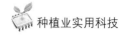

倍液喷雾，连喷 3～4 次（间隔 10 天），效果较好。

3. 注意事项

不要与其他农药混用，低温时易出现结晶，可用温水隔瓶使其溶化，不影响药效。

世高

成分：苯醚甲环唑。

剂型：10% 世高水分散粒剂。

1. 性质与作用

高效、安全、低毒、内吸性广谱性杀菌剂，对子囊菌、担子菌、半知菌真菌引起的多种病害有预防、治疗和铲除三大功效，并对作物有强烈的刺激生长作用，能明显提高瓜果、蔬菜的品质和产量。实践证明，10% 世高水分散粒剂杀菌谱广，能一药多治、兼治，对多种真菌性病害都有良好的防治效果。其内吸、渗透作用强，施药后 2 小时内，即被植株吸收，并能向上传导，可使新生的幼叶、花、果免受病菌为害。耐雨水冲刷，药效持久，其持效期比同类杀菌剂长 3～4 天。世高是低毒杀菌剂，符合世界卫生组织药剂残留毒性标准。按照我国农药急性毒性分级标准，无论是口服或经皮毒性指标，均属于低毒农药。

2. 使用方法

（1）防治枣树、葡萄等果树的叶斑病、锈病、黑痘病、白腐病、霜霉病、白粉病等病害，用 10% 世高水分散粒剂 2 000 倍液进行全株喷雾，每 7～10 天 1 次，连续 2 次即可。

（2）防治番茄叶霉病、早疫病、灰霉病、黄瓜黑星病、白粉病、炭疽病、灰霉病，豆类叶斑病、锈病，烟草赤星病、黑星病、黑斑病。

西瓜、甜瓜蔓枯病、炭疽病、白粉病、锈病，草莓叶斑病、白粉病，芹菜斑枯病，大蒜叶枯病，辣椒炭疽病、疫病等病害，用 2 000 倍 10% 世高药液喷洒植株，不仅防病效果显著，而且可显著地促进作物的生长发育，大幅度提高产量与品质。

（3）防治人参黑斑病，用 1 000～1 500 倍 10%世高喷雾。

（4）防治梨黑星病、轮纹病用 2 000～3 000 倍液喷雾；防治苹果斑点落叶病、轮纹病用 2 500～3 000 倍液喷雾；防治桃黑星病、白粉病、褐腐病用 2 500～3 000 倍液喷雾。

3. 注意事项

应与其他农药交替使用，以避免和延缓病菌产生抗药性。

三、生物性杀菌剂

农用链霉素

1. 作用特点

农用链霉素是一种杀菌广谱的抗生素制剂，可防治多种植物细菌性病害。

2. 防治对象

防治白菜软腐病、黄瓜细菌性角斑病、甜椒细菌性斑点病及菜豆细菌性疫病。并能兼治白菜、黄瓜的霜霉病等真菌性病害。采用 100～200 毫克/千克喷雾或灌根。

3. 注意事项

苗期用药注意用药浓度，防止发生药害。

多抗霉素（宝丽安）

1. 作用特点

多抗霉素是一种广谱性抗生素类杀菌剂，具有良好的内吸传导作用。有保护和治疗作用。

2. 防治对象

防治多种蔬菜灰霉病、霜霉病、白粉病、疫病及瓜类枯萎病、小麦纹枯病、棉苗立枯病喷施 10%多抗霉素 500～750 倍液。

防治苹果、梨灰斑病用 2%可湿性粉剂 100～400 倍液。

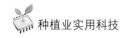

农抗 120（抗霉菌素 120）

1. 作用特点

农抗 120 是核苷类抗生素。对多种病原菌有强烈的抑制作用，杀菌原理是阻碍病原菌的蛋白质合成，导致病菌死亡。抗菌谱广，对作物兼有保护和治疗双重作用。

2. 防治对象

农抗 120 适用于防治瓜类、果树、蔬菜、花卉、烟草、小麦等作物白粉病，瓜类、果树、蔬菜炭疽病，西瓜、蔬菜枯萎病等。可采用喷雾或灌根法施药防治。

（1）防治叶部病害，在发病初期（发病率 5%～10%），用 2% 水剂 200 倍喷雾，每隔 10～15 天再喷雾 1 次。若发病严重，隔 7～8 天喷雾 1 次，并增加喷药次数。

（2）灌根防治枯萎病等土传病害、在田间植株发病初期，将植株根部周围土壤扒成一穴，稍晾晒后用 2% 水剂 130～200 倍液，每株灌药液 500 毫升，每隔 5 天再灌 1 次、对重病株连灌 3～4 次。处理苗床土壤时，于播种前用 2% 水剂 100 倍液，喷洒于苗床上。

春雷霉素（春日霉素）

1. 防治对象与使用方法

农用杀菌剂。对水稻上的稻瘟病有优异防效和治疗作用。在水稻抽穗期和灌浆期施药，对结实无影响。防治稻瘟病、栗瘟病时，使用浓度为 40r，如用 6 000r/克可湿性粉剂，每 50 克药粉加水 75 千克，喷施 1 亩左右，叶瘟达 2 级时喷药，病情严重时应在第一次施药后 7 天左右再喷施一次，防治穗颈瘟在稻田出穗 1/3 左右时喷施，穗颈瘟严重时，除在破口期施药外，齐穗期也要喷一次药。0.4% 粉剂可直接喷粉施药，每亩用量 1.5 千克，最好在早晚有露水时施药，使药粉能沾在稻株上。

2. 注意事项

本药剂在碱性溶液中易失效；药剂随用随配；加 0.2% 中性黏着剂可提高防效；喷药后 8 小时内遇雨应补喷。

井冈霉素（有效霉素）

1. 作用特点

是一种放线菌产生的抗生素，具有较强的内吸性，易被菌体细胞吸收并在其内迅速传导，干扰和抑制菌体细胞生长和发育。属低毒杀菌剂。

2. 适用范围

主要用于水稻纹枯病，也可用于水稻稻曲病以及蔬菜和棉花等作物病害的防治。

3. 使用方法

（1）水稻病害的防治：纹枯病一般在水稻封行后至抽穗前期或盛发初期，每次每亩用 5% 可溶性粉剂 100~150 克，对水 75~100 千克，针对水稻中下部喷雾或泼浇，间隔期 7~15 天，施药 1~3 次。水稻稻曲病，在水稻孕穗期，每亩用 5% 水剂 100~150 毫升，对水 50~75 千克喷雾。

（2）棉花立枯病的防治：用 5% 水剂 500~1 000 倍液，按 3 毫升/平方米药液量灌苗床。

（3）麦类纹枯病的防治：用 100 千克种子用 5% 水剂 600~800 毫升，对少量的水均匀地喷在麦种上，搅拌均匀，堆闷几小时后播种。也可在田间病株率达到 30% 左右时，每亩用 5% 井冈霉素水剂 100~150 毫升，对水 60~75 千克喷雾。

4. 注意事项

（1）可与除碱以外的多种农药混用。

（2）属抗菌素类农药，应存放在阴凉干燥处，并注意防腐、防霉、防热。

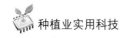

四、混合杀菌剂

两种或两种以上杀菌剂按一定比例混合，具有两者的作用和优点，效果比单一杀菌剂更优异，使用方便，同时还可降低成本。

杀毒矾（恶霜锰锌）

1. 作用特点

恶霜灵和代森锰锌复合剂，恶霜灵内吸性，进入植物体内后向顶传导能力很强，有良好的保护和治疗、铲除活性，药效可持续13～15天。但其抗菌活性仅限于卵菌纲。代森锰锌是广谱杀菌剂，与恶霜灵混配后有增效和扩大杀菌谱的作用，具有治疗和保护为双重作用的广谱性杀菌剂。

剂型：64%可湿性粉剂。

2. 防治对象

霜霉、早疫、苗期猝倒病和番茄晚疫病。

甲霜灵锰锌（瑞毒霉锰锌，雷多米尔-锰锌）

剂型：58%可湿性粉剂（含10%甲霜灵和48%代森锰锌）。

1. 作用特点

本产品系内吸性和触杀性的高效杀菌剂，对藻状菌的霜霉科和疫霉属真菌有独特的防治作用。主要是引起孢子囊壁的分解，从而使菌体死亡。属具有保护、治疗的内吸性杀菌剂，可被植物的根、茎、叶吸收，并随植物体内水分运转而转移到植物的各器官。不产生交互抗性。

2. 使用技术

防治霜霉病效果优异，兼治白菜白锈病、白斑病，西瓜炭疽病等。一般对水400～800倍喷雾。

（1）防治黄瓜霜霉病，在发病初期用58%甲霜灵锰锌可湿性粉剂400～600倍液喷雾，亩用药液60～70千克，隔7～10天1

次，喷药次数视病情而定；防治白菜霜霉病，在发病初期用 500 倍液喷雾，亩用药液 50 千克，隔 7~10 天 1 次，连喷 2~3 次。

（2）防治番茄早疫病、番茄晚疫病，在发病初期用 400~500 倍液喷雾，亩用药液 50~60 千克，隔 7 天 1 次，连喷 4~5 次；防治马铃薯晚疫病，在田间出现中心病株时用 500 倍液喷雾，亩用药液 40~50 千克，隔 6~8 天 1 次，连喷 2~3 次。遇雨时需及时补喷。

3. 注意事项

（1）甲霜灵锰锌在黄瓜上的安全间隔期为 1 天。

（2）本品主要用于病害的防治，当初见病斑时，就要开始喷药，重在预防。

（3）本品不能与铜制剂和碱性农药混用。

霜脲氰·锰锌（克露、霜露、霜霉疫清、克抗灵、赛露、疫菌净、霜脲锰锌）

1. 性质与作用

霜脲氰·锰锌是由霜脲氰和代森锰锌混配而成，含有 8% 霜脲氰与 64% 代森锰锌。该药为广谱型杀菌剂，具有局部内吸作用，有抑制产孢、抑制孢子的侵染和控制病菌扩散的能力，是用于多种叶部病害的保护性杀菌剂，对蔬菜、果树、谷类等作物的诸多病害有较好的防效。

2. 使用方法

（1）防治枣树、苹果、梨等果树的叶斑病、锈病、黑星病、霜霉病、炭疽病、轮纹病等病害，于发病初期喷洒 800 倍 72% 霜脲氰·锰锌可湿性粉剂，每 10~15 天 1 次，连续喷洒 2~3 次。注意与波尔多液交替使用。

（2）防治黄瓜霜霉病、疫病，在发病初期，每亩每次用 72% 霜脲氰·锰锌可湿性粉剂 130~170 克，加水 100 千克，或用 600~750 倍霜脲氰·锰锌，均匀叶面喷雾，间隔 7~14 天喷 1 次，

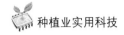

注意与普立克等农药交替使用，喷洒 2 ~ 4 次。

（3）防治番茄早晚疫病，用 72% 可湿性粉剂，每亩每次用 130 ~ 180 克，加水 70 千克，或用 500 ~ 700 倍霜脲氰·锰锌，于发病初期开始喷洒，每 7 ~ 14 天 1 次，与其他农药交替使用，连续喷药 3 ~ 4 次。

3. 注意事项

（1）不宜与碱性农药、肥料混合使用。

（2）远离儿童、食物、饲料等，避免吸入、接触皮肤。

腈菌·锰锌（仙生）

64% 腈菌·锰锌（61% 代森锰锌 + 3% 腈菌唑）；仙生 62.25% 可湿性粉剂。

1. 作用特点

仙生是新型内吸广谱杀菌剂。其抑菌的作用机制是抑制病菌孢子萌发和菌丝生长。施药后药剂可被植物吸收并在植物体内转移，追杀已侵入植物的病菌，因而具有保护、治疗和铲除作用。是一种理想的内吸杀菌剂和治疗剂。

该药还具有杀菌作用迅速的特点，一般用药后 4 ~ 6 小时，即可发挥药效。因而喷药后 8 ~ 10 小时降雨不会影响防治效果。仙生使用安全，在作物整个生育期使用特别在果树花期、幼果期使用，不会发生药害。是一种安全、高效、低毒的杀菌剂。

2. 防治对象

仙生 62.25% 可湿性粉剂可以用来防治：梨树的黑星病、黑斑病、轮纹病、炭疽病；桃树的黑星病；葡萄的褐斑病、霜霉病、黑痘病、白腐病、白粉病；苹果的轮纹病、白粉病、早期落叶病、炭疽病；瓜类蔓枯病、白粉病、黑星病、炭疽病、霜霉病和蔬菜上的多种叶斑病，如斑枯病、叶霉病等。使用浓度600 ~ 800 倍液，一般 7 ~ 10 天 1 次。

防治黄瓜白粉病用量（有效成分，下同）1 867.5 ~ 2 340 克/

公顷，防治梨树黑星病使用浓度 1 037.5 ~ 1 556.3 毫克/千克。

硫菌·霉威（万霉灵）

由甲基硫菌灵和乙霉威复配而成，主要用于防治蔬菜灰霉病。制剂为65％硫菌·霉威可湿性粉剂。

防治黄瓜灰霉病，于黄瓜始花期病害发生前开始施药，亩用65％可湿性粉剂80~125克对水喷洒，每10天喷1次，连喷3次。

28％多井悬浮剂

1. 作用特点

是一种杀菌剂混合制剂。本制剂与多菌灵、井冈霉素相比，具有显著增效作用，同时，还具有延缓病菌对多菌灵产生抗药性、提高防治效果、降低施用量、扩大井冈霉素的防治效果。能有效地防治粮、棉、油、果树、蔬菜等多种作物的多种病害。具有杀菌谱广、杀菌效果强等特点。

2. 防治对象

苹果轮纹病、腐烂病、梨黑星病、炭疽病、花生白粉病、水稻稻瘟病。

春雷霉素·王铜（加瑞农）

制剂：47％加瑞农可湿性粉剂（45％王铜 + 2％春雷霉素）。

1. 作用特点

加瑞农是一种具有保护作用和治疗作用的杀菌剂，对果树、蔬菜的真菌病害如叶霉病、炭疽病、白粉病、早疫病、霜霉病以及细菌引起的角斑病、软腐病、溃疡病等常见病害具有优良的防治效果。

2. 防治对象应用技术

番茄叶霉病、黄瓜霜霉病、柑橘溃疡病。

（1）防治番茄叶霉病：每亩用47％加瑞农93 ~ 124 克（有效

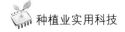

成分 44~58 克）。

（2）防治黄瓜霜霉病：每亩用 47% 加瑞农 100~130 克（有效成分 47~61 克），对水 75~100 升，于发病初期喷第 1 次药，以后每隔 7~10 天再喷药 1~2 次。

3. 注意事项

（1）为保证施药效果，请使用加压喷雾器喷药。

（2）加瑞农除铜制剂和强碱性农药以外，可与其他所有农药混用，使用前建议先做小范围试验。

（3）不要把药液喷在杉树（特别是苗）、核果类、藕、白菜及马铃薯上；对柑橘，高温期易引起轻微褐点药害。不要在黄瓜幼苗期和高温时喷药。

（4）番茄、黄瓜、西瓜、辣椒于收获前 1 天，洋葱于收获前 5 天，柑橘、甘蓝、丝瓜、苦瓜、莴苣、沙田柚于收获前 7 天，花椰菜于收获前 21 天停止使用。

植病灵

1. 作用特点

植病灵是一种新型的广谱植物病毒防治，多功能杀菌和植物增长剂。由三十烷醇、十二烷基硫酸钠和硫酸铜混合而成，用于防治番茄、烟草病毒病。兼治霜霉病、角斑病、疫病、软腐病等病害。产品特点：可湿性、活性强、用量小，无残毒、无公害、无污染，使用方便，增产幅度大，效果好。制剂为 1.5% 植病灵乳剂。

2. 适应范围与使用方法

小麦、大麦黄矮病，玉米、谷子红叶病，番茄、黄瓜、烟草花叶病及蕨叶病，棉花黄萎病，枯萎病，果树林木叶斑病，桑树萎缩病，茶叶赤星病，牧草黄斑病等各类作物的病毒性病害、真菌性病害、细菌性病害，另对各类作物有增产作用，增产幅度为 20%~60%。

使用 1.5% 植病灵乳剂，一般从苗期、初花期或发病前开始喷药，防治番茄花叶和蕨叶病毒病，亩施 50～75 克，喷施 3 次，间隔期为 10 天。防治烟草花叶病，亩施剂量为 75～95 克，连续施药 2～3 次，间隔期为 7～10 天。

3. 注意事项

该药不可与碱性农药及生物农药混用。在作物表面无水滴时喷施，喷后 6 小时内遇雨时补喷 1 次。存放于阴凉、干燥、避光处。

病毒 A

主要成分：10% 吗啉胍＋10% 乙酸铜。

1. 产品特点

本品通过抑制病毒核酸和脂蛋白的合成起到抗病毒的作用，并对番茄、烟草和辣椒病毒病具有十分明显的预防及治疗作用。

2. 使用方法

防治番茄、烟草和辣椒病毒病，在作物发病初期将本品稀释至 400～600 倍叶面喷雾，间隔 7～10 天，全部生长期使用 2～3 次或视病情而定。

3. 注意事项

（1）本品不可与碱性农药混用，若与其他药剂混用，请先试验。

作物苗期慎用。

（2）阴凉、干燥、通风、避光及儿童触及不到处贮存，并远离食物、饲料及火源，保持密封状态，避免直接暴露在阳光下。

（3）配药及施药时，避免接触药液，操作时穿长袖衣及长裤，戴橡胶手套，穿靴子或鞋，戴口罩，避免吸入雾液或尘埃，施药后应清洗全身及换洗衣物。

附：其他杀菌剂常用混剂配方

氟吗啉＋代森锰锌……60% 氟吗·锰锌可湿性粉剂；

氟吗啉＋乙磷铝……50% 氟吗·乙磷铝可湿性粉剂；

萎锈灵＋福美双……萎锈灵20%＋福美双20%；

多菌灵＋福美双……50%多·福可湿性粉剂；

多菌灵＋硫磺……50%多菌灵·硫磺水悬浮；

多菌灵＋三唑酮……60%三唑酮·多可湿性粉剂；

百菌清＋福美双……55%百菌清·福美双可湿性粉剂；

乙霉威＋多菌灵……50%多菌灵·乙霉威可湿性粉剂；

乙磷铝＋代森锰锌……乙磷铝锰锌可湿性粉剂；

烯酰吗啉＋代森锰锌……69%代森锰锌·烯酰吗啉可湿性粉剂；

恶唑菌酮＋代森锰锌……杜邦易保68.75%水分散粒剂；

恶唑菌酮＋霜脲氰……52.5%杜邦抑快净可湿性粉剂；

恶唑菌酮＋氟硅唑……20.67%杜邦万兴乳油；

多菌灵＋百菌清＋链霉素；

多菌灵＋代森锰锌＋链霉素。

第八节　如何选购优良农药和复配农药

一、买农药，看渠道

买农药应到国家指定的经销部门、农业生产资料公司系统、植保和农业技术推广部门及生产厂家销售部门。对同类产品应选购有信誉的或国家指定生产厂家生产的产品，因大中型国有企业的产品质量是经过严格检验的，产品的质量基本能够保证。

二、仔细查看药品标签

合格农药标签应同时具备以下10项内容：

1. 农药名称

以醒目大字表示，包括有效成分百分比含量，有效成分的通用名称和剂型，如 40% 乐果乳油。

2. 农药三证齐全

农药登记证、生产许可证或批准文件号、产品标准号。

3. 净重或净容量：克/千克、毫升/升

4. 生产企业厂址、电话、邮编等

5. 农药类别

按用途分为杀虫剂、杀菌剂、除草剂、杀鼠剂、植物生长调节剂等。各类农药采用与底边平行有一条不褪色的特征标志带，杀虫剂为红色、杀菌剂为黑色、除草剂为绿色、杀鼠剂为蓝色、植物生长调节剂为深黄色，来区分不同类型农药。

6. 使用说明

按批准登记作物及防治对象简述使用时期、方法和用药量、限用范围、与其他农药或物质混用禁忌。

7. 毒性标志和注意事项

根据我国农药急性毒性分级标准，按原药的大鼠急性毒性分为五级：剧毒、高毒、中等毒、低毒、微毒，前四种毒性都用红字表示。中毒主要症状和急救措施、安全警句和安全间隔期在标签上都要有表示。

8. 保证期或保质期

一般 2 年。

9. 生产批号或生产日期

10. 商标

商标与商品名是两个不同的概念和表示方法，千万不要混淆。商标包括两部分：一是有"注册商标"字样；二是有"商标图案"，二者缺一不可。农药标签上的"注册商标"通常用符号"R"代替。假冒农药一般无注册商标或商标图案。

三、查看农药产品外观

（1）粉剂和可湿性粉剂，应为疏松粉末，无团块，颜色均匀。

如有结块或有较多颗粒，说明已受潮，不仅产品细度达不到要求，其有效成分含量也可能会发生变化；再者色泽不均匀，也可能存在质量问题。

（2）乳油应为均相液体，无可见外来杂质。如出现分层或浑浊现象，或加水后乳状液体不均匀或有浮油、沉淀物等，即说明产品质量可能有问题。

（3）悬浮剂、悬乳剂应为可流动的悬浮液，无结块，长期存放，可能存在少量分层现象，但经摇晃后应能恢复原状。如果摇晃后不能恢复原状或仍有结块，说明产品质量存在问题。

（4）熏蒸剂用的片剂如是粉末，表明已失效。

四、看清净含量及浓度

在购买农药的同时还应尽量注意净含量及浓度的标示问题。有很多商家用的瓶子可能是一致，但净含量标示不完全一致。有很多农民朋友在购买的时候往往忽视了观看净含量的标示，买了看着是一样大小的瓶子，但实际上量并不完全一致。比如说一瓶农药，它的标示是 400 克，它的售价是 6 元。那么可能农民朋友购买的时候会发现相同大小的瓶子，却卖 5.0 元。实际上它的标示是 350 克，这样农民朋友仔细算一下这价格，它买得是便宜，实际上是买贵了。同一种农药，产品中的有效成分含量可以不同。如甲基托布津有 70% 和 50% 两种，多菌灵也有 50% 和 80% 等多种，而产品有效成分含量不同则价格差异很大。所以购药时还要看清含量。

五、懂药理，合理搭配使用农药

轮换使用作用机制不同的农药，推广使用混合制剂已逐步被人们所认识。但在使用中还存在一定的问题，有的把四、五种甚至六、七种农药混在一起，这样不仅无益，反而有害，不但造成浪费，而且加重环境污染，也易造成药害，同时还会造成对天敌的伤害及加速抗药性的发展。因此，必须强调科学混配。一般来说，酸性农药不能与碱性农药混合，如功夫、灭扫利、辛硫磷、氧化乐果、久效磷等不能与波尔多液、石硫合剂混用，否则会降低药效。对防治对象有不同作用机制的农药混合使用可提高防治效果。如菊酯类与有机磷类农药混用能提高药效。敌杀死与久效磷、乐果、三环唑等非碱性农药混用可提高防效、延缓抗药性产生。速灭杀丁与乐果、马拉硫磷、代森锰锌等混用可减轻害虫对其的抗药性。在使用混合制剂中，有效成分组成以 2~3 种为宜，按照农药用途的不同，目前的要求是杀虫剂一般以两种为好，杀菌剂、除草剂根据防治对象可由两种组成，也可由 3 种组成，这样可达到经济而有效的目的。

六、搭配使用农药的注意事项

（1）生物制剂中的 bt 粉剂、杀螟杆菌等是一类使用普遍的细菌农药，它的杀虫作用与细菌的数量和活性有关。最好在早晚有露水时或阴天施药。值得特别注意的是，这类农药不可与杀菌剂混用，以免降低其活性。

（2）大多数农药品种在酸性和中性介质中稳定，但遇碱性容易分解。例如多菌灵、灭幼脲、辛硫磷及拟除虫菊酯类等。因此这类农药不能与络氨酮、波尔多液、硫悬浮剂、石硫合剂等碱性农药混用。

（3）不少的农药品种如甲基托布津、多菌灵、代森锰锌、苯菌灵、不能与铜制剂混用，如果混用会降低药效。

（4）有些农药品种见光易分解。因此，应尽量选择阴天，或早晚使用。例如辛硫磷喷雾使用，其有效期只有 3~5 天，但配成药土撒施在地里防治地下害虫，有效期可以长达 1 个月。

（5）瓜类、豆类是比较敏感的作物，在瓜类作物上应慎用敌敌畏、辛硫磷、杀虫双、豆科作物应慎用敌敌畏、敌百虫、杀虫双、灭病威等。

附：

一、石硫合剂

1. 配液

配制比例：生石灰1份、硫磺1.3份、水10~13份。

先用少量热水把生石灰化开，调成糊状，再加足水量，加火烧开，把渣滓捞出，配成石灰乳，然后把研细的硫磺粉一份一份地投入石灰乳中，边倒边用非金属棒迅速搅拌，待混合均匀后。用搅拌棒垂直插入铁锅，记下水位线。

2. 熬煮

加大火熬煮，自沸腾开始计算时间，保持小火50~60分钟，但必须使液面始终保持沸腾。熬煮到药液呈酱油状、液面有绿色泡沫为止。由于水分蒸发，在熬煮过程中应不断添加热水，使液面和水位线保持同一高度。

熬煮过程中要注意药液颜色的变化，如是黄白色，说明熬煮的还不够；红褐色是正好的火候；如果变成墨绿色就是熬煮的过火了。

3. 注意事项

（1）硫磺粉越细，石灰越轻越白，熬出的石硫合剂越好。

（2）熬煮火力不足或时间太短，会使硫磺粉不能充分与石灰反应生成多硫化钙。相反熬煮时间太长，或过分搅拌（特别是后期），会使刚产生的多硫化钙又氧化成不能杀菌的硫酸钙，降低了质量。

4. 分装

待熬好的液体冷却后，用二三层纱布滤去渣滓，及时分装，以免氧化变质。分装前用波美比重表准确测出波美度。一般情况下，原液浓度可达22~26波美度。

5. 贮存

熬煮的石硫合剂原液可贮存在缸内，并在液面上滴一层油

（废机油、棉籽油），隔离空气，防止氧化，再用塑料薄膜覆盖缸口更好。

6. 稀释使用

介绍一种简易稀释计算法：

公式：原液/水＝所需药液度数/（原液度数－所需药液度数）

例：把26度原液稀释成5度的药液。

按公式：原液/水＝5/（26－5）＝5/21

即取5份原液加入21份水，充分混合，即成5度的石硫合剂药液。

二、波尔多液的配制

1. 配比

等量式：硫酸铜1份、生石灰1份、水200份；

倍量式：硫酸铜1份、生石灰2份、水200份；

半量式：硫酸铜1份、生石灰0.5份、水200份。

2. 配制

先用一半水溶解硫酸铜（事先把大块结晶研碎），用另一半水化开生石灰（先用少量水使生石灰化成糊状，再加水成浆状），石灰水要用纱布滤去渣滓。二者冷却到室温后，将硫酸铜溶液和石灰水同时倒入第三桶，边倒边搅拌。或将硫酸铜溶液慢慢倒入石灰水中，边倒边搅拌，即得天蓝色波尔多液。

3. 注意事项

（1）石灰要轻而白，硫酸铜要天蓝色，不带绿色或黄绿色。

（2）铜、灰液混合时，均应冷却到室温。混合后，稍加搅拌即可，不宜太久或太用力。

（3）石灰渣多时应补足石灰量。

（4）配制波尔多液不宜用铁质搅棒和盛器。

药液配制好后，用干净铁片侵入二、三分钟取出，如有镀铜现象，说明石灰不够，应加补石灰水，以免造成药害。

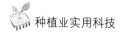

（5）波尔多液应现配现用，当天用完。

三、锌铜石灰液的配制

（1）锌铜石灰液就是在配制波尔多液时，将硫酸铜的用量减少30%～40%，用硫酸锌代替。

（2）配制时，先将减量硫酸铜的波尔多液配好，再用少量水溶化硫酸锌，待冷却后慢慢倒入波尔多液中。

（3）锌铜石灰液的防治效果与波尔多液相同，且具有以下优点：

①节省开支。

②兼治果树缺锌症（小叶病）。

③防治多种病害，对苹果早期落叶病、梨黑星病、梨斑点病、葡萄黑痘病等都有很好防治作用。

主要参考文献

河北省农业厅. 农业实用技术. 北京：农业出版社. 1992. 4

河北省农业厅. 种植基础知识. 石家庄：河北科技出版社. 2001

华孟. 土壤肥料学. 北京：广播出版社. 1982

程继宗等. 土肥实用技术指南. 北京：中国农业科技出版社. 1994

上海市植保植检站. 农药使用技术问答. 上海：上海科学技术出版社. 1985. 2

屠予欣. 农药科学使用指南. 北京：金盾出版社. 1993. 3

张光明. 绿色食品蔬菜农药使用手册. 北京：中国农业出版社. 2000. 6

王就光. 蔬菜病虫防治及杂草防除. 北京：农业出版社. 1990. 8

李玉，郝永利. 庄稼医生手册. 北京：农业出版社. 1992. 1

刘彦涛. 农业生理病害防治. 北京：中国农业出版社. 1999. 6

吕佩珂等. 中国蔬菜病虫原色图谱. 北京：农业出版社. 1992. 6

王秀峰，陈镇德. 蔬菜工厂化育苗. 北京：中国农业出版社. 2009

赵冰. 随行就市蔬菜栽培指南. 北京：中国农业出版社. 2009

赵冰. 蔬菜早上市栽培要点. 北京：科学出版社. 1998

刘宜生等. 怎样种好菜园（北方本）. 北京：金盾出版社. 1995. 12

许国明，曹之富. 露地蔬菜高产栽培新技术. 北京：地质出版社. 1996. 3

赵德婉等. 生姜高产栽培. 北京：金盾出版社. 2000. 6

程天庆. 马铃薯栽培技术. 北京：金盾出版社. 1996. 6

王坚，蒋有条. 西瓜栽培技术. 北京：金盾出版社. 1996. 6

吕佩珂等. 中国果树病虫原色图谱. 北京：华夏出版社. 1993

张鹏等. 新编果农手册. 北京：中国农业出版社. 1996. 7

翟中秋. 北方果树管理技术. 石家庄：河北科学技术出版社. 1993. 5

辛集市跨世纪青年农民科技培训工程领导小组. 无公害蔬菜栽培技术.

辛集市跨世纪青年农民科技培训工程领导小组. 果树新品种栽培技术.

河北科技报. 1998~2009

辛集市绿果农资技术服务站. 近年编辑的技术资料.